흐름

FLOW: Nature's Patterns – A Tapestry in Three Parts

by Philip Ball

FLOW: Nature's Patterns – A Tapestry in Three Parts
was originally published in English in 2009.

흐름

불규칙한 조화가 이루는 변화

Flow

필립 볼 형태학 3부작
김지선 옮김

사이언스북스
SCIENCE BOOKS

흐름

움직임은 패턴과 형태를 만든다. 움직이는 물은 소용돌이를 낳고, 이따금 그 소용돌이들은 엄격하게 배치되어 멈추지 않는 흐름을 위한 바로크적이고 질서 정연한 도관 역할을 한다. 공기와 물의 움직임은 하늘, 땅, 그리고 대양을 한데 엮어 짠다. 거친 기체의 숨겨진 논리는 외부 행성들 위를 회전하는 거대한 눈들을 그린다. 움직이는 입자들이 서로 충돌하면 사막에는 사구들이 솟아나고 사구에는 잘 분류된 모래 알갱이들이 줄무늬를 그린다. 이런 알갱이들에게 그 이웃(물고기든, 새든 아니면 물소든)에 반응할 능력을 주면, 끝도 없는 패턴이 거기서 생성될 것이다. 이들은 저마다 그 어느 누구도 예정하거나 계획한 적 없는 눈부신 조화를 이룬다.

서문과 감사의 글

내가 1999년에 낸 책 『스스로 짜이는 융단: 자연의 패턴 형성(*The Self-Made Tapestry: Pattern Formation in Nature*)』이 절판된 뒤, 가끔 그 책을 읽고 싶어 하는 사람들이 어디에서 구할 수 있느냐고 묻고는 했다. 그 책이 헌책방에서 원래 정가보다 상당히 더 비싼 가격에 거래된다는 사실을 안 것은 그 때문이었다. 그것은 그것대로 고마운 일이었지만, 그보다도 원하는 사람은 누구나 책을 구할 수 있으면 더 좋을 것 같았다. 그래서 옥스퍼드 대학교 출판부의 라타 메논에게 재판을 찍으면 어떻겠느냐고 물었다. 그러나 라타는 좀 더 근본적인 계획을 품고 있었고, 그 덕분에 새로운 3부작이 나오게 되었다. 라타는 『스스로 짜이는 융단』의 구성과 포장이 내용에 최선으로 어울리는 형태는 아니라고 보았는데, 일리가 있었다. 부디 새로운 형태가 내용을 더 잘 담아냈기를 바란다.

처음에는 세 권으로 나누자는 제안이 꽤 도전적인 과제로 느껴졌지만, 일단 어떻게 해야 할지를 깨달으니 이렇게 해야만 좀 더 주제를 부각한 구성이 되리라는 판단이 들었다. 각 권은 자기 완결적이므로, 다른 권들을 꼭 읽을 필요는 없다. 그러나 물론 불가피하게 상호 참조를 한 대목들이 있다. 『스스로 짜이는 융단』을 읽었던 독자라면 익숙한 이야기들을 만나겠지만, 새로운 이야기도 많이 만날 것이다. 나는 새로운 내용을 더하는 과정에서 많은 과학자의 도움을 얻었다. 그들은 사진, 자료, 의견을 아낌없이 제공해 주었다. 특히 새 원고의 일부를 읽고 의견을 준 숀 캐럴, 이언 쿠진, 안드레아 리날도에게 고맙다. 라타는 예상했던 것보다 더 많은 일을 내게 안겼지만, 3부작에 대한 그녀의 구상과 그 구상을 실현하는 과정에서 그녀가 내게 보낸 격려에 더없이 감사할 뿐이다.

2007년 10월

런던에서

필립 볼

차례

흐름을 사랑한 남자:
레오나르도 다 빈치의 유산

1장

물의 양상 중에서 물의 소용돌이보다 더
레오나르도 다 빈치의 흥미를 끄는 것은 없었다.

르네상스 맨이라는 개념을 규정한 남자, 모든 학습과 창조적 열정의 집합체를 상징하며 팔방미인인 남자가 알고 보면 성취 부진아였다는 것은 어쩌면 그리 이상한 이야기는 아닐지도 모른다. 성취 부진아라는 꼬리표는 아무래도 레오나르도 다 빈치(Leonardo da Vinci, 1452~1519년)에게 붙이기에는 영 어울리지 않을 수도 있지만, 레오나르도 다 빈치가 시작한 일은 별로 없고, 끝낸 일은 그보다도 더 적다는 것은 틀림없는 사실이다. 그의 생애는 시작만 하고 끝내지 못한 계획들과 사양한 (또는 수락했지만 완수하지 못한) 의뢰들의 연속이었다. 또 집착에 가까운 열의를 기울였지만 체계적이지 못하고 목표 의식이 부족해 미래 세대들에게 그다지 지침이 되지 못한 연구들도 있었다. 이것은 레오나르도 다 빈치가 굼벵이여서가 아니었다. 반대로 실현시킬 수 있는 능력에 비해 야망이 너무 큰 탓이었다.

그렇지만 레오나르도 다 빈치가 우리가 으레 생각하는 것만큼 이뤄 낸 것이 많지 않더라도, 동시대인들이 그의 탁월한 천재성을 알아보는 데는 어려움이 없었다. 16세기에 『이탈리아 르네상스 미술가전(*Le Vite de' più Eccellenti Pittori, Scultori, e Architettori*)』를 쓴 이탈리아의 화가 겸 작가 조르조 바사리(Giorgio Vasari, 1511~1574년)는 책에 등장하는 모든 인물들을 칭송하는 경향을 보이기는 하지만, 레오나르도 다 빈치에 대해서는 특히 심혈을 기울인 듯하다.

> 천부적으로 놀라운 자질과 재능을 지닌 사람들이야 얼마든지 있고, 그것이 그리 놀라운 일도 아니지만, 가끔은 하늘이 부자연스럽고 기적적일 정도로 아름다움과 우아함, 그리고 재능을 어떤 단 한 사람에게 몰아주어 다른 사람들은 그 발끝에도 미치지 못하는 경우가 있다. 그의 모든 행위는 영감으로 가득해 보이고, 실로 그가 하는 모든 일들은 인간의 예술이라기보다는 명백히 신의 솜씨인 듯 보인다. 레오나르도 다 빈치에 대해서는 모든 이가 이것이 진실임을 인정했다. 그는 그 어떤 일을 하든 예외 없이 끝없는 우아함과 놀라운 형체미를 보여 준 예술가였고, 타고난 천재성을 더할 나위 없이 탁월하게 갈고닦아 자신이 연구한 모든 문제를 쉽사리 해결했다.

바사리가 인정하고 싶어 하지 않았던 것은 그런 놀라울 정도의 다재다능함이 축복보다는 짐이 될 수 있다는 것, 그리고 천재들은 끊임없이 새로운 계획을 시작하지만 한 계획을 끝까지 밀고 나가는 데는 오히려 평범한 사람이 더 유리할 수도 있다는 사실이었다. 자연과 과학 연구에 대한 레오나르도 다 빈치의 몰두는 예술적 후원자들을 낙심시키는 경우가 더러 있었다. 만토바 후작부인 이사벨라 데스테(Isabella d'Este, 1474~1539년)는 그 위대한 화가에게 초상화를 맡기려고 피렌체로 사절을 급파했는데, 돌아온 전언은 "그는 기하학 연구에 푹 빠져 그림에 발휘할 인내심이 없습니다. …… 간단히 말씀 드려 그는 수학 실험에 몰두해 그림은 아예 손을 놓다시피 해서 붓을 집는 것조차 귀찮아합니다."라는 것이었다.

그렇지만 레오나르도 다 빈치는 기분이 내킬 때는 끝도 없이 일하는 편이었다. 당대 피에몬테에 살던 소설가 마테오 반델로(Matteo Bandello, 1485~1561년)는 레오나르도 다 빈치가 그 불운한 「최후의 만찬」을 작업하는 모습을 보고 이렇게 썼다. "그가 으레 하는 습관대로 아침 일찍 나가서 비계(飛階)에 올라가는 것을 보았다. …… 그러니까 그것이 그의 습관이었다. 동틀 무렵에서 해질녘까지 절대로 붓을 내려놓지 않는 것. 먹고 마시는 것도 몽땅 잊어버리고, 쉬지도 않고 그림을 그리는 것이었다." 그러나 레오나르도 다 빈치가 천재성을 발휘하는 데는 사색이 필요했으므로 사색할 시간의 부족이 그의 문제였다. 반델로는 이렇게 단언했다. "다른 때는 벽화를 건드리지도 않은 채로 이틀, 사나흘씩 보내기도 했지만, 또 어떨 때는 한번에 1시간이나 2시간쯤 그 앞에서 그저 그림을 가만 보면서 인물들을 생각하며 반추하고는 했다." "아이고 세상에, 이 사람은 끝내 손 하나 까딱하지 않을 거야!" 교황 레오 10세(Leo X, 1475~1521년)는 이렇게 한탄했다고 한다.

레오나르도 다 빈치의 스케치북이 보여 주듯이, 길고 사색적인 검토는 그의 강점이었다. 레오나르도 다 빈치는 무언가를 보면 다른 사람들보다 더 많은 것을 이해했다. 이것은 그냥 멍하니 보는 것이 아니라 사물의 영혼 그 자체, 자연의 심오하고 파악하기 어려운 형태들을 구분하려는 시도였다. 해부학에 관한, 동물과 인간의 옷 주름에 관한, 식물과 풍경에 관한, 그리고 물의 파문과 급류에 관한 연구들을 통해, 그는 우리에게 자연주의를 넘어서는 것들을 보여 주었다. 그것은 비록 우리 스스로는 직접 인지하지 못하지만, 우리가 레오나르도 다 빈치의 눈을 가졌더라면 볼 수 있지 않았을까 싶은 모양들이다.

화가, 조각가, 음악가, 해부학자, 군사 및 토목 공학자, 발명가, 물리학자. 우리는 레오나르도 다 빈치에게 대학의 한 학과를 배정하고 싶기라도 한 것처럼, 그가 가진 재능의 목록을 줄줄 늘어놓는 데 익숙하다. 하지만 그의 공책들은 그런 분류를 조롱한다. 그보다 레오나르도 다 빈치는 눈길이 머무는 곳마다 질문들의 융단 폭격을 받았던 것 같다. 레오나르도 다 빈치는 체계적 연구로 그 질문들에 답할 여유가 거의 없었고, 또 애초에 그런 성격도 아니었다. 대장장이의 시끄러운 작업 소음은 망치나 모루 안에서 만들어지는가? 양을 2배로 한 화약과 질을 2배로 한 화약 중에 어느 쪽이 더 멀리까지 쏠 수 있을까? 체에 쳐진 옥수수는 어떤 모양인가? 조수는 달 때문에 생기는가 아니면 태양 때문인가 아니면 '지구의 호흡' 때문인가? 눈물은 어디서 오는가, 심장인가 뇌인가? 왜 거울은 좌우를 바꾸는가? 레오나르도 다 빈치는 좌우를 바꿔서 쓴 수수께끼 같은 필사 원고에서 스스로에게 이런 질문들을 던졌다. 그 질문들은 이따금씩 답을 찾기도 했지만 해결되지 않은 경우가 더 많다. "달을 크게 볼 수 있는 안경을 만든다."와 같은 그의 '해야 할 일' 목록은 그 태연스러운 대담함으로 보는 사람을 당황하게 만든다. 레오나르도 다 빈치가 제자를 두지 않고 학파를 이루지 않은 것도 그리 놀라운 일이 아니다. 그의 질문은 자연에 대한 강렬

하며 개인적인 질문으로, 다른 누구도 아닌 자신의 호기심을 채우기 위한 것이었으니까.

그러나 우리가 레오나르도 다 빈치를 한편으로는 화가로, 다른 편으로는 과학자 겸 기술자로 보기를 고집한다면, 그것 역시 그를 조금이라도 더 잘 이해한 관점은 아니다. 흔히 퍼져 있는 생각은 레오나르도 다 빈치가 그 둘을 전혀 별개로 보지 못했다는 것인데, 그리하여 그 두 가지 모두가 자연을 연구하고 자연과 교감하는 상호 보완적 방법이라고 주장하는 사람들은 으레 레오나르도 다 빈치를 들먹인다. 그렇지만 이런 주장은 그다지 옳다고 할 수 없는데, 왜냐하면 '예술'과 '과학'이 레오나르도 다 빈치의 시대에 가졌던 의미와 지금 갖는 의미가 동일하다고 암묵적으로 인정하는 것이기 때문이다. 레오나르도 다 빈치에게 예술(arte)은 무엇인가를 만드는 작업이었다. 예술이 회화를 만들었지만, 그렇다면 약제상이 만드는 약물과 직조공이 만드는 천도 마찬가지였다. 르네상스 시대까지 예술에 특별히 존경할 만한 점은 아무것도 없었다. 적어도 예술가들에 대해서만큼은 그랬다. 후원자들은 예술 작품을 보고 감탄했지만 그것을 만든 사람들은 돈을 받고 그 일을 하는 소매상인, 그것도 육체노동자들이었다. 레오나르도 다 빈치 자신은 회화의 지위를 높이려고, 회화가 '지적인' 것이나 기하학, 음악, 그리고 천문학 같은 교양 과학 사이에 한 자리를 차지하게 하려고 애썼다. 비록 자기 자신이 어마어마하게 위대한 조각가였으면서도, 레오나르도 다 빈치는 조각을 '덜 지적인' 것으로 일축함으로써 자신의 주장에 힘을 실었다. 분명히 조각은 좀 더 힘들기는 "하지만 그 밖의 다른 모든 점에서는 탁월할 것이 없다."라고 했다. 예를 들어 박학다식한 레온 바티스타 알베르티(Leon Battista Alberti, 1404~1472년)의 저 유명한 논문처럼, 당시의 회화에 관한 논문들은 학술적이고 기하학적인 특성, 즉 회화에서 영감보다는 선을 긋고 빛을 선으로 나타내는 것을 더 중시하는 듯한 특성을 보여 주는데, 그것은 어느 정도 이런 식의 생각 때문이다.

그와는 반대로 과학(scienza)은 지식이었다. 그렇지만 그 지식은 꼭 주의 깊은 실험과 질문으로만 얻을 수 있는 것은 아니었다. 중세 학자들은 지식이란 에우클레이데스(Eucleides, 기원전 330~기원전 275년), 아리스토텔레스(Aristoteles, 기원전 384~기원전 322년?), 프톨레마이오스(Ptolemaeos)를 비롯한 다른 고대 작가들의 책에 담긴 것이며, 학식 있는 남자는 이런 고전들을 줄줄 읊을 수 있는 남자라고 주장했다. 우리가 칭송하는 르네상스 인문주의 역시 이런 생각에 도전하지 않았고, 아라비아와 중세의 지식들로 그런 고전들을 더욱 빛나게 하기보다는 원전들을 되살려 내고 그저 그것으로 돌아가는 것만을 고집했다. 이런 면에서 레오나르도 다 빈치는 '과학자'가 아니었다. 별 볼 일 없는 공증인과 농민 여인 사이에 태어난 평민이었던 그는 학교를 제대로 다니지 못했기 때문에, 일평생 형편없는 라틴 어와 그리스 어 실력에 자격지심을 느꼈다. 레오나르도 다 빈치는 확실히 과학의 중요성을 믿었지만, 과학을 오로지 책으로 익히는 학문으로만 생각하지는 않았다. 과학은 적극적인 추구였고, 실험이 필요했다. 비록 그 실험들은 현대 과학자들이 할 법한 것과 꼭 같은 방식으로 이루어지지는 않았지만 말이다. 레오나르도 다 빈치는 진정한 통찰을 얻으려면 사물의 표면 아래를 엿보아야 한다고 생각했다. 그의 엄격한 자연 연구들이 세부 사항에 주의를 기울인다는 점에서 겉으로는 아리스토텔레스적으로 보이지만 실제로는 플라톤적 정신을 훨씬 더 많이 담고 있는 이유가 바로 그것이다. 레오나르도 다 빈치는 외양이 아니라 진정한 본질을 보려 했다. 그가 몇 시간씩 가만 앉아서 대상을 응시하기만 했던 이유가 바로 그것이었다. 사물을 좀 더 예리하게 보기 위해서가 아니라, 실상은 보는 것을 멈추고 눈의 한계를 넘어서려 했던 것이다.

레오나르도 다 빈치는 화가의 일이 그저 자연을 있는 그대로 흉내 내는 데 그치지 않는다고 생각했다. 그래서는 그저 세계 표면의 윤곽들과, 세계의 희미한 빛들만을 보여 줄 수 있을 따름이었다. 화가의 일은 그의 시각을 형성하는 이성을 사용하고 그로부터 일종의 우주적 진리를 정제해 내는 것이었다. '이 지점에서' 레오나르도 다 빈치는 화가의 작업에 관한 그의 이론적 사색들에 지겨워할 사람들을 향해 이렇게 말했다. "내게 반대하는 사람들은 그렇게 대단한 과학은 필요하지 않다고, 사물을 자연 그대로 그리려면 연습만 많이 하면 충분하다고 말한다. 그런 말에 대해 나는 합리적 추론에 등을 돌리고 자기 판단만 신뢰하는 것이야말로 자신을 속이는 지름길이라고 답하겠다." 화가들의 속임수를 믿지 않기로 유명했던 플라톤이 직접 한 말이라 해도 믿을 법하다.

이제 슬슬 독자 여러분이 자연의 패턴에 대한 연구를 다룬 형태학 3부작의 두 번째 책인 이 책의 앞머리에서 레오나르도 다 빈치를 주인공으로 내세운 이유를 감 잡을 수 있다면 좋겠다. 『모양』에서 설명했듯이 자연을 **꿰뚫어** 보고 그 밑에 놓인 형태들과 구조들을 찾으려는 욕망은 독일 생물학자인 에른스트 하인리히 필리프 아우구스트 헤켈(Ernst Heinrich Philipp August Haeckel, 1834~1919년)과 스코틀랜드 동물학자인 다시 웬트워스 톰프슨(D'Arcy Wentworth Thompson, 1860~1948년) 같은 일부 선구자들이 패턴 형성을 연구할 때 사용한 접근법의 특성이다. 뛰어난 화가이기도 했던 헤켈은 자연 세계가 정리되고 질서가 잡히고 정돈된 후에야 비로소 자연 세계의 형태와 태동들을 제대로 인지할 수 있다고 굳게 믿었다. 톰프슨은 레오나르도 다 빈치와 같은 확신을 갖고 있었다. 우리가 서로 관련이 없어 보이는 상황들에서 발견하는 형태와 패턴들의 유사성(레오나르도 다 빈치에게 그것은 물기둥의 폭포와 여성의 머리카락일 수도 있었다.)이 그 깊은 관계를 드러내 준다는 것이었다. 그런 조응(correspondence)에 대한 톰프슨의 시각은 같은 힘들이 양쪽에 작용하고 있을 가능성이 있다는 개념에 뿌리를 두고 있는데, 그것은 오늘날 과학에서도 여전히 통하는 개념이다. 레오나르도 다 빈치의 합리화는 이런 조응들을 자연의 위대한 구조의 핵심으로 본 네오프톨레마이오스적 전통에 뿌리를 두고 있어서 현대의 시각과는 다소 먼데, 얼핏 **"하늘에서처럼 땅에서도 이루어지이다."**라는 구절을 떠올리게 만들기도 한다. 레오나르도 다 빈치는 강을 지구의 피라고 부르면서 그 수로들이 인체의 혈맥을 닮았다고 말했는데, 그것은 어떤 애매한 은유나 시각적인 재담이 아니었다. 레오나르도 다 빈치는 지구가 실제로 일종의 살아 있는 신체라고 생각했고, 따라서 우리 자신의 해부학적 구조를 그대로 반영할 것이기 때문에 그 둘이 연관되어 있다고 보았다.

우리는 자연의 어떤 숨겨진 본질을 보는 이러한 시각에서 레오나르도 다 빈치의 '예술'과 '과학'의 진정한 결합을 찾을 수 있다. 우리는 그의 그림을 '실물과 똑같은' 것으로 착각하기 쉬운데, 바사리 역시 동일한 실수를 저질렀다. 그는 레오나르도 다 빈치가 그린 마돈나 연작 중 한 편에 등장하는 꽃병들의 '놀라운 리얼리즘'을 칭송했다. 그렇지만 이어서 그는 그 꽃들에 맺힌 "이슬방울들이 실물보다 더 진짜 같아 보인다."라고 말했는데, 내가 보기에는 아마 무심결에 속내를 드러낸 것이 아닌가 싶다. 레오나르도 다 빈치라면 자기 눈에 보이는 것을 그리는 것이 아니라 실제로 '실물'을 그렸기 때문이라고 대답했을지도 모른다. 레오나르도 다 빈치의 작품은 사진 같지 않고 양식적, 인위적, 심지어 추상적이며, 레오나르도 다 빈치는 다음과 같은 말로 회화가 모방하는 작업이 아니라 발명하는 작업임을 노골적으로 인정한다. "철학과 섬세한 **추론**으로 모든 형태의 자연을 생각하는 미묘한 발명." 예술사가인 에이드리언 파(Adrian Parr, 1967년~)는 레오나르도 다 빈치가 "그저 단순히 기술적인 면에서 예술을 생각하고 있지 않다."라며, "레오나르도 다 빈치는 캔버스에 어떤 형태를 기술적으로 형성한다. 더 정확히 말하면 자기 예술에 '자연에서 만들어지는 모든 조율의 형태를' 표현하려는 의도로 자연과 예술의 관계를 더 깊은 층위로 가져간다."라고 말한다. 사실 예술사가인 마틴 켐프(Martin Kemp, 1937년~)가 설명하듯 "레오나르도 다 빈치는 자연이 기본적인 수학적 완벽성을 바탕으로 알아보기 힘든 패턴의 변종들을 무한히 자아낸다고 보았다." 틀림없이 톰프슨 역시 그랬으리라.

레오나르도 다 빈치를 사로잡은 흐름들

대다수 화가들이 자연의 모조품(simulacrum)을 만들기 위해 기교를 이용하지만, 레오나르도 다 빈치는 자연의 작동 방식을 제대로 알기 전에는 회화에 자연을 가득 채울 수 없다고 느꼈다. 그리하여 레오나르도 다 빈치의 스케치들은 정확히 말하면 연구가 아니라 실험과 다이어그램 사이의 무언가, 즉 작용하는 힘들을 꿰뚫어 보려는 시도들이었다. (그림 1.1 참조) "레오나르도 다 빈치가 소용돌이치고, 굽이치고, 회전하는 파도 같은 패턴들을 사용한 것은 자연의 율동적인 움직임들을 탐사하는 방법이다."라고 파는 말한다. 서양의 다른 화가들은 움직임과 흐름의 형태들을 포착하려고 애를 써 왔다. 조지프 말러드 윌리엄 터너(Joseph Mallord William Turner, 1775~1851년, 빛과 색채를 활용한 표현주의적 분위기의 화풍을 지닌 영국의 낭만파 화가 — 옮긴이)가 그린 부글부글 끓는 수증기, 마르셀 뒤샹의 「층계를 내려오는 누드」(1912년)에 보이는 역동적인 동작의 포착, 또는 이탈리아 미래파(20세기 초 이탈리아를 중심으로 일어난 예술 운동으로 역동성과 혁명성을 강조했다. — 옮긴이)가 파편화에 그처럼 몰두한 것은 모두 그런 노력들을 보여 준다. 그렇지만 이것들은 인상적, 즉흥적, 주관적인 노력들일 뿐, 레오나르도 다 빈치 같은 패턴과 질서에 대한 과학적 감각은 갖고 있지 않다. 여러분이 네오프톨레마이오스주의자(프톨레마이오스는 지구가 우주의 중심이라고 생각했던 고대 그리스의 천문학자다. — 옮긴이)가 아니라면 이런 식으로 세계를 그리기는 아마도 사실상 불가능할 것이다. 존 컨스터블(John Constable, 1776~1837년, 터너와 더불어 19세기 영국의 대표적 풍경화가 — 옮긴이)은 19세기 초에 "회화는 과학이며, 자연의 법칙들에 대한 연구로서 추구해야 한다."라고 단언했는데, 사실 마음속으로는 그보다 훨씬 더 기계론적인 생각을 품고 있었다. 그 생각은 "화가는 물리학과 기상학이 어떻게 빛과 그림자의 유희를 만들어 내는지 이해하고 있어야 한다. 그리하여 회화는 착각을 일으킬 정도로 실물과 똑같아 보여야 한다."라는 것이었다.

레오나르도 다 빈치의 인식은 모든 자연의 패턴들을 조사하는 데에 가치 있지만, 나는 그를 움직임, 특히 유체 움직임의 패턴을 다루는 이번 책의 톱니바퀴로 삼았다. 왜냐하면 이 주제보다 더 레오나르도

그림 1.1

레오나르도 다 빈치의 흐르는 물 스케치

다 빈치의 마음을 사로잡은(이 말은 말 그대로 사로잡았다는 뜻이다.) 것은 거의 없었기 때문이다. 레오나르도 다 빈치는 많은 일에 뚜렷한 열정을 보였지만, 그중에 물을 이해하려는 욕구보다 더 강력한 욕구는 보이지 않는다. 아마도 그는 물을 자연력 중에서도 핵심으로 여기지 않았나 싶다. "물은 자연의 원동력이다."라고 레오나르도 다 빈치는 말했다. "물은 바다와 하나로 합쳐질 때까지 결코 쉬지 않는다. …… 물은 모든 살아 있는 물체들의 확장이자 기질이다. 그 무엇도 물 없이는 자신의 형태를 유지할 수 없다." 그러니 레오나르도 다 빈치의 노트 중 가장 흥미로우며 유명한 노트, 「레스터 수고(Codex Leicester)」 혹은 「해머 수고(Codex Hammer)」[1]라고 불리는 그 노트의 핵심 주제가 물이라는 사실은 놀랍지 않다. 물에 관한 한 레오나르도 다 빈치가 살펴보지 않고 그냥 넘긴 양상은 거의 없었다. 레오나르도 다 빈치는 강의 퇴적과 침식에 관해, 그리고 강이 어떻게 곡류와 강바닥의 잔물결 자국(앞으로 논의할 두 가지 패턴)을 만드는가에 관해 썼다. 또한 지금 우리가 물의 순환이라고 부르는, 바다에서 증발한 물이 비가 되어 고원에 떨어지며 지구를 순환하는 과정을 이야기했다. 왜 바다가 짠지 묻고, 사람이 '숨을 참을 수 있는 시간 동안만' 물속에서 버틸 수 있는 이유를 궁금해했다. 양수(lifting water)와 흡수 펌프와 물레방아와 관련해 아르키메데스(Archimedes, 기원전 287~기원전 212년)의 나선을 탐구했다. 강의 연결망을 '공중에서 본' 놀라운 그림을 그렸고(『가지』 참조), 수력 공학을 이용하는 어마어마한 공사들을 기획했다. 니콜로 마키아벨리(Niccolō Machiavelli, 1469~1527년)와 협력해 피사에서 흘러나오는 아르노 강 흐름의 방향을 바꿀 계획을 세우기도 했다. 피사 시로 공급될 물을 피렌체로 가로채 오려는 의도였다.

예술사가인 아서 유어트 휴 포펌(Arthur Ewart Hugh Popham, 1889~1970년)에 따르면 레오나르도 다 빈치는 이런 공학 작업 때문에 물에 매혹된 것이 아니라, 후자가 전자의 원인인 듯하다. 포펌은 이렇게 말했다. "물의 움직임 속 무엇인가, 물의 소용돌이와 회오리가 레오나르도 다 빈치의 본성 깊숙이 자리한 어떤 비틀림에 조응했다." 물의 양상 중에서 흐르는 물의 소용돌이보다 더 레오나르도 다 빈치의 흥미를 끄는 것은 없었다. 레오나르도 다 빈치는 언젠가 탐사하려 마음먹고 이런 소용돌이들의 특색을 적은 긴 목록을 만들었다.

입구가 넓고 밑동이 좁은 소용돌이들
밑동은 넓고 그 위는 좁은 소용돌이들
기둥 모양을 한 소용돌이들
서로 충돌하는 두 갈래의 물 사이에 형성된 소용돌이들

그리고 여러 장에 걸친 낙관적 계획들, 반쯤 시작되다 만 실험들, 탐색과 발상들이 줄줄이 이어진다. 하나하나 모두, 레오나르도 다 빈치 전문 연구자들조차 사실상 읽는 것이 불가능하다고 잘라 말하는, 집착에 가까울 만큼 상세한 설명들을 달고 있다. 예술사학자인 언스트 핸스 조지프 곰브리치(Ernst Hans Josef Gombrowicz, 1909~2001년)는 이렇게 말한다. "그가 하고 싶었던 일은 마치 동물 종을 분류하는 동물학자처럼 소용돌이를 분류하는 것이었습니다."

스케치로 판단하건대 레오나르도 다 빈치는 물의 흐르는 패턴들에 관해 어쩌면 다소 무계획적일지 몰라도 철저한 실험 프로그램을 실시한 듯하다. 물이 다양한 모양의 수로를 지나가는 것을 관찰했고, 곤두박질치는 폭포의 카오스를 차트로 기록했으며, 흐름이 어떻게 새로운 모양을 생성하는지 보기 위해 장애물을 설치했다. 접시가 윗면을 향한 채로 흐름에 투입될 때 물이 그 가장자리로 솟는 모습을 그린 그림에서는 섬세하게 땋은 듯한 후류(後流)를 볼 수 있다. (그림 1.2a 참조) 그리고 예비 스케치에 그려진 여성의 땋은 머리채와 그 후류의 유사성(그림 1.2b 참조)은 레오나르도 다 빈치 자신이 말했듯 그저 우연이 아니다.

> 머리카락을 닮은 물 표면의 움직임을 관측할 것. 거기에는 두 가지 움직임이 있는데, 하나는 머리카락의 무게 때문이고 다른 하나는 컬의 방향 때문이다. 따라서 물은 소용돌이를 형성한다. 그중 한 지점은 원래 흐름의 추동력 때문이고 다른 하나는 우연한 움직임과 되돌아가는 흐름 때문이다.

그림 1.2

레오나르도 다 빈치는 (a) 평평한 접시 주위를 흐르는 물의 땋은 듯한 패턴들에서 (b) 여성의 땋은 머리카락과의 유사성을 찾아냈다.

1512년에 그린 레오나르도 다 빈치의 자화상에서는 긴 머리카락과 수염을 가득 채운 소용돌이들을 볼 수 있다.

이런 시각적 기록들 다수는 놀랍도록 섬세하다. 레오나르도 다 빈치는 한 수로의 수축과 확장 때문에 일어나는 충격파와 잔물결들을 그린다. (그림 1.3a 참조) 그리고 원기둥형 방해물을 지나는 흐름에 대한 그의 그림(그림 2.5 참조)은 현대 실험들에서 볼 수 있는 눈물방울 후류(teardrop wake)와 쌍을 이루는 소용돌이를 보여 준다. (그림 1.3b 참조) 오늘날 유체 과학자들은 흐름 형태들을 드러내기 위해 레오나르도 다 빈치가 발명했다고 여겨지는 기법들을 사용한다. 빛을 반사하는 세밀한 입자들을 물에 띄우거나, 색칠된 염료를 흐름의 한 부분에 주입하는 것이다. "흐르는 개울에 톱밥을 던지면……"이라고 레오나르도 다 빈치는 말했다.

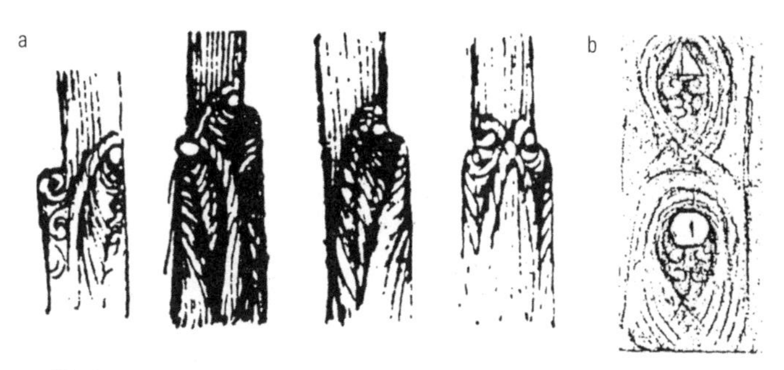

그림 1.3

레오나르도 다 빈치는 (a) 한 수로에서 수축이 일으킨 충격파를 그렸고, (b) 한 장애물 주위의 흐름에서 후류의 모양을 그렸다.

거기서 강둑을 때리고 위아래가 뒤집힌 물이 이 톱밥을 흐름의 중심으로 던져 넣고 물이 빙빙 도는 현상과, 다른 물이 거기 합류하거나 떨어져 나오는 현상, 그리고 그와 더불어 다른 많은 현상들을 관측하게 될 것이다.

거칠게 말해서 이 떠 있는 입자들은 지금 **유선**(streamline)이라고 부르는 것들을 그리는데, 그것들은 흐름의 궤적으로 생각할 수 있다.[2] 이런 의미에서 레오나르도 다 빈치의 흐름 패턴 연구는 철저히 현대적이다. 그렇지만 레오나르도 다 빈치는 자신이 본 것을 그린 것으로 변환할 때 그의 눈과 기억 말고는 의지할 데가 없었다. 그리고 예술사학자들이라면 잘 알듯이, 그러한 변환은 회화에 조건을 부과하는 양식과 모티프를 거쳐, 미리 예상된 개념의 맥락에서 일어난다. 흐름을 머리카락에 비교하면서 레오나르도 다 빈치는 우선 그 유사성 때문에 놀란다. 그렇지만 그 후 이 조응을 바탕으로 삼아 자신이 물의 흐름에서 본 것에다 머리카락이 떨어지는 방식에 관해 자신이 아는 바를 겹쳐 놓는다.

비록 그 결과가 포퍼이 말한 것과 같을지라도 말이다.

> 영사기 같은 시각, 엄청난 기억 보유량, 그리고 이처럼 덧없이 사라지고 손에 잡히지 않는 형태들을 기록할 수 있는 손은 기적이라 하기에 모자람이 없지만…… 이런 그림들은 물이라는 인상보다는 오히려 어떤 화려한 해저의 식생 같은 느낌을 준다.

레오나르도 다 빈치는 단순히 자신이 인식한 것을 기록하는 일을 넘어서는 어떤 것을 할 수 있었을까? 물에서 왜 이런 놀라운 패턴들이 나타나는지, 그 이유를 밝혀냈을까? 레오나르도 다 빈치가 실제로 그러지 않았다는 사실을 인정해도 수치스러울 것은 아무것도 없다. 왜냐하면 그 문제는 전체 물리학을 통틀어서도 가장 어려운 것일 뿐더러, 아직까지도 완벽히 해결되지 않았기 때문이다. 전체적으로 레오나르도 다 빈치가 연구하고 있던 흐름들은 극도로 빠르고 불안정한 급류였다. 그래서 순간순간 획획 바뀌었다. 그가 그 흐름들을 그림과 말로밖에 묘사할 수 없었다 해도, 20세기까지는 과학자들 역시 그보다 더 많은 일을 할 수 없었다. 그리고 레오나르도 다 빈치는 그것을 얼마나 생생하게 묘사했는가!

> 적절한 정도의 난류가 있는 흐름의 표면에서 보듯, 물이라는 그 넓고 깊고 높은 덩어리에는 셀 수 없는 움직임의 변종들이 넘쳐 난다. 그런 난류에서는 지속적인 거품과 소용돌이와 더불어, 밑바닥에서 더 탁한 물이 떠오르며 형성된 다양한 소용돌이를 볼 수 있다.

레오나르도 다 빈치는 오늘날까지도 영향을 미치는 몇 가지를 발견했다. 예를 들어 "직선으로 흐르는 강에서, 장애물인 해안에서 멀면 멀수록 물은 더 속도가 빠르다."라는 그의 말은 한 수로에서 흐름의 속도 분포형(velocity profile)이라는 유체 과학자들의 전문 용어를 우아하게 풀어 쓴 것이다. 속도 분포형은 유체와 수로 벽 사이의 마찰이 그 유체를 실제로 멈추게 하는 방식에 따라 결정된다. 레오나르도 다 빈치는 흐름으로 인한 퇴적과 침식의 변화하는 패턴들이 어떻게 강의 곡류를 만드는지 설명하면서 오늘날의 지구 과학자들이 인정하는 모든 요인들을 다루었다.

그러나 유체의 흐름 패턴을 이해하는 데서 레오나르도 다 빈치가 우리에게 남긴 유산은 더 심오한 의미가 있다. 우리가 아는 한 레오나르도 다 빈치는 이 현상이 진지하게 연구할 가치가 있다는 주장을 본격적으로 제기한 최초의 서양 과학자였다. 그리고 흐르는 물이 그저 구조 없는 카오스가 아니라 인식하고 기록하고 분석할 수 있는 지속적인 형태들, 게다가 과학자만이 아니라 화가에게도 엄청나게 아름답고 가치가 있는 형태임을 보여 주었다.

흐름을 붙잡으려 한 화가들

그렇기는 해도 레오나르도 다 빈치의 독특하며 난해한 작업 방식 때문에 그의 성취에서는 어떤 연구 프로그램도 가지를 쳐서 나갈 수 없었다. 스위스의 수학자인 다니엘 베르누이(Daniel Bernoulli, 1700~1782년)가 17세기에 유체 흐름 연구를 시작하기 전까지, 유체 움직임을 깊이 생각한 과학자는 단 한 사람도 없었다.[3]

유체 움직임에 대한 레오나르도 다 빈치의 작업이 어떤 예술적 유

그림 1.4

몰랜드의 「난파자들」은 서양 화가들이 전형적으로 사용하는, 흐름을 빛의 유희로 그리는 방식을 보여 준다.

산을 남긴 것도 아니었다. 그가 흐름을 패턴, 형태, 유선의 유희로 연구한 것은 서양 미술에 어떤 흔적도 남기지 않았다. 그 대신 화가들은 난류의 물을 반짝이는 하이라이트와 솟구치는 거품의 유희로 그려야 한다고 고집하는 양식화된 리얼리즘을 추구했다. 독자 여러분은 표면만을 중시하는 양식이라고 말할지 모르겠다. 18세기나 19세기의 극적인 바다 경치가 바로 그런 것을 보여 주는데, 조지 몰랜드(George Morland, 1763~1804년)의 「난파자들」(1791년)이 그 좋은 예다. (그림 1.4 참조)

레오나르도 다 빈치와 비슷한 유체 표현 양식은 19세기 후기 아르누보 운동의 생동적인 아라베스크 양식 이전까지는 서양 예술에 다시 등장하지 않는다. (그림 1.5 참조) 이 화가들은 식물 줄기의 우아한 곡선과 나선 같은 자연적 형태들에서 영감을 얻었다. 『모양』에서 다루었듯, 이 시기에 해양 생물들에서 발견되었으며 헤켈이 대단히 멋지고 기술적으로 그려 낸 그 섬세한 엽상체 유사형들은 아르누보 운동의 독일판인 유겐트슈틸(Jugendstil, 아마도 그런 쌍방향 상호 교류가 애초에 헤켈이 그런 그림을 그릴 수 있는 조건을 제공했으리라.)에 큰 영향을 미쳤다. 이 양식은 영국에서 일러스트레이터 아서 래컴(Arthur Rackham, 1867~1939년)의 작품 속에서 무엇인가 진정 레오나르도 다 빈치적인 것으로 태어났다. 거기서는 파도와 물, 연기, 머리카락, 그리고 식물의 소용돌이 사이의 대응이 특히 노골적으로 드러난다. (그림 1.6 참조) 그렇지만 여기서 소용돌이 이미지를 사용한 것은 그저 양식으로서의 의미뿐이다. 그 가치는 장식적이고 암시적인 성질들에 있다. 화가들이 그저 미학적 목적으로 그것들을 적용하는 수준을 넘어 레오나르도 다 빈치처럼 자연

그림 1.5
알폰스 마리아 무하(Alfons Maria Mucha, 1860~1939년)의 아르누보 양식은 흐름의 아라베스크적 패턴을 강조한다.

의 형태들로 탐구해 간다는 의미는 찾을 수 없다.

그러나 아르누보의 대담한 선들과 빙빙 도는 형태들 중 한 가지는 좀 더 관련성이 있다. 19세기 중반에 서유럽과 극동 아시아 사이에 교역 관계가 열렸고, 일본의 목판화가 화가와 수집가들 사이에서 유행했다. 거기서 서양 화가들은 자기들과는 무척 다르게 세계를 그리는 방식들을 발견했다. 자연주의적인 **농담법**(chiaroscuro)이 아니며 사진처럼 과학의 광학 법칙들을 무시한 **트롱프 뢰유**(tompe l'oeil, **사람들이 실물이라고 착각하도록 만든 그림이나 디자인 — 옮긴이**)를 가장할 의도도 전혀 없는, 평평하고 명확하게 묘사된 요소들의 콜라주였다. 서양인의 눈에 이 그림들은 양식화되고 도식적인 것으로 보였지만, 일부 화가들은 이것이 단순한 가장이 아니고, 단순화는 더더욱 아님을 알아볼 수 있었다. 그들이 전달하는 것은 사물의 본질, 피상적 사건들에 방해받지 않는 무엇이었다.

서구 예술에 관해서도 마찬가지지만 중국과 일본 예술을 한 마디로 어떻다고 말하는 것은 지나친 단순화다. 그들의 예술적 전통에도 여러 시기들, 학파들, 철학들이 있다. 그렇지만 대다수 중국 화가들이 자신들의 작품을 도의 숨결, 우주의 핵심 에너지인 기(氣)로 가득 채우려 해 왔다고 말해도 거의 틀리지 않는다. 기는 규정할 수 없으며 지적으로 이해할 수 없다. 17세기에 나온 동양화가의 지침서인 『개자원화전(芥子園畫傳)』에서는 "**기**의 순환이 생명의 움직임을 만든다."라고 설명한다. 그러므로 세계의 피상적 모양과 형태를 넘어서는 근본적인 단순성이 존재한다는 도교의 신조는 듣기에는 플라톤적이지만 근본적으로는 다르다. 정적이며 결정체로 이루어진 이상적 형태들에 관한 플라톤적 개념과 달리, 도는 즉흥성과 활력이 넘친다. 중국 고전 화

그림 1.6

래컴의 일러스트에 보이는 유체 흐름과 소용돌이치는 여자 머리카락의 소용돌이와 덩굴손의 결합은 레오나르도 다 빈치를 떠올리게 한다.

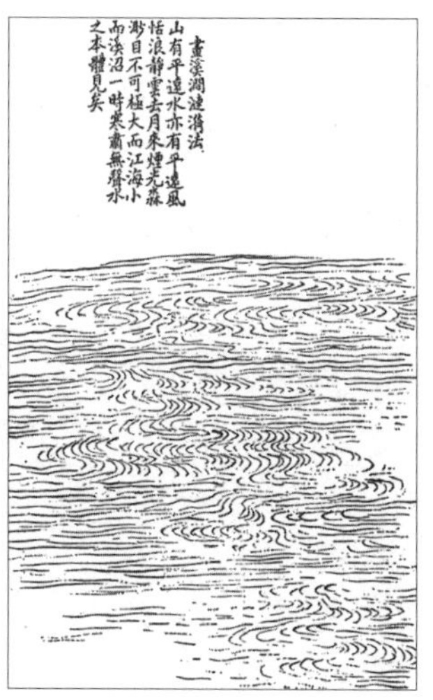

그림 1.7

중국 예술에서는 흔히 물의 흐름을 마치 유체 역학에서 채택하는 유선처럼 떠 다니는 입자들의 궤적에 가까운 연이은 선들로 나타낸다. 이것은 흐름을 '리얼리즘'이 아니라 도식적으로 묘사하는 방식이다. 이 이미지들은 17세기 말에 편찬된 회화 지침서에서 가져왔다.

가들이 붓의 움직임으로 포착하려 했던 것은 바로 이런 즉흥성이다. 9세기 중국의 미술사학자인 장언원(張彦遠)은 "그림을 의식하지 않고 마음 가는 대로 붓을 휘두르는 사람은 그림이라는 예술의 비밀에 닿을 수 있다."라고 말했다. 중국 예술에서 모든 것은 **기**의 근원이자 기표(signifier)인 붓의 움직임에 달려 있다.

예술적 전통에 따라 분류되는 붓놀림 기법 중에 탄와준(彈渦皴)이라는 것이 있음은 놀라운 일도 아니다. 그것은 소용돌이 같은 붓놀림이다. 중국 고대 화가들이 "그림 하나에 물을 그리는 데 닷새가 걸린다."라고 말하는 것도 놀랍지 않다. 바위를 감아 도는 강의 흐름보다 도를 더 잘 나타내는 것이 달리 있을까? 그렇지만 도는 역동적이어서

그림 1.8

레오나르도 다 빈치의 스케치 중 일부. 폭우를 그린 듯한 이 그림은 놀라울 정도로 '동아시아적'으로 보인다.

서양 예술처럼 정지된 순간을 움직이는 것처럼 착각하게 만드는 기법으로 그리는 것은 의미가 없으리라. 그 대신 중국 화가들은 흐름의 내적인 생명력, 혹은 12세기 중국 평론가인 동유(董逌)가 "물의 근본적 본성"이라고 부른 것을 그리고자 했다. 그들은 흐름 형태들을 연이은 선들로 도식화했다. (그림 1.7 참조) 이 선들은 다시금 놀랄 정도로 과학자의 유선들을 닮았다. 레오나르도 다 빈치의 스케치 중에도 그것과 무척 비슷한 것들이 있다. 어떤 사람들은 그의 그림 중 몇 편을 동양화가의 그림으로 착각할 정도다. (그림 1.8 참조)

거미줄과 흐름

그 근본적 형태들과 패턴들을 포착함으로써 흐름을 그린 작품들에 생기를 불어넣은 레오나르도 다 빈치의 프로젝트와 비길 만한 것이 서양 예술에 없다고 말한다면 그다지 옳은 말이라고는 할 수 없다. 브리짓 라일리(Bridget Riley, 1931년)의 초기 모노크롬 옵아트(monochrome op-art, 착시 현상을 이용하는 현대 미술 양식 — 옮긴이)에서는 유선 비슷한 무엇인가가 다시 등장하는 것을 볼 수 있다. (그림 1.9 참조) 거기서 관찰자의 눈은 진짜 움직임, 진짜 흐름이 여전히 캔버스 위에서 진행되는 것처럼 설득당한다. 어쩌면 유타의 거대한 솔트레이크에 바위와 돌의 고리를 투사한 미국의 토목 예술가 로버트 스미슨(Robert Smithson, 1938~1973년)의 「나선 둑(Spiral Jetty)」(1970년)은 그것을 둘러싼 물속에서 레오나르도 다 빈치의 소용돌이를 환기시키려는 목적을 가졌는지도 모른다. 미국 조각가 아테나 타차(Athena Tacha, 1936년~)는 나선, 파도와 소용돌이들을 비롯한 흐름의 형태들을 일컫는 어휘를 폭넓게 사용한다. 타차가 어디서 영감을 얻었는지는 1977년 작품인 「소용돌이

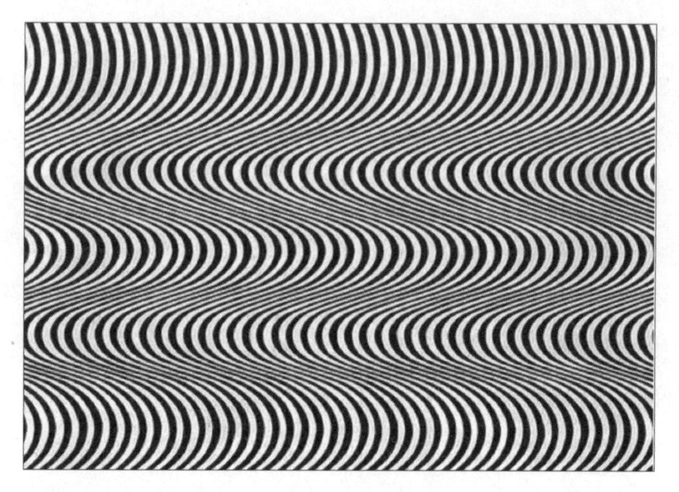

그림 1.9

「커런트」(1964년)를 비롯해 라일리의 초기 옵아트 회화들 중 다수는 실제 움직이는 감각을 전달하는, 유선과 비슷한 무엇인가를 보여 준다.

그림 1.10

타차의 「소용돌이들/교차점들(레오나르도 다 빈치에 바치는 오마주)」(1977년). 실물 조각은 축소 모형이지만 원래는 확대 비율로 만들 계획이었다.

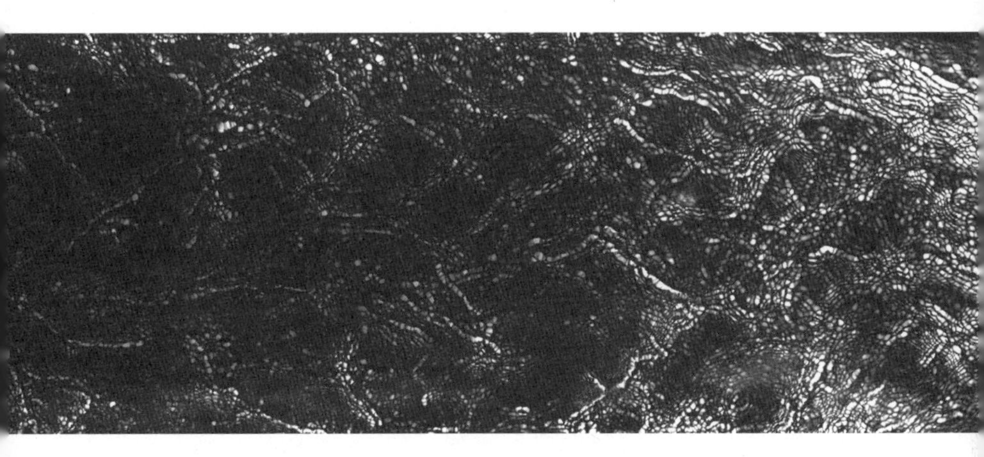

그림 1.11

화가 더지스가 밤에 찍은 남서 잉글랜드 타우 강의 난류인 유체 흐름의 형태들

들/교차점들(레오나르도 다 빈치에 바치는 오마주)」(그림 1.10 참조)에서 분명히 확인할 수 있다. 타차는 그 그림을 통로에, 혹은 심지어 '차에 탄 채로 보는 조각(drive-in sculpture)'으로 설치했다.

그렇지만 현대 작품들 중 자연 형태에 대한 레오나르도 다 빈치의 탐사를 가장 성공적으로 보여 주는 사례는 아마도 영국 사진작가인 수전 더지스(Susan Derges, 1955년~)의 작품들일 것이다. 더지스는 유리판 사이에 끼워 젖지 않게 보호한 거대한 인화지를 잉글랜드 남서부 데번에 있는 타우 강의 표층수 바로 아래에 담그고, 밤에 그것을 무척 밝은 회중 전등으로 비추었다. 표면의 파도들이 만드는 그 모든 작은 고랑과 이랑들은 사진에 일종의 그림자 그림으로 찍혔다. (그림 1.11 참조) 더러 그 위에 드리운 식생들도 함께 찍혀 있는데, 그것은 일본 판화처럼 윤곽만을 보여 준다. 더지스 자신은 일본 예술을 공부했다. 1980년대에 일본에 살면서 안도 히로시게(安藤廣重, 1797~1858년)와 가쓰시카 호쿠사이(葛飾北齋, 1760~1849년)의 작품에서 영향을 받았다. 그리고 특수에서 보편을 도출하는 도 개념에도 친숙하다.

이 사진들은 레오나르도 다 빈치의 그림들처럼 예술 작품으로서나 과학적 기록으로서나 제 몫을 할 수 있다. 자연 속 패턴들과의 대화로부터 도달한 것은 그 둘 모두로 볼 수 있기 때문이다.

소용돌이의 패턴들: 흐르는 질서

2장

소용돌이는 배출구를 통과해 나아갈 것이고,
이 빈 공간은 물 밑바닥까지 공기로 채워질 것이다.

카메라 셔터를 눌러서 유체 흐름의 일시적 형태들을 붙잡아 호소력 있는 예술 작품을 만든다는 생각에 그다지 새로울 것은 없다. 벌써 1870년대부터 영국 물리학자인 아서 메이슨 워딩턴(Arthur Mason Worthington, 1852~1916년)은 고속 촬영을 사용해 스플래시(splash)의 숨겨진 아름다움을 포착했다. 워딩턴은 물이 든 홈통에 조약돌 몇 개를 떨어뜨려 그것이 일으킨 스플래시에서 놀라울 정도의 대칭성과 질서를 가진, 예측 불가능한 복잡성과 아름다움을 보았다. 워딩턴은 영국 남서해안 데번포트에 있는 왕립 해군 대학교에서 복무했는데, 그곳에서 물의 영향을 연구한다는 것은 어떻게 보아도 낭만적인 업무는 아니었다. 그렇지만 워딩턴이 이런 이미지들에 매료되어 자신의 연구 목적이 원래 군사용임을 잊었으리라는 것은 능히 짐작할 만하다. 워딩턴은 스플래시가, 그 테두리가 연이은 스파이크(spike)들로 깨지는 광환으로 분출한다는 사실을 발견했다. 스파이크들 각각은 저마다 아주 작은 방울들을 토해 낸다. (그림 2.1 참조) 워딩턴에 따르면 이런 형태들에는 보기에 '질서 정연하고 필연적인' 무엇인가가 있었다. 비록 워딩턴은 그것을 묘사하고 설명하려면 "최고의 수학적 능력이 필요하다."라고 인정했지만 말이다. 그는 1908년에 자신이 찍은 사진들을 모아 『스플래시 연구(*A Study of Splashes*)』라는 책을 냈다. 이 책은 지식을 제공할 뿐만 아니라 눈을 즐겁게 하는 것도 목표로 삼았다.

워딩턴은 액체가 불투명할 때 그 이미지들이 가장 선명해진다는 것을 깨닫고, 물 대신 우유를 사용했다. (우유는 점도가 높아 스플래시의 모양을 바꾸므로 두 액체는 대등하지 않다.) 워딩턴은 그 연속 사진들을 한 스플래시의 경로 중간에 연속으로 찍은 스냅 사진들인 것처럼 보여 주었다. 그렇지만 그 정도 기만은 봐 주어도 될 것이, 워딩턴은 그처럼 빠른 속도로 열고 닫을 수 있는 카메라 셔터가 없었기 때문이다. 대신 각 스플래시는 어두운 방에서 겨우 100만분의 몇 초 정도만 존재한 스파크가 방출한 빛의 깜빡임 속에서 드러난 단일한 이미지를 제공했다. 연속 사진들을 포착하기 위해, 워딩턴은 여러 차례의 스플래시가 일어나는 동안 스플래시들이 서로 동일하기를 희망하며 스파크들을 연속 촬영했다.

워딩턴은 이 그림들이 대중의 미적 감각에 호소하리라고 짐작하기는 했지만, 그의 후계자인 매사추세츠 공과 대학의 미국인 전기 공학자 해럴드 유진 에저턴(Herold Eugene Edgerton, 1903~1990년)처럼 거기서 금전적 이득을 보겠다는 대담한 생각은 못했다. 1920년대에 에

그림 2.1
우유 한 방울의 스플래시,
워딩턴이 19세기에 찍은 사진

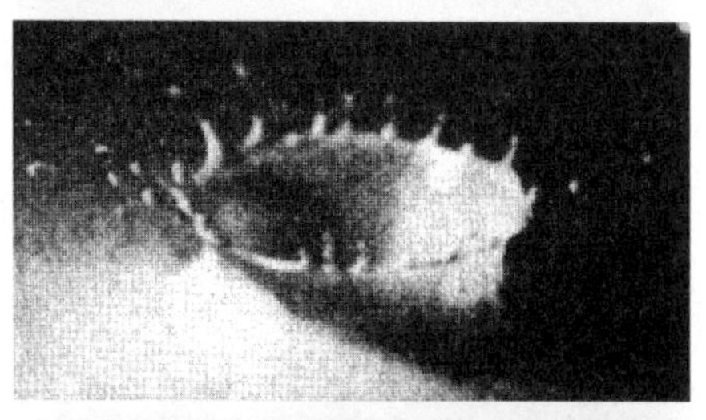

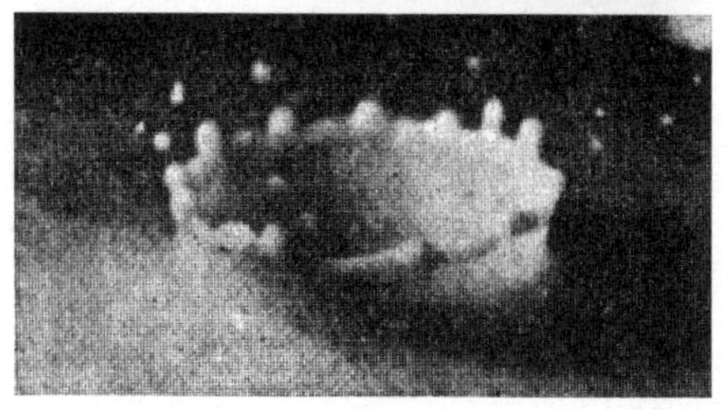

저턴은 새로이 발명된 스트로보(방전으로 섬광 촬영을 하는 장치 — 옮긴이)에서 램프의 깜빡임 속도와 움직임의 회전 속도를 동기화하면 반복적이며 급속한 움직임들을 '포착'할 수 있다는 사실을 깨달았다. 그는 초당 3,000장의 프레임을 찍을 수 있는 섬광 촬영 장치를 개발했다. 그의 고속 사진기는 눈길을 사로잡는 주제와 탁월한 구성 감각 덕분에 유명해졌다. 에저턴은 유명한 스포츠맨들과 배우들의 순간 포착 사진들을 찍었고, 윌리엄 텔의 전설에 경의를 표하는 유명한 「사과 쏘기」

에서는 날아가는 총탄의 강력한 파괴력을 보여 주었다. 에저턴의 속사 렌즈로, 수도꼭지에서 흘러나오는 물은 고체 유리의 둔덕처럼 굳는다. 그가 펴낸 『플래시(*Flash*)』(1939년)는 노골적으로 대중을 겨냥한, 눈길을 사로잡는 장면들을 모은 커피 테이블용 책이었고, 그의 영화 「눈 깜빡임보다 빠른(Quicker'n a Wink)」(1940년)은 이듬해에 아카데미상 최고 단편 영화상을 수상했다.

그렇지만 에저턴의 이미지 중 가장 주목할 만한 것은 아마도 워딩턴에게서 곧장 베낀 것이리라. 그는 우유 방울들이 부드러운 우유 표면에 스플래시를 일으키는 순간을 촬영했다. 에저턴의 우유 방울은 한결 깔끔했다. 이유는 몰라도 더 규칙적이고 질서 정연했다. 자연 패턴의 진정한 경이였다. (그림 2.2a 참조) 왕관의 봉우리들은 각자 이웃한 봉우리들과의 거리가 어느 정도 동일했고, 그들 각각은 구 같은 작은 방울 하나를 토해 낸다.[4] 이것은 빗방울이 연못과 웅덩이로 떨어질 때 수도 없이 되풀이해 만들어지는 비밀스러운 구조다. 에저턴의 우유 스플래시는 예술 작품이나 과학 연구에서 숨겨진 질서를 나타내는 대표적인 상징 역할을 해 왔다. 좀 더 세속적인 예를 들면, 영국제 우유 마케팅 및 배급사인 밀크 마크(그림 2.2b 참조)에서는 1990년대에 도식적인 형태로 그 이미지를 사용했다. 톰프슨 역시 이 구조들에 매혹당했다. 톰프슨은 고전이 된 『성장과 형태(*On Growth and Form*)』(1971년)에서 워딩턴의 세로로 홈이 새겨진 컵(fluted cup)의 '조개 같은' '물결 모양' 모서리들을 옹기장이가 젖은 점토를 가지고 훨씬 느리게 만드는 형태들과 비교했다. 이 책의 1944년 개정판 표지는 에저턴의 사진이 장식했다. 그것을 보면 마치 톰프슨이 이렇게 말하는 듯한 느낌을 준다. "여기를 보세요. 이것이 내 주제입니다. 패턴의 완벽한 수수께끼가 여기

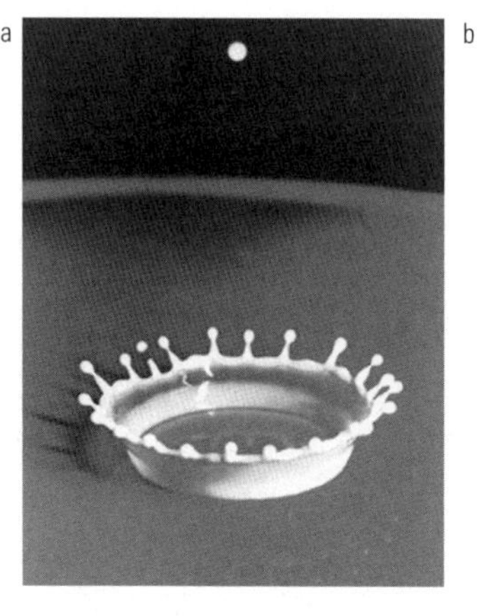

그림 2.2

(a) 매사추세츠 공과 대학에서 찍은 에저턴의 우유 스플래시는
워딩턴의 것보다 더 말끔하고, 그 구조의 대칭성을 더 잘 보여 준다.
(b) 이 상징적인 이미지는 **1990년대**에 영국 우유 마케팅 회사에서
도식화된 형태로 이용되었다.

있습니다. 일상적인, 어디에나 있는 수수께끼죠."

자연의 패턴과 모양의 유사성을 알아보는 본능을 지닌 톰프슨에게 이런 스플래시 형태들은 그저 유체 흐름이라는 관점에서 보는 흥밋거리를 넘어 부드러운 조직을 지닌 살아 있는 유기체의 모양에서도 볼 수 있는 한층 일반적인 패턴 형성 과정을 보여 주었다. 그의 말에 따르면 가장자리가 톱니 모양으로 된 그 주발 같은 구조는 해파리나 말미잘과 친척 관계의 해양 동물인 히드로충의 일부 종에서도 볼 수 있다. (그림 2.3 참조) 물론 여기서 그 형태는 말 그대로 반짝하고 사라지는 것이 아니라 계속 존재한다. 그렇지만 톰프슨은 이렇게 말했다. "더 유동성 있는 액체에서는 급속도로 나타났다 사라지는 현상이 원형질 유기

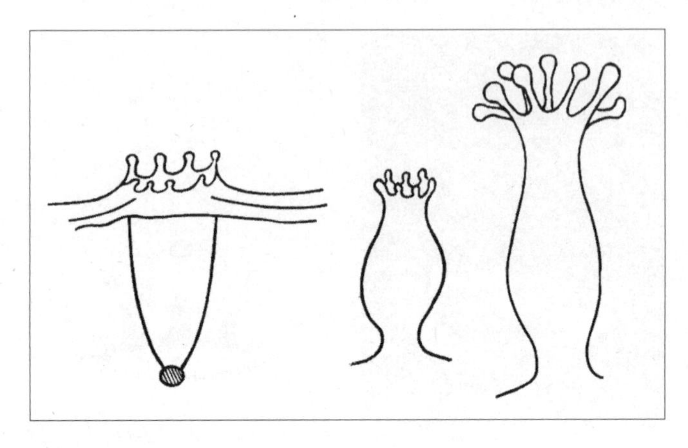

그림 2.3

톰프슨은 왼편에 그려진 워딩턴의 스플래시들과 오른편에 그려진 히드로충 유형 사이의 유사점들을 지적했다.

체 같은 점성이 있는 매질에서는 느리고 지속적으로 나타나는 것을 막는 것은 아무것도 없다." 이어 이렇게 주장한다. "어쩌면 이 유기체들은 워딩턴 씨가 우리에게 특정한 실험을 통해 그 현시 방법을 보여 준 바와 비슷하거나 동일한 배치를 보여 줄지도 모른다."

『성장과 형태』에서도 그랬지만, 톰프슨이 여기서 하는 주장은 대체로 너무 낙관적이다. 히드로충이 스플래시의 경우처럼 자랄 것이라고 생각해야 할 합리적 이유는 전혀 없다. 왜 결국 우리는 그것이 워딩턴과 에저턴이 보여 준 방울들처럼 분출하여 산산히 부서져 가라앉지 않고 특정한 '스냅 사진'에 포착되리라고 기대해야 하는가?

그렇다 해도 여기에는 설명이 필요한 패턴이 있다. 스플래시의 오르락내리락하는 광환(corona)이 나타나는 이유는 무엇인가? 놀랍게도 그 이유는 아직도 명확하지 않다. 다른 것이야 어쨌든, 이것은 명백히 대칭 파괴 과정이다. 방울들은 원래 위에서 보면 완벽한 원형 대칭성을 가지기 때문이다. 그렇지만 광환에서는 스파이크들이 나타나면서 그 대칭성이 일그러진다. 더욱이 그 과정은 어떤 이유에서인지 특징적인 줄기나 **파장**을 만든다. 테두리 주위에서 인접한 스파이크들 사이의 분리는 다소 꾸준히 나타난다. 우리는 유체 흐름의 패턴들에서 일어나는 이 '파장 선택'의 다른 예들을 다음에서 볼 것이다.

소용돌이들

스플래시는 특이한 현상으로, 유체 행동의 흥미로운 작은 변화이다. 레오나르도 다 빈치의 연구를 기준으로 보면 우리는 유체 흐름의 라이트모티브(leitmotif, 오페라를 비롯한 음악 작품들에서 특정 인물·사건·사상과 관련해 반복되는 곡조 — 옮긴이)가 그와 다른 구조라는 결론을 내릴 것이다. 그 구조는 대칭성은 더 떨어져도 확실히 유기체라는 느낌을 주는 구조, 즉 소용돌이다. (그림 2.4 참조) 생각해 보면 소용돌이는 스플래시 광환보다 더 기묘하고 예측하기 어려운 현상이다. 후자는 깨어진 대칭성, 흔들리기 시작하는 원(圓)의 고전적인 예시다. 그렇지만 소용돌이는 난데없이 나타난 것처럼 보인다. 간신히 알아볼 수 있을 만큼 미약한 경사를 따라 잔잔하게 흐르는 강을 생각해 보자. 그 강물은 그것을 끌어갈 경사로도 보이지 않는 곳에서 왜 갑자기 옆으로 갈라지기 시작할까? 그러고 나서 더욱 더 궁금하게도 왜 **위쪽으로 거슬러 흘러서** (또는 흐르는 것처럼 보이면서) 원을 그려 자신에게로 **되돌아올까**? 이 명백하며 억누를 수 없는, 이 소용돌이치고 감아 도는 물의 성향은 무슨 까닭일까?

이 물음이 요구하는 것은 유체 흐름의 과학이다. 그 법칙은 수력

그림 2.4

레오나르도 다 빈치는 소용돌이를 유체 흐름의 근본적 특색으로 여겼던 듯하다.

학(물을 중심으로 그 주제를 볼 경우), 유체 역학과 유체 동역학 같은 다양한 이름들로 불린다. 나는 이 책의 마지막 장에서 그 이론적 기반에 관해 얼마간 설명을 할 참이다. 하지만 지금 당장은 이것이 딱히 계시를 주지 않는다는 것까지만 짚고 넘어가겠다. 유체 역학의 이론은 개념적으로는 다소 단순하지만, 많은 응용 분야에서는 (고성능 컴퓨터의 도움을 받지 않는 한) 이루 말할 수 없을 만큼 어렵다. 그리고 왜 유체가 그처럼 복잡한 패턴 성향을 가지는지, 직관적 그림 같은 것을 제공하는 데 큰 역할을 하지 못한다. 게다가 그것은 불완전한 이론이다. 가장 극단적이지만 또한 가장 흔한 유체 흐름, 즉 난류의 상태에 관해 어떤 명확한 이해가 부족하기 때문이다. 우리는 '난류'를 일상적으로 종종 '조직되지 않은', '카오스적인', '예측할 수 없는'과 같은 뜻으로 쓴다. 그리고 유체 난류가 이런 특징들을 정도만 달리해서 예외 없이 보여 준다고 해도, 우리는 레오나르도 다 빈치의 스케치를 바탕으로 이러한 카오스에 질서의 씨앗이 존재한다는 것을 볼 수 있다. 난류 흐름이 종종 소용돌이를 낳는 조직된 움직임들을 가질 때가 많다는 의미에서 특히 그렇다.

지금으로서는 레오나르도 다 빈치 이래 과학자들이 흔히 택해야 했던 방식으로 유체 흐름을 묘사하겠다. 방정식을 쓰는 대신 관찰하고 그림을 그리며, 글을 쓰는 것이다. 20세기 유체 역학의 위대한 개척자에 속하는 프랑스의 수학자 장 르레이(Jean Leray, 1906~1998년)는 파리의 퐁네프 다리에 서서 그 아래로 솟구치고 물결치는 센 강을 보며 당면한 문제를 몇 시간이나 생각한 끝에 자신의 이론을 구성했다. 그가 물결을 보고 넋이 나가 버리지 않았다는 사실은 르레이의 천재성을 말해 준다. 왜냐하면 아무리 그래프를 짜고 꼼꼼하게 실험실 노트를 만들어도, 유체 흐름을 실제로 관측하고 있으면 무엇인가에 꽉 붙잡혀 도저히 벗어날 수 없다는 기분이 들기 십상이기 때문이다.

그 문제에 관해 르레이처럼 생각하면 적어도 어디서 시작해야 할지를 아는 데 유리할 수 있다. 여기에 퐁네프의 기둥들을 감아 흐르는 센 강이 있다. 지난 세기 초반에 센 강은 어떻게 보아도 가장 깨끗한 강은 아니었다. 강물은 다리 기둥들의 각 면을 흐르면서 갈라진다. 그리고 장애물 탓에 물에 구름을 피워 올리며 거칠게 흐르는 하류를 남긴다. 1장에 등장한 전문 용어를 사용하면 그 '유선'은 대단히 복잡해진다. 그 작용은 어떻게 일어날까? 잠깐 돌아가서 복습을 해 보자. 만약 물이 전혀 움직이지 않고 있다면, 즉 기둥이 강이 아니라 고인 연못에

세워져 있다면 아무런 움직임도 유선도 없으므로 어떤 패턴도 생기지 않는다. 우리는 어떻게 잔잔한, 균일한 물이 맴도는 흐름이 되는가를 물어야 한다. 이제 서서히 흐름을 일으키고 무슨 일이 일어나는지 알아보자.

셴 강의 이상적인 형태를 그려 보자. 물은 얕은 수로를 따라 흐른다. 문제를 단순화하기 위해 그 측면이 평행, 수직이고 밑바닥이 평평하다고 하자. 유속이 느릴 때 모든 유선은 흐름 방향에 직선이고 평행이다. 다른 말로 강 표면을 떠다니는 나뭇잎처럼, 그 흐름을 따르는 작은 입자도 모두 단순한, 직선적 유로를 따를 것이다. (그림 2.5a 참조) 흐름이 그것을 제약하는 벽들에 밀어붙여지는 '강'의 가장자리에서 우리는 무언가 좀 더 복잡한 일이 일어나리라고 상상할 수 있다, 하지만 그렇다고 해서 실제로 그 그림이 많이 달라질 필요는 없다.[5] 그리고 어떤 경우든 강을 넓게 만들고 가운데에 집중하면 그것을 무시할 수 있다. 거기서 유선은 평행이고, 모든 유체는 공시적으로, 같은 속도와 같은 방향으로 움직인다. 유선들이 서로 평행을 이루는 이와 같은 흐름들은 층류(laminar)라고 한다. 여기서 흐름은 물속의 깊이에 상관없이 균일하다. (이번에도 물이 강 바닥에 끌리는 영역은 무시해도 된다.) 그리하여 우리는 그것을 단순히 2차원 유선 형태로 그린다.

이제는 퐁네프를 이야기할 차례다. 아니, 이것은 실제 퐁네프가 아니라 그 과학자가 머릿속으로 생각하는 퐁네프, 강 한가운데에 서 있는 한 원형 기둥이다. (그림 2.5b 참조) 확실히 몇몇 유선들은 원기둥 둘레에서 방향이 바뀐다. 만약 유속이 아주 낮다면, 이 변화는 유연한 방식으로 일어날 수 있다. 유선들은 원기둥에 닿을 때 갈라졌다가 하류에서 다시 만나 다시 층류를 이룬다. (그림 2.5b, c 참조) 이것은 사이에

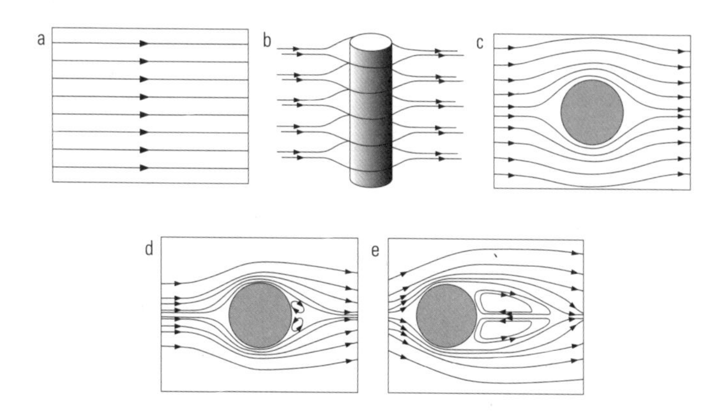

그림 2.5

강의 유선들. (a) 한 유체 흐름이 느리고 방해받지 않으면, 떠다니는 입자는 직선 궤도를 그린다. (b) 그렇지만 그 흐름에 장애물을 두면 물은 그 장애물을 양쪽으로 비켜 지나가야 한다. (c) 유속이 낮을 때 모든 수직 층들에서는 흐름이 동일하고, 따라서 단일한 평평한 평면으로 나타낼 수 있다. 그 갈라진 유선들은 상류에서 다시금 모여든다. (d) 그렇지만 속도가 더 빠르면 장애물 뒤에 회전하는 소용돌이들이 나타난다. (e) 흐름이 속도를 높이면서 소용돌이들은 성장하고 길어진다.

낀, 수정체 모양의 분열된 영역을 만든다.

만약 유속이 증가하면 어떤 일이 일어날까? 기둥의 결과로 우리는 서로 반대 방향으로 도는 두 작은 소용돌이, 혹은 회오리가 나타나는 것을 보게 된다. (그림 2.5d 참조) 그 회오리의 유선들은 닫힌 고리다. 주된 흐름과 떨어져 기둥 뒤 부분에 남아 있는 유체 덩어리는 거의 없다. 물에 실려 운반되는 입자는 만약 이 회오리들에 갇히면 영원히 빙빙 돌게 된다. 만약 그 유속이 더욱 커지면 회오리들은 더 커지고 뻗어갈 것이다. (그림 2.5e 참조) 그렇지만 그들 바깥의 흐름은 층류로 남는다. 유선들은 결국 하류로 모이고, 다시 평행 경로를 시작한다.

이런 변화들이 언제 일어나는지 측정할 방식이 있다면 편리할 것이다. 하지만 예를 들어 우리는 한 쌍의 회오리가 초당 10센티미터의 유속으로 일어난다는 식으로 간단히 말할 수는 없는데, 그 이유는 일반적으로 이 역치는 유속 말고 다른 요인들, 특히 기둥의 넓이와 액체의 점도 같은 것들에도 달려 있기 때문이다. 그러나 유체 역학의 가장 심오하고 유용한 깨달음 중 하나는, 흐름을 이 모든 것을 고려하는 '보편적' 측정치로 나타낼 수 있다는 것이다. 이 경우에 그 흐름이 일어나는 수로가 너무 넓어서 강둑이 기둥으로부터 멀리 떨어져 있기 때문에 그 흐름에 아무런 영향도 미치지 않는다고 치자. 그러면 우리는 회오리가 처음 나타나는 유속이, 그 수치에 기둥의 지름을 곱하고 액체의 점성으로 나누면 늘 일정하다는 사실을 알게 된다. 액체의 유형이나 기둥의 규격은 상관이 없다. 이 수는 단위가 모두 상쇄되므로 어떤 단위도 붙지 않고 대략 4라는 값만 존재한다.

이것은 무차원수(dimensionless number), 즉 우리가 실험 시스템의 세세한 부분들에 신경 쓰지 않고도 유체 흐름을 일반화할 수 있게 해주는 '보편적 매개 변수(universal parameter)'의 하나다. 그 수는 19세기에 유체 흐름을 연구한 영국 과학자인 오즈본 레이놀즈(Osborne Reynolds, 1842~1912년)의 이름을 따서 레이놀즈 수(Re)라고 불린다. 이 실험적 매개 변수의 특정한 조합이 모든 단위를 제거하고 그저 숫자만을 남긴다는 사실은 우연한 행운이 아니다. 레이놀즈 수는 그 흐름을 이끄는 힘들 대 점성 저항으로 그것을 지체시키는 힘들의 비를 측정한다. 우리 실험에서 그 기둥의 크기와 액체의 점성은 지속적으로 유지되고, 따라서 Re는 유속에 정비례한다.

그러니 레이놀즈 수 4에서 흐름 패턴은 소용돌이들의 쌍이 나타나면서 급격히 변한다. 그 새로운 패턴은 비록 점점 길어지는 소용돌이의 모습이기는 하지만, Re 값이 대략 40에 도달할 때까지 유지된다. 그러고 나면 새로운 일이 일어난다. 결국 하류 유선들은 모두 평행이 되지 않지만, 그 대신 꾸준한 파장의 진동이 뒤따른다. 이것은 원기둥 뒤쪽에서 액체에 염료를 주입하는 실험으로 확인할 수 있는데, 그 염료는 어느 정도 그 유선들을 반영하는 좁은 제트 기류를 따라 운반된

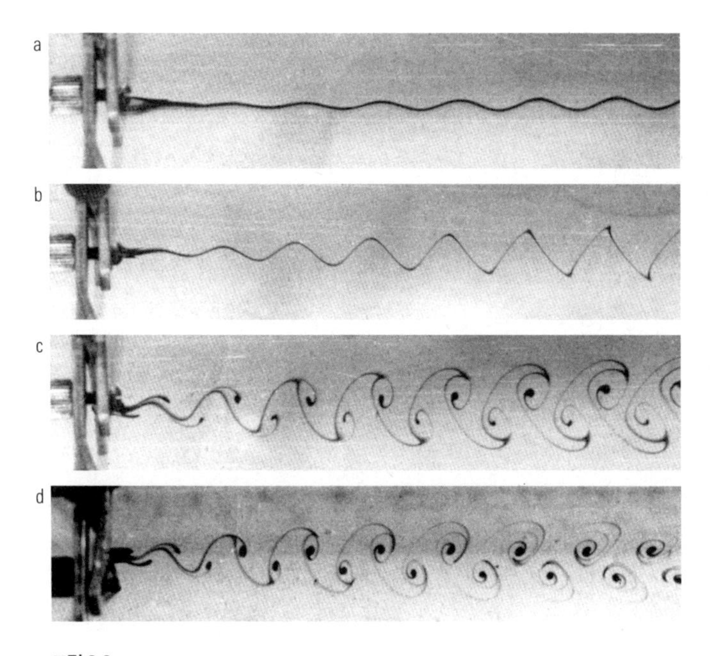

그림 2.6

유속이 레이놀즈 수 40으로 측정될 때, 원기둥을 지나는 흐름의 후류는 파도 같은 불안정성을 일으킨다. 사진에서는 염료를 주입해서 그것을 볼 수 있다. (c), (d) 유속이 더 높을 때 이 파도 같은 교란은 잇따른 소용돌이들을 낳는데, 그것은 카르만 소용돌이 줄기라고 불린다. 레이놀즈 수가 200을 넘어서면 소용돌이 줄기들은 깨어져 난류인 후류를 일으킨다.

다. (그림 2.6a 참조) 레이놀즈 수(즉 유속)가 계속 증가할 때, 그 파도들이 더욱 선명해지고 이랑들은 더 가팔라진다. (그림 2.6b 참조) Re=50 부근에서 이 물마루들은 깨어져 소용돌이를 이룬다. (그림 2.6c 참조) 이 놀랍고 아름다운 패턴에서는 아르누보 특유의 장식 무늬를 즉각 알아볼 수 있다. 결과적으로 흐름의 항적은 처음에는 이편에, 다음에는 저편에 계속해서 소용돌이들을 일으킨다.

앞서 보았듯 이와 같은 구조는 레오나르도 다 빈치의 스케치에서만 모습을 드러낼 뿐 학계에 공식적으로 보고되지는 않았다. 그러다 1908년에 앙리 클로드 베나르(Henri Claude Bénard, 1874~1939년)가 「움직이는 장애물 뒤에서 형성되는 회전의 중심들(Formation of rotation centres behind a moving obstacle)」이라는 논문을 발표했다. 그렇지만 독일 공학자 루트비히 프란틀(Ludwig Prandtl, 1875~1953년)은 1911년에 원기둥의 항적을 연구했을 때 베나르의 논문을 알지 못했다. 프란틀은 그런 흐름에 관한 이론을 하나 갖고 있었고, 그 이론에 따르면 그 항적은 그림 2.5c에서 보듯 얼마간 유연해야 했다. 그렇지만 박사 과정 중이던 그의 제자 카를 히멘츠(Karl Hiemenz)는 이 배치에 관해 실험을 했을 때 장애물 뒤의 흐름에 진동이 일어난다는 사실을 발견했다. 프란틀은 제자에게 그건 말도 안 된다고 했다. 확실히 히멘츠의 원기둥은 충분히 매끈하지 않았다. 그러나 히멘츠가 원기둥을 다시 매만진 후에도 결과는 전과 같았다. "그러면 자네의 수로가 완벽한 대칭이 아니었던 게지." 프랜틀은 딱한 제자에게 더욱 개선을 하라고만 닦달했다.

그 무렵 헝가리 공학자인 테오도르 폰 카르만(Theodore von Kármán, 1881~1963년)이 괴팅겐에 있는 프란틀의 실험실에 연구하러 왔다. 카르만은 히멘츠에게 매일 아침, "히멘츠 군, 흐름은 이제 다 됐나?"하고 물으며 그를 괴롭혔다. 그러면 히멘츠는 땅이 꺼져라 한숨을 쉬면서 "늘 진동합니다."라고 대답하고는 했다. 결국 카르만은 무슨 일이 일어나는지 직접 확인하겠다고 마음먹었다. 수학적 재능을 타고난 카르만은 그 상황을 설명할 방정식을 만들고, 그 방정식들을 통해 원기둥 뒤 소용돌이들이 안정적일지 여부를 예측할 수 있음을 알아냈다. 이제는 이 연구의 결과, 서로 교대하는 일련의 소용돌이들, 즉 프란틀의 추측과는 반대로 흐름의 근본적인 특질이 카르만 소용돌이 줄기로 알려지게 되었다.

소용돌이들은 어디서 생겨날까? 그들은 원통의 표면을 지나 움직이는 유체의 층들에서 솟아나는데, 그것은 그 장애물이 일으키는 항력으로부터 소용돌이도(vorticity)라는 회전 성질을 얻는다. 이 과정은 그 기둥의 '왼쪽'과 '오른쪽'이 고도로 협응을 이루고 있어서, 한쪽에서 소용돌이가 사라질 때, 다른 쪽에서는 소용돌이가 만들어지는 중

그림 2.7

카르만 소용돌이 줄기는 '소용돌이 떨구기'에서 생겨난다. 그 장애물 뒤의 회전하는 소용돌이들은 교차하는 측면들에서 떨어져 나가고 후류에서 생성된다. 여기서는 반대편에 있는 소용돌이가 떨어진 직후 한 소용돌이가 형성되는 중이다.

이다. (그림 2.7 참조) 소용돌이 줄기는 자연에서 흔히 볼 수 있다. 공기가 고기압 지대 같은 장애물을 지날 때 구름에 자국을 남기는 것이 관찰되기도 했다. (그림 2.8 참조) 그것들은 물에서 치솟는 거품의 여파로 생겨나, 소용돌이들이 사라질 때 거품을 처음에는 이편으로, 다음에는 저편으로 밀어낸다. 샴페인 거품이 솟아날 때 흔히 지그재그를 그리는 이유를 그로써 설명할 수 있다. 날아다니는 곤충들의 날개 끝에서 일어나는 소용돌이 발산은 항공 역학의 일상적 한계들을 극복하게 해 준다. 실제로 곤충들은 날개를 아래로 친 후 회전시켜 그로부터 일어나는 소용돌이에서 약간의 추진력을 얻는다.

유속이 더 빨라지면 줄기의 소용돌이는 규칙성을 잃기 시작하고 그 기둥의 항적은 카오스로 퇴보하는 것처럼 보인다. 그렇지만 사실 그 흐름의 질서 정연함은 나타났다 사라졌다 한다. 하류에 가만히 있는 관측자는 다소 질서 정연한 소용돌이 줄기가 이따금씩 솟구치는 무질서한 난류에 방해를 받으며 지나가는 것을 볼 수 있을지 모른다. 그러나 Re=200에서 먼 줄기에 있는 하류의 관측자는 질서잡힌 소용돌이 패턴들이 영영 사라져 버리는 것을 눈치챌지도 모른다. 심지어 그 때도 소용돌이 줄기는 기둥과 가까운 곳에 남아 버티지만, 하류로 움직이면서 그들은 뒤엉킨다. 그러나 Re=400에서는 이 조직조차 사라지고 항적이 완벽한 난류처럼 보인다. 이것은 한 다리의 기둥들을 지나가는 강의 전형적 상황(강의 레이놀즈 수는 대개 100만을 넘는다.)이라서, 르레이가 흙탕물 같은 센 강에서 패턴을 찾으려 했다면 헛고생만 했을 것이다.

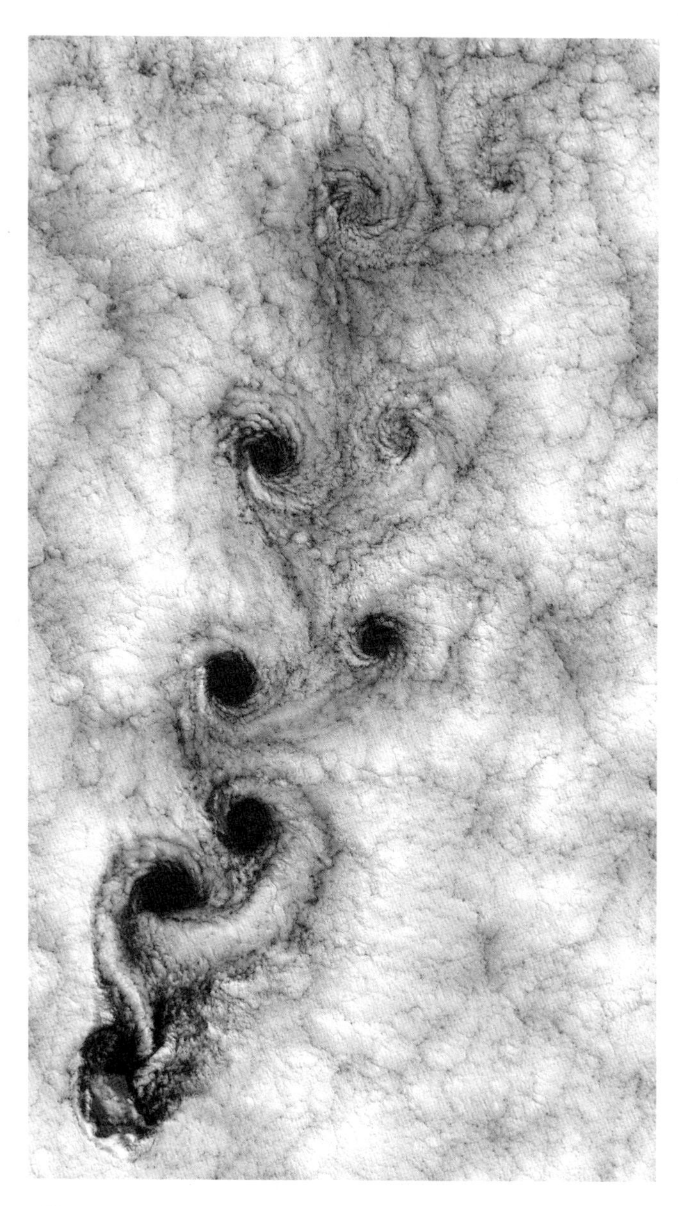

그림 2.8

대기 흐름의 교란으로 발생한 구름 속 소용돌이 줄기

불안정한 조우들

유연하며 얇은 층을 이루는 한 흐름이 파도 같은 패턴으로 변화하는 그림 2.6a는 패턴 형성 체제들의 한 가지 공통 특질을 설명한다. 시스템이 충분히 강한 동력을 얻을 때 갑자기 떨림이 시작된다는 것이다. 『모양』에서는 액체 기둥들의 분쇄부터 화학적 반응에서 나타나는 진동들까지, 그런 파동 같은 불안정성 몇 가지를 다루었다. 이 경우에는 무엇이 파동을 만드는가?

그것은 **전단 불안정성**(shear instability)의 표본이다. 액체의 두 층은 서로 교차할 때 마찰하며 소위 전단력을 겪는다. 유체 흐름은 기둥 바로 뒤 항적의 꼬리에서 느려지는데, 왜냐하면 여기서 그 흐름이 방해를 받기 때문이다. 같은 방식으로 헤엄치는 경우에, 레인을 막는 장애물을 둘러 가야 하는 사람들은 레인에 장애물이 없는 경쟁자들에 비해 수영장 반대편에 도달하기까지 시간이 더 오래 걸린다. 이것은 유체의 인접한 층들이 서로 다른 속도로 움직인다는 뜻이고, 따라서 경계에는 전단력이 존재한다. 전단력은 여기서 우연히 생기는 물결을 증폭시킬 수 있다.

호르는 액체의 인접한 층들이 그냥 속도만 다른 것이 아니라 방향도 반대로 흐른다고 생각하면 상황은 더욱 명확해진다.[6] 접점에 한군데 돌출부가 있다고 생각해 보자. 그것이 다음번 층을 밀어내는 지점에서, 그곳의 액체는 '쥐어 짜여' 더 빨리 흐른다. 강이 좁은 협곡으로 들어가면 더 빨리 흐르는 것과 마찬가지다. 한편 그 돌출부는 그것이 나타난 지점에서 층을 넓히고, 그곳의 흐름은 느려진다. (그림 2.9 참조) 강이 넓은 범람원으로 쏟아져 들어갈 때 더욱 넓어지고 느려지는 것과 마찬가지다. 1738년에 베르누이는 흐름이 더 빨라지면서 흐름 방

a

b

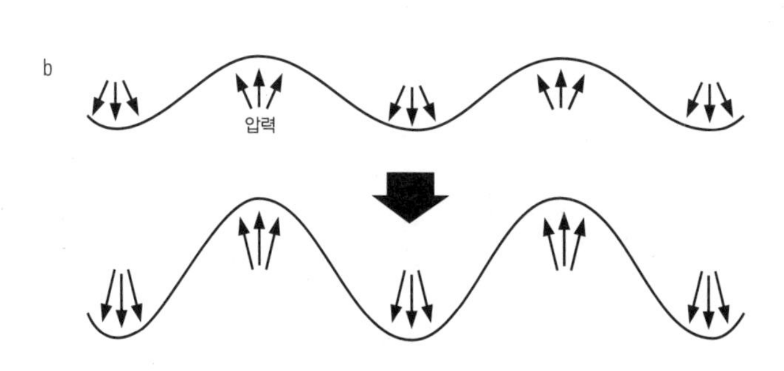

그림 2.9

두 층의 유체가 서로를 지나 움직이는 전단 흐름에서, 경계는 파동 불안정성을 겪기 쉽다. (a) 돌출부의 오목한 부분에서는 그 흐름이 느려지는 반면 볼록한 쪽에서는 속도가 높아진다. (b) 이것은 압력 차이를 만들어 그 돌출부를 바깥쪽으로 밀어내고, 그래서 더욱 돌출되게 만든다. 결국 이 파동은 솟구치고 말려 소용돌이를 이룬다. 이것은 켈빈-헬름홀츠 불안정성이라고 불린다.

향으로 옆에 있는 액체가 가하는 압력이 감소한다는 사실을 보여 주었다. 이것은 샤워 커튼이 왜 늘 우리 몸에 들러붙는지 설명해 준다. 물의 제트 흐름이 우리 피부와 커튼 사이의 공기층을 움직이면 그곳의 압력이 낮아지기 때문에 반대편에 있는 공기 압력이 커튼을 안쪽으로 밀어붙이는 것이다.

이것은 돌출부에서 볼록한 면의 압력이 낮고 오목한 면의 압력이 높다는 뜻이고, 그래서 돌출부가 바깥쪽으로 밀려나고 더 튀어나온다는 뜻이다. 다른 말로 하면 여기에는 양의 피드백이 있다. 돌출부

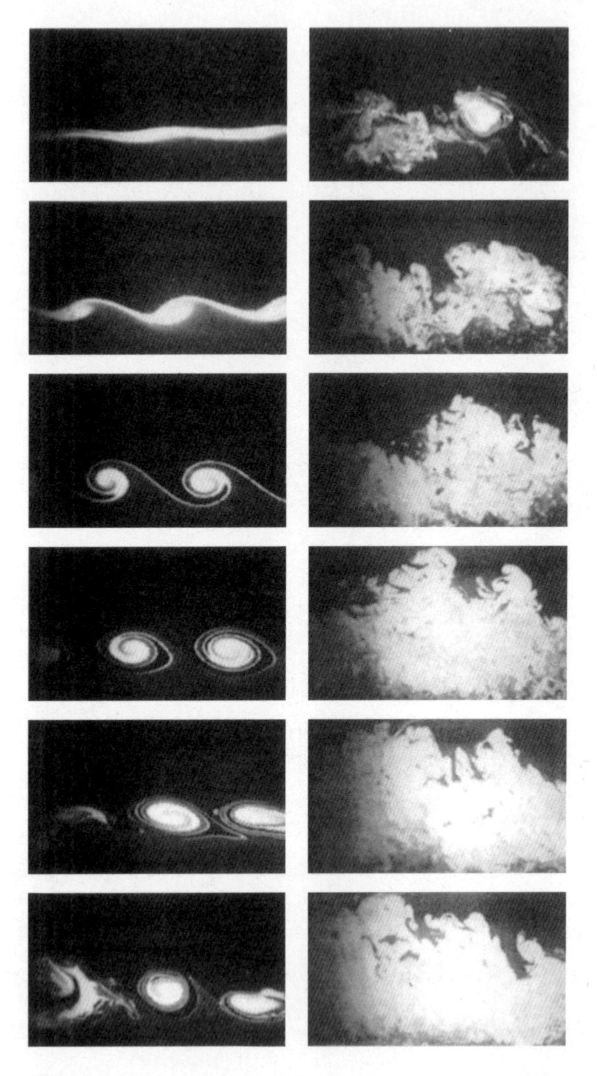

그림 2.10

전단 흐름에서 켈빈–헬름홀츠 불안정성의 진화는 두 흐름의 경계에 형광 염료를 주입하면 눈으로 확인할 수 있다. 그 파도들은 소용돌이를 그리는데, 그 소용돌이들은 서로 상호 작용하고 깨어져 난류를 이룬다. 그 연쇄는 꼭대기에서 바닥으로 진행한다. 처음에는 오른쪽에서, 다음에는 왼쪽에서 진행된다.

가 더 클수록 그 피드백은 더 커지려는 경향을 보인다. 그렇다면 이것은 한 전단 흐름의 경계에 있는 돌출부가 **모두** 스스로 증폭한다는 뜻일 것 같다. 하지만 실제로 한 액체의 점성(흐름에 대한 저항력의 척도)은 전단력(여기서는 두 층의 상대적 속도에 달려 있는)이 어떤 임계 역치를 넘어설 때까지 불안정성을 누그러뜨린다. 더욱이 자가 증폭은 진동(undulation)의 한 특수한 파장에서 가장 크고, 따라서 다른 모든 것들 중에서 이 파도 같은 패턴이 '선택된다.' 그 결과 이 전단 흐름은 규칙적인 파동들을 발전시킨다. (그림 2.10 참조)

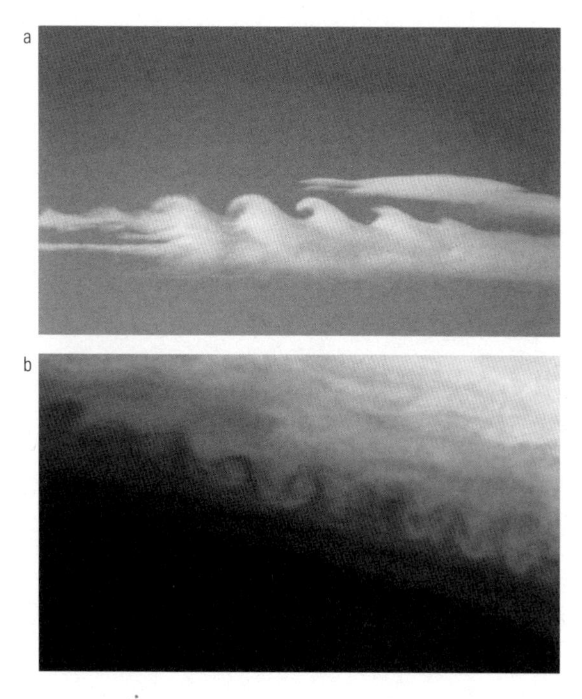

그림 2.11

대기 구름에서 나타나는 (a) 켈빈-헬름홀츠 불안정성, (b) 토성의 대기

이 전단 불안정성을 연구한 사람은 19세기의 위대한 두 물리학자, 윌리엄 톰프슨 켈빈 경(Lord William Thomson Kalvin, 1824~1907년)과 헤르만 루드비히 페르디난트 폰 헬름홀츠(Hermann Ludwig Ferdinand von Helmholtz, 1821~1894년)였는데, 따라서 그것은 켈빈-헬름홀츠 불안정성으로 알려져 있다. 그 파동들은 구조가 진화할 때 가파른 정점을 이루고, 그다음에는 돌돌 말리는 쇄파(curling breaker)로 끌어당겨지면서 연이은 소용돌이들을 낳는다.[7] 켈빈-헬름홀츠 불안정성은 대기에서 작동하는, 예를 들어 구름이나 공기층에서 나타나는(그림 2.11a 참조) 패턴 형성 역학의 또 다른 예다. 나는 런던 하늘에서 직접 그것을 보았다. 미국 항공 우주국의 카시니 우주선은 토성의 대기에서 특히 놀라운 예를 포착했다. 기체가 서로 교차하면서 이루는 띠들이었다. (그림 2.11b 참조)

배수구와 소용돌이

따라서 전단 불안정성은 유체들을 휘저어 소용돌이를 일으킬 수 있다. 이 흐름 형태들은 욕조 배수구의 흔한 소용돌이에서 토네이도와 허리케인의 무시무시한 회전까지 범주가 다양하다. (그림 2.12 참조) 욕조의 소용돌이는 수세기 동안 과학자들에게 수수께끼였다. 레오나르도 다 빈치는 그것을 이렇게 묘사했다. 소용돌이는 "배출구를 통과해 나아갈 것이고, 이 빈 공간은 물 밑바닥까지 공기로 채워질 것이다." 그는 이 소용돌이가 틀림없이 일시적인 현상이라고 주장했는데, 왜냐하면 물은 공기보다 무거우므로 그 벽들은 결국 무너질 것이기 때문이다.

회전은 어디서 생길까? 프랑스의 수력 공학자인 프란시스 비젤

그림 2.12

유체의 소용돌이는 다양한 규모로 나타나는데, 그 범위는 욕조 배수구에서 (a) 해양의 소용돌이와 (b) 허리케인까지 걸친다.

(Francis Biesel)은 1955년에 '유체 덩어리 전체에 퍼진' 가장 작은 회전 순환도 깔때기 모양의 유출(outflow)로 집중될 수 있다고 썼다. "실험들에 따르면 이것은 대단히 예측하기 어려운 현상이다." 그는 이렇게 썼다. "또한 이것은 특히 지속적이고, 무척 부정하기 어렵다." 그렇지만 그는 또한 만약 애초에 회전이 존재하지 않았다면 무로부터 생겨날 수는 없다고 썼다.

지구의 자전 때문에 욕조에서 소용돌이가 일어난다는 생각이 널리 퍼져 있다. 그러나 북반구에서는 시계 방향으로 돌고 남반구에서는 반시계 방향으로 도는 사이클론이 대기에서 일으키는 거대한 소용돌이들의 방향을 지구의 자전이 통제한다는 사실은 분명하지만, 이 회전이 욕조의 소형 사이클론에 미치는 영향은 틀림없이 극히 미약하다. 비젤은 그것이 욕조 소용돌이의 가장 큰 원인이 될 수 없다고 주장했는데, 그 이유는 널리 퍼진 통념과는 반대로 그 소용돌이들은 지구상의 어느 곳에서든 양쪽 방향으로 돌 수 있기 때문이다.

그렇지만 정말 그럴까? 1962년에 미국 매사추세츠 공과 대학의 공학자인 애셔 허먼 샤피로(Ascher Herman Shapiro, 1916~2004년)는 마개를 뽑기 전에 24시간 동안 물을 가만히 놔두어서 남아 있는 모든 회전 움직임을 소멸시켰더니 물이 계속 시계 방향으로 돌게 만들 수 있었다고 주장했다. 그 주장은 논란의 불꽃을 일으켰다. 이후의 연구자들은 그 실험이 정확한 조건에서 시행되느냐에 극히 민감하다고 말했다. 논란은 끝내 완전히 정리되지 않았다.

그렇지만 우리는 초기에 물에서 일어난 한 조그만 회전이 왜 강력한 소용돌이로 발전하는지는 알고 있다. 이것은 배출구로 모여드는 물의 움직임 때문이다. 이론적으로 이 집중은 완벽하게 대칭을 이룰 수 있다. 물은 모든 방향에서 배수구를 향해 안쪽으로 움직인다. 그렇지만 그 대칭적 상황에서 약간만 벗어나도 유체 흐름의 작용 방식 때문에 변화가 증폭될 수 있는데, 그것은 언제든지 일어날 수 있는 일이다. 흐름은 마찰 때문에 한 유체 영역에서 다른 유체 영역으로 전달될 수 있다. 이것은 여러분이 윗면을 후후 불어서 커피를 저을 수 있는 이유이고, 바람이 대양 표면의 해류를 일으키는 이유이기도 하다. 한 흐름은 다른 흐름을 이끌어 낸다. 한 조그만 회전이 더 많은 회전의 발생을 자극하고, 그런 식으로 갈수록 확대된다. 그러나 이 과정을 유지하려면 초기의 소용돌이가 꾸준히 추동력을 공급받아야 한다. 그네에 탄 아이를 계속 움직이게 하려면 계속 밀어야 하는 것과 마찬가지다. 배수구에 유입되는 물이 이 추동력 역할을 하며, 직선으로 들어오는 추동력은 회전 추동력으로 사실상 변환된다.

배수구의 소용돌이는 자발적인 대칭 파괴의 한 예다. 방사상으로 모이는 원형 대칭의 흐름은 비대칭적으로 틀어진 흐름으로 발전한다. 그 방향은 회전을 처음 일으킨 너무나 미세한 추진력의 성질에 따라

시계 방향일 수도 반시계 방향일 수도 있다. 샤피로의 모호한 실험과 별도로, 이 첫 발동은 무작위적으로 일어나는 것처럼 보인다. 그리고 욕조 소용돌이가 어느 방향으로 돌지 미리 예상할 방법도 없다.

그동안 바다의 소용돌이는 오디세이의 카리브디스(바다의 소용돌이를 의인화한 괴물 — 옮긴이)에서 북유럽 전설들에 등장하는 메일스트롬(maelstrom, 엄청난 소용돌이)까지 많은 전설을 낳았다. 원심력은 회전하는 물에 작용해 소용돌이를 밀어서 거꾸로 선 종형을 만든다. 이 종형은 중심 근처에서 일어난 물결들로 장식되어 흔히 보는 코르크 마개뽑이 같은 모양을 만든다. (그림 2.12a 참조) 이 구조들 중 일부는 메일스트롬과 영국 해협의 세인트 말로에서 일어나는 소용돌이처럼, 해안 근방 조수의 흐름 때문에 생겨난다. 그 소용돌이들이 항해자들에게 그토록 위험한 이유가 바로 그것이다. 에드거 앨런 포(Edgar Allan Poe, 1809~1849년)는 『소용돌이 속으로의 추락(*Descent into the Maelström*)』에서 노르웨이 어부가 겪은 무시무시한 경험을 설명하고 있는데("배는 마치 무슨 마법에 걸린 듯, 공중에, 무지하게 넓고 엄청나게 깊은 깔대기 안쪽 표면에 떠 있는 것처럼 보였다.") 그 설명은 묘사적 의미에서만이 아니라 그 밑에 놓인 유체 역학적 의미에서도 무서울 정도로 정확하다. 아마도 포가 실제 경험에서 그 정보를 얻지 않았을까 짐작하게 한다.

소용돌이들은 그저 느린 유체에서만이 아니라 완전한 난류에서도 나타난다. 비록 그런 흐름은 무질서하고 예측이 불가능해 보이겠지만 그럼에도 유체들은 뚜렷한, 일관적인 구조들로 스스로 조직되는 이 성향을 유지한다. 그것을 보여 준 인물은 네덜란드 위트레흐트 대학교의 물리학자 헤르트얀 반 헤익스트(GertJan F. van Heijst)와 얀베르트 플로르(Jan-Bert Flór)였다. 그들은 머리 둘 달린(전문 용어로는 '2극성') 소용돌이의 일종이 난류 제트에서 등장하는 것을 보여 주었다. 깊이에 따라 염도가 증가하는 물속에 한 염료의 제트 흐름을 발사했다. 염도의 이러한 변화는 물이 깊어지면서 밀도가 더 높아진다는 뜻이었는데, 그것은 유체에서 상하 흐름을 억눌러 흐름을 불가피하게 2차원으로 만들었다. 각 수평층은 동일한 방식으로 흘렀다. 초기에 제트 흐름의 앞머리에 일어나는 무질서한 흐름은 점차 2개의 서로 반대로 도는

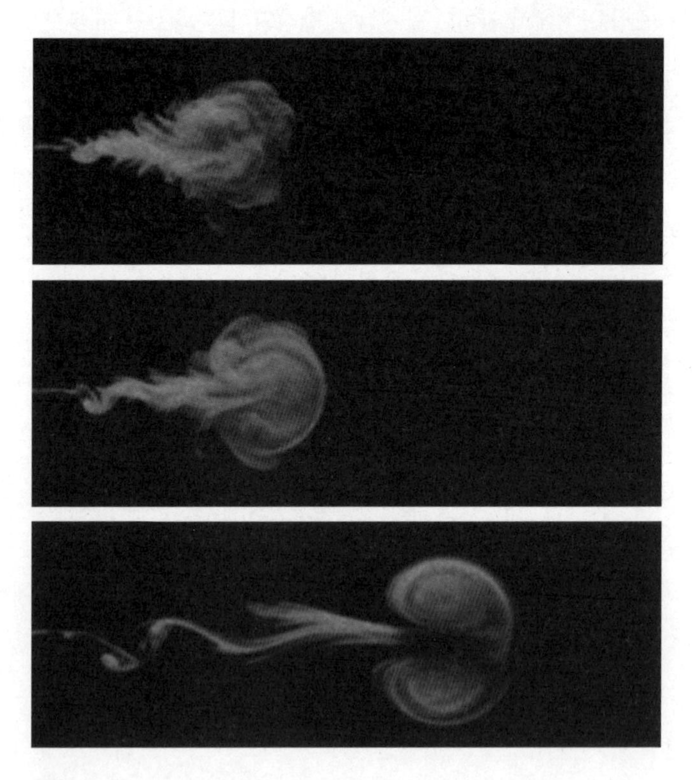

그림 2.13

층상 흐름에 주입된 난류 제트(여기서는 밀도 경사가 그 흐름을 2차원으로 유지한다.)가 스스로를 일관된 구조로 조직한다. 그 구조는 쌍극 소용돌이다.

엽(lobes)으로 정착했다. (그림 2.13 참조) 그리고 그저 이 2극성 소용돌이가 얼마나 강력한지 보여 주기 위해, 헤익스트와 플로르는 그것들 둘을 반대 방향에서 서로를 향해 발사했고, 따라서 그것들은 정면충돌했다. 이것은 격렬한 난류를 형성할 것으로 예상되었지만, 어찌된 일인지 소용돌이들은 그 대신 달걀노른자를 연상시키는 미끈미끈한 탄성력을 보여 주었다. 충돌할 때 그것들은 그저 서로 다른 제트에 있는 상대와 짝을 짓고는, 섞이지 않은 채 새로운 방향으로 떠났다. (도판 1 참조)

거인의 눈

자연의 난류에서 발견된 소용돌이들 중에 가장 널리 알려졌고, 인상적인 소용돌이는 무려 1세기 동안 회전하고 있었다. 모든 소용돌이를 압도하는 소용돌이, 바로 목성의 대적반이다. 너비가 지구와 맞먹고 길이는 그 3배나 되는 이 목성 남반구의 폭풍은 풍속이 대략 시속 480킬로미터에 이른다. (도판 2 참조) 대적반은 흔히 17세기에 영국의 로버트 후크(Robert Hooke, 1635~1703년)와 이탈리아의 조반니 도메니코 카시니(Giovanni Domenico Cassini, 1625~1712년)가 처음 발견했다고 한다. 그렇지만 이 두 과학자들이 본 것이 현재의 대적반인지는 명확하지 않다. 1665년에 보고된 카시니의 적반은 후에 1713년까지도 관측되었지만, 그 후에는 기록이 잠잠해졌다가 1830년에 현재의 대적반이 관측되었다. 이와 같은 소용돌이들은 목성에 나타났다 사라지고는 한다. 1938년에는 대적반 남쪽에 3개의 백반이 나타났고, 계속 남아 있다가 1998년에 한 점으로 통합되었다.[8] 대적반 자체는 19세기에 관측된 이래 크기가 줄어드는 것처럼 보이는데, 이 목성의 눈은 언젠가는 다시 감길 가능성이 높다. 이 구조들은 어떻게 생겨나고, 그들을 끌어당기며 방해하는 난류를 어떻게 그처럼 오랫동안 거부할 수 있는 것일까?

목성의 구름 낀 위쪽 대기의 색채들은 그 복잡한 화학적 구성에서 나오며 수소와 헬륨의 혼합에다 물 구름과 암모니아를 비롯한 화학 물질들이 한데 섞여 구성된다. 이 모두는 목성의 회전을 따라 빙빙 돌며 뒤섞여 휘저어지는데, 그것은 우리가 그 적반들을 생각하기도 전부터 이미 패턴을 형성한다. 목성의 대기는 다른 색깔들로 구분되는 일련의 띠들로 나뉜다. (도판 3 참조) 각 띠는 '구역 제트(zonal jet)'로, 행성의 회전과 같거나 다른 방향으로 위도의 선들을 따라 이동하는 흐름이다. 지구에도 구역 제트가 있어서 열대 무역풍이 서쪽으로 흐르고, 더 높은 위도에서 제트 기류가 동쪽으로 흐른다. 목성에는 양 반구에 동쪽과 서쪽으로 가는 몇몇 구역 제트가 있다. 이 띠들의 기원은 아직 논쟁 중이지만, 행성의 회전 때문에 끌어당겨지고 뒤섞여 위도 제트를 이루는 소규모 회오리들의 산물일지도 모른다.

피터 리 올슨(Peter Lee Olson, 1950년~)과 장밥티스트 만느빌(Jean-Baptiste Manneville)은 목성 대기에 관한 실험실 모형을 통해 비슷한 띠를 가진 구조가 대류에서 생길 수 있음을 보여 주었다. 그들은 유체 대기의 모형을 만들기 위해, 밀도가 비슷하다는 이유로 물을 사용했다. 물은 각각 지름이 25센티미터와 35센티미터인 두 동심구 사이에 갇혔다. 안쪽 구는 차가운 부동액을 채워 식혔고, 바깥쪽 구는 투명한 플라스틱 재질이라 흐름 패턴을 관찰할 수 있었다. 연구자들은 양 구를 회전시켜 원심력을 생성시킴으로써 행성의 중력 효과를 흉내 내고, 자외선 조명으로 그 흐름을 볼 수 있게 형광 염료를 첨가했다. 연구자들은 모형 행성 주위에 대류의 움직임 때문에 구역 띠(zonal bands)들이 나타나는 것을 보았다. 우리는 다음 장에서 그런 롤들과 줄무늬들(rolls and stripes)이 대류 패턴에서 얼마나 흔한 특성인지를 살펴볼 것이다.

목성 대기의 특색을 이루는 점들은 두 구역 제트의 경계에서 형성되는데, 거기서 기체들이 반대 방향으로 움직이면서 강력한 전단 흐름을 만든다. 대적반은 상류와 하류 사이에서 볼베어링처럼 회전한다. (그림 2.14 참조) 지금은 이와 같은 거대한 소용돌이가 이런 종류의 난류에서 어쩌면 매우 일반적인 성질이라고 생각할 만한 이유가 있다. 캘리포니아 대학교 버클리 분교의 필립 마커스는 가느다란 고리 같은 유체의 흐름에 관해 계산해 왔다. 그 고리는 가운데 구멍이 뚫린 나사받이(washer) 모양의 원반으로, 목성의 양쪽 반구 중 한쪽 반구를 2차원으로 투사한 것이다. 회전 자체는 전단 흐름을 일으킨다. 중심으로부터의 반지름 거리가 잇따라 더 커지면서 유체의 고리들은 서로를 흘러지나간다. 마커스는 흐름이 난류가 될 만큼 전단력이 충분히 높을 때, 이따금 회전하는 유체에서 작은 소용돌이들이 솟는다는 사실을 발견했다. 만약 그들이 대적반처럼 전단 흐름과 같은 방향으로 회전한다면 얼마간은 버틸 것이고, 반대로 회전한다면 좌우로 흩어질 것이다. 커다란 회전 소용돌이들이 있는 기존 흐름에서, 흐름과 같은 방향으로 회전하는 소용돌이는 버티는 반면 반대 방향으로 도는 소용돌이는 급속히 분해되어서 좌우로 흩어졌다. 이어서 살아남은 소용돌이는 난류 흐름에서 나중에 생겨난, 같은 방향으로 도는 더 작은 소용돌이들을 계속 집어삼킨다. (도판 4a 참조) 만약 처음 흐름에서 '올바른' 회전을 가진 두 커다란 소용돌이가 시작되면, 그들은 급속히 하나로 합쳐질 것이다. (도판 4b 참조)

이런 계산들은 커다란 단일 소용돌이가 형성되고 나면, 그것이

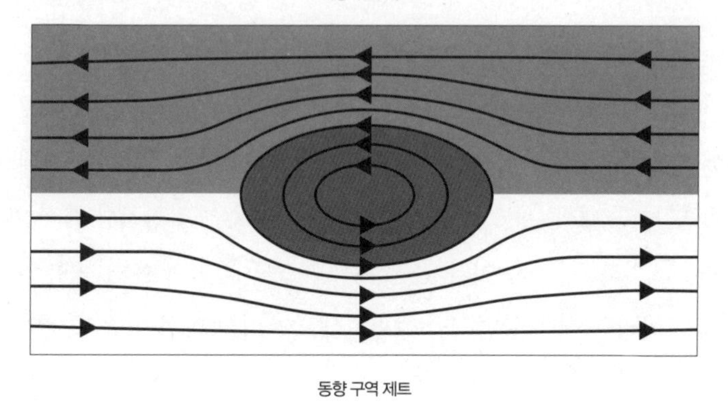

그림 2.14
목성의 대적반은 그 행성을 에워싼 서로 반대 방향으로
흐르는 구역 제트들 사이를 순환한다.

이런 종류의 흐름에서 가장 안정적인 구조임을 알려 준다. 그렇지만 그것은 애초에 어떻게 거기까지 갔을까? 마커스의 계산에서 영감을 얻은 미국 텍사스 대학교 오스틴 분교의 조엘 소메리아(Joel Sommeria), 스티븐 메이어스(Steven D. Meyers), 그리고 해리 레너드 스위니(Harry Leonard Swinney, 1939년~)는 이런 종류의 흐름을 실제로 관찰하기 위한 실험을 고안했다. 그들은 회전하는 고리 모양의 탱크를 사용해, 탱크 밑바닥에 중심으로부터 동일한 간격만큼 떨어진 다양한 지점에서 물을 펴 올렸다. 탱크 밑동에 있는 배출구들은 흐름이 다시 빠져나가게 해 주었다. 그저 단순하게 탱크를 물로 채우는 대신 이 펌핑 시스템을 사용함으로써, 서로 다른 반지름 거리를 두고 양수와 추출이 일으킨 흐름과 탱크의 회전이 일으킨 흐름의 상호 작용은 목성의 경우와 동일한, 반대로 회전하는 구역 제트들을 일으켰다.

연구자들은 탱크 속 구역 제트들의 경계선에서 안정적인 소용돌이들이 생겨난다는 사실을 발견했다. 소용돌이들은 정다각형의 모서리에 자리 잡았다. 소용돌이 5개는 정오각형, 소용돌이 4개는 정사각형, 그리고 소용돌이 3개는 정삼각형을 이루었다. 소용돌이들의 수는 전단력(양수 속도에 의존하는)이 강력해지면서 줄어들었고, 결국은 단 하나의 커다란 소용돌이만이 형성될 수 있었다. (그림 2.15 참조) 이 소용돌이는 난류의 작은 무작위적 파동에서 저절로 솟아 안정성을 유지했고, 나머지 흐름과는 다소 거리를 두었다. 그 속으로 분사된 염료는 갇혔고(도판 5 참조), 밖으로 분사된 염료는 다시 섞여 들지 못했다. 이따금 같은 방향으로 도는 다른 작은 소용돌이들이 흐름 속에 나타났지만, 다른 것들과 합쳐지거나 잠깐 동안만 모습을 유지하다가 결국

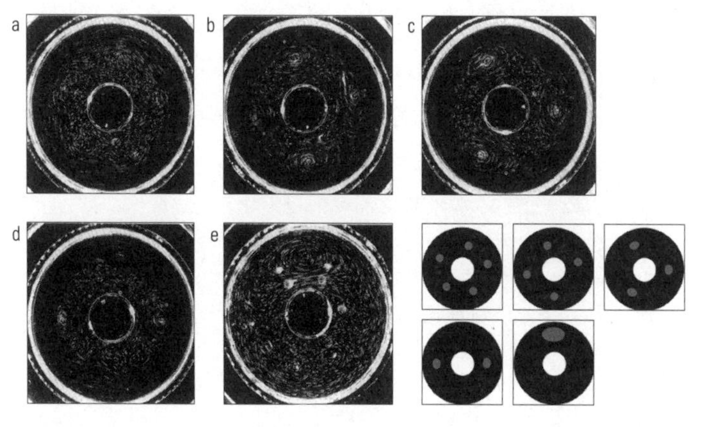

그림 2.15

목성의 대기 흐름에 대한 이 모의실험에서는 구역 제트의 구조를 모방하기 위해 회전하는 탱크에 유체를 뿜어 넣었다. 규칙적인 소용돌이들이 즉흥적으로 생겨나고 흐름 속에서 지속된다. 전단 흐름이 더 강해지면서 소용돌이들의 수는 (a) 5에서 (e) 1로 줄어든다. 그림에서는 알아보기 쉽도록 오른편 아래에 소용돌이들의 위치를 도식적으로 나타냈다.

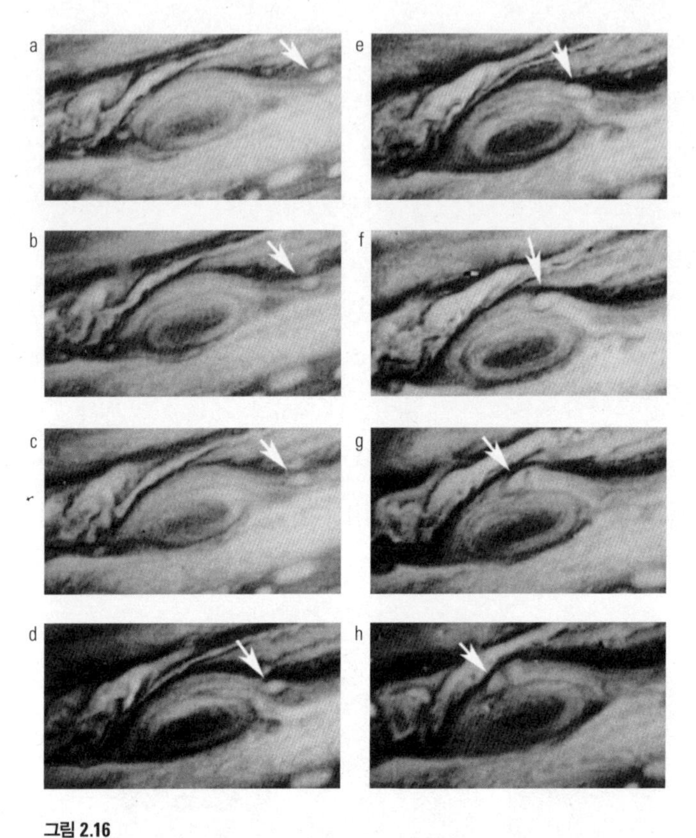

그림 2.16

대적반은 목성의 전단 흐름에서 만들어진 더 작은 소용돌이들을 집어삼킨다. 2주에 걸쳐 찍은 이 연속 사진들에서 (하얀 화살표로 표시한) 한 작은 점이 위 오른편 구석에 들어왔다가 대적반 주위의 궤도로 끌려가 결국 거기에 자리를 잡는다.

그 커다란 소용돌이에 흡수됐다. 마커스가 발견한 바와 꼭 같았다. 동일한 과정을 목성에서도 볼 수 있었다. 1980년대 초에 우주선 보이저 1호와 2호는 목성을 지나면서 조그만 하얀 점들이 동쪽으로부터 대적반에 접근해 그 가장자리의 '궤도'에 갇혔다가 결국 거기에 합쳐지는 것을 반복적으로 관찰했다. (그림 2.16 참조) 그렇다면 목성의 흐릿한 눈이 그 난류 속 하늘의 근본적 특질이라고 생각해도 합리적이라고 말할 만하다. 현재의 점이 사라지더라도 또 다른 점의 출현을 기대할 수 있다.

소용돌이는 둥글지 않다

모든 소용돌이가 둥글지는 않다. 정삼각형, 정사각형, 정육각형을 비롯한 정다각형 모양도 일부 있다. 이 놀라운 발견은 1990년에 캐나다 몬트리올의 콩코르디아 대학교에 있던 조지오 바티스타스(Georgios H. Vatistas)가 해냈다. 바티스타스는 원통형 탱크의 밑바닥에서 원반을 돌려 물이 층을 이루어 회전하게 했다. 원반이 더 빨리 돌수록 물속에서 솟아난 소용돌이의 중심은 원형에서 많은 엽(lobe)을 가진 모양으로 바뀌었다. 우선 엽이 2개였다 3개가 되고, 다시 4개가 되는 식으로 계속 늘어났다. (그림 2.17 참조) 실상 이것은 원주 둘레에 들어맞는 파동들의 수가 증가하고, 이랑들이 '모서리'가 되면서 매끈한 원형 소용돌이에서 파도 비슷한 모양으로 바뀌는 것이나 마찬가지다. 19세기에 켈빈은 처음에 소용돌이 벽들이 이 파도 같은 불안정성들을 발전시킬 수 있다는 이론을 제시했다. 회전하는 은하계에서 회전하는 기체와 먼지 구름들을 유체의 소용돌이에 비교하는 것이 가능하기 때문에, 바티스타스는 이런 많은 엽을 가진 소용돌이 핵들의 존재가, 은하계들이 단 하나가 아닌 몇 개의 밀도 높은 핵을 가진 것처럼 보이는 이유를 설명해 줄지도 모른다고 생각했다. 예를 들어 안드로메다 은하계는 2개의 핵을 가지고 있는 반면 다른 은하들은 몇 개의 핵이 있다.

흥미롭게도 허공에 떠서 회전하는 액체 방울들에서는 유사한 패턴 형성 과정이 '역으로' 일어난다. 우리는 『모양』에서 벨기에 물리학자인 조제프 앙투안 페르디난트 플라토(Joseph Antoine Ferdinand Plateau, 1801~1883년)의 비누 필름 실험들을 보았는데, 그는 1860년대에 한 작은 액체 방울이 충분히 빨리 회전하기만 하면 2개의 엽을 가진 '땅콩' 모양으로 변한다는 사실을 발견했다. 플라토 또한 이것이 천문학에 어떤 의미를 가질지에 관심이 있었다. 그는 그 작은 액체 방울이, 급속히 회전하는 항성이나 행성들의 움직임을 모방할지 궁금해했다. 영국 노팅엄 대학교의 리처드 힐(Richard Hill)과 로렌스 이브스(Laurence Eaves, 1948년~)는 플라토의 실험(물과 알코올의 혼합물에 기름방

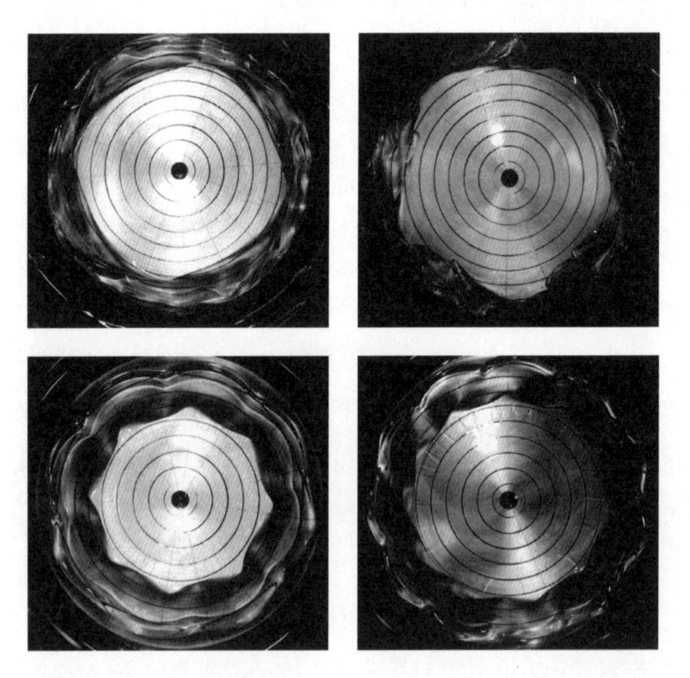

그림 2.17

회전하는 통에 든 유체에서 소용돌이는 몇 개의 '모서리'를 지닌 다각형을 그린다.

울을 띄운)을 한층 정교한 방식으로 수행했다. 강력한 자기장을 이용해 포도알만 한(지름 14밀리미터) 물방울들을 공중에 뜨게 만드는 것이었다. 두 연구자는 이 방울들에 전류를 통과시켜 일종의 '액체 모터'를 만들어 회전을 일으켰다. 힐과 이브스는 회전이 빨라지면서 이 방울들이 3, 4, 5개의 엽들(대략 삼각형, 사각형, 오각형을 이루는)을 만드는 것을 보았다. 명왕성 궤도 너머의 이른바 카이퍼 벨트에서 고속으로 도는 몇몇 소행성 같은 물체들(그중 일부는 중력으로 느슨하게 서로 뭉쳐 있는 돌무더기들인) 또한 3개의 엽을 가지고 있을 가능성이 있다. 그렇다면 소용돌이와 작은 방울 양쪽에 대해, 회전은 **대칭을 깨는** 작용을 할 수 있다. 원래 원형이었던 물체를 '모서리'를 가진 물체로 변형시키는 것이다.

다각형 소용돌이는 실제로 자연에 존재하는 듯하다. 허리케인의 눈은 가끔 삼각형에서 육각형까지 다양한 모양의 면을 가진 것처럼 보인다. 2004년에 그레나다와 자메이카를 덮친 허리케인 이반은 미국의 동부 해안에 접근할 때 대략 정사각형 모양의 눈벽(eyewall)을 가졌다. (그림 2.18 참조) 그리고 토성의 북극은 그 거대한 행성의 대기에 존재하는 놀라운 육각형 구조로 둘러싸여 있다. 그 구조는 1980년대에 보이저 우주선이 발견했다. (그림 2.19 참조) 이것들이 과연 우리가 물 양동이에서 볼 수 있는 소용돌이들과 동일한 구조일 수 있을까? 그것은 확실하지 않다. 그런 비교가 가능한 것은 오로지 그 흐름들이 유사한 레이놀즈 수를 가지고 있을 때뿐인데, 행성 배경에서 그 수는 실험실 배경에서 나타나는 수보다 흔히 더 높다. 아직 우리는 토성의 대기가 왜 육각형을 이루는지 완전히 이해하지 못했다.

그림 2.18
허리케인 이반의 '정사각형' 눈벽

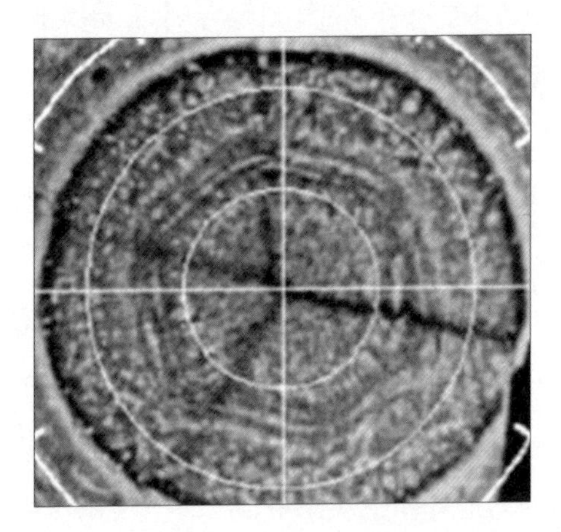

그림 2.19
토성 북극에 있는 육각형. 이것은 토성의 대기 흐름에 지속적으로 존재하고 있지만 아직 설명되지 않고 있다.

3장

빙글빙글: 대류가 세상을 만든다

우리 행성은 꼭대기보다 바닥이 더 뜨거운
유체로 채워진 거대한 대류 용기다. 그렇다,
그것은 실제로 유체다.

패턴 형성에 대한 고전적 실험들 중에는 1900년대에 프랑스 물리학자인 앙리 베나르가 처음으로 설명했지만, 사람들이 분명히 그 수세기 전부터 부엌에서 무심코 해 온 일이 있다. 『모양』에서 설명했듯이 얕은 팬에 기름을 서서히 데우면 기름은 대략 육각형 세포들을 그리며 돌기 시작한다. (그림 3.1 참조) 그 팬에 금속 가루를 뿌리면 이 사실을 확인할 수 있다. 금속 가루들은 흐름과 함께 위아래로 움직이면서 반짝일 것이다. (물론 거기에 뭘 익혀 먹을 생각은 버려야겠지만.)

톰프슨은 베나르의 발견을 접하고 기뻐했다. 하지만 그는 그보다 한참 전에 독일 의사인 하인리히 큉크(Heinrich Quincke)가 이런 세포 같은 소용돌이들을 관찰한 것을 알고 있었다. 그는 이렇게 말한다.

그림 3.1
아래에서 균일하게 열이 가해지면 유체의 한 층이 대류 세포를 발전시킨다. 그 세포에서 따뜻하고 밀도가 낮은 유체는 떠오르며 차갑고 밀도가 높은 유체는 가라앉는다.

그 액체는 특수한 불안정성 상태에 있다. 이곳저곳에 우연히 발생한 과열은 적어도 한 흐름을 일으키기에 충분하고, 우리는 그 시스템이 고도로 불안정하고 비대칭적일 것을 기대한다. …… (하지만) 우리는 움직이는 액체로 시작하든 정지해 있는 액체로 시작하든, 궁극적으로는 대칭성과 균질성을 얻는다. 세포들은 통일성을 향해 이끌려가지만, 주종을 이루는 육각형들 가운데서 여전히 4, 5, 혹은 7면을 가진 세포들을 발견할 수 있다. …… 마지막 단계에서 세포들은 확실히 구분되는 면을 가진 육각형 프리즘이 되는데, 그것은 온도와 액체 층의 성질 및 두께에 달려 있다. 분자력은 우리에게 확실한 세포 패턴들만이 아니라 '고정된 세포-크기'도 제공했다. …… 반짝이는 밝은 입자(흑연이나 나비의 비늘가루 같은)들을 띄우면 아름다운 광학 효과들, 윤곽선과 세포 중심을 나타내는 깊은 그림자들을 얻을 수 있다.

이것은 아름다우며 통찰력 있는 설명이다. 톰프슨은 우리가 난폭한 카오스를 기대하는 곳에서 기하학적 질서를 얻는다고 지적한다. 게다가 패턴 특성들의 크기를 결정하는 선택 과정이 있다고까지 말한다. 거기서 톰프슨은 살아 있는 조직들, 비누 거품, 해양 미생물의 껍질에 숭숭 뚫린 숨구멍들, 그리고 '얼룩덜룩하거나 비구름이 덮인 하늘'의 구름 패턴들 속의 육각형 패턴들을 떠올렸다.

우리가 베나르의 관측을 이해하려면, 우선 톰프슨이 말한 가열된 액체들이 처하는 '특수한 불안정성의 상태들'이 무엇을 뜻하는지 이해해야 한다. 톰프슨은 액체층의 어떤 부분이냐에 상관없이, 과도한 열은 아무리 양이 작아도 순환하는 흐름을 일으킬 것이라고 말했다. **대류** 때문이었다.

유체는 보통 차가울 때보다 따뜻할 때에 밀도가 낮다.[9] 그 분자들은 모두 열에너지 때문에 흔들리며, 뜨거워질수록 더 흔들린다. 이것은 분자들이 공간을 더 차지한다는 뜻이다. 그리하여 따뜻해진 유체는 팽창하고 밀도가 낮아진다.

이제 팬에 유체를 넣고 아래쪽을 데우는 경우에 관해, 그것이 무슨 뜻일지 생각해 보자. 유체의 아래쪽 층은 그 위쪽 층보다 더 따뜻해지고 밀도가 낮아진다. 그렇다 함은 그 층이 위로 떠오르기가 더 쉽다는 뜻이다. 그것은 거품처럼 솟는 경향을 보일 것이다. 같은 이유에서, 꼭대기의 더 차가운, 더 밀도 높은 유체는 가라앉는 경향을 보일 것이다. 이 밀도의 불균형이 대류 흐름의 원인이다. 방에 불을 때면 라디에이터 위로 떠오르는 먼지를 볼 수 있는 것과 마찬가지다. 먼지는 원래 눈에 보이지 않는 공기의 움직임을 보여 준다.

그렇지만 팬의 아래쪽 층이 **모두** 동일한 부유성을 갖는 한편, 꼭대기의 **모든** 유체가 동일한 무게를 갖는다면, 양측은 어떻게 서로 자리를 바꿀 수 있을까? 확실히 그 두 층은 간단히 서로를 통과할 수 없다.

그 시스템의 **균일성 또는 대칭성**은 대류의 통과를 막는다. 유일한 해법은 이 대칭을 깨는 것이다.

베나르는 균일한 유체가 세포들로 깨진다는 것을 보았다. 액체는 꼭대기에서 아래로 순환하고 다시 돌아간다. 베나르의 세포들은 다각형이지만, 만약 팬 밑동의 데우는 속도가 그저 간신히 대류를 일으킬 수만 있을 정도라면, 세포들은 보통 그 대신 소시지 모양의 롤이 될 것이다. (그림 3.2 참조) 위에서 보면 이들은 그 유체에 줄무늬를 그린다. (그림 3.3a 참조) 이웃한 롤 조직들은 서로 반대 방향으로 순환하므로, 교대하는 경계선들에서 유체는 가라앉았다가 다시 떠오르고 있다. 이 세포들이 사라질 때 유체의 대칭성은 깨진다. 그 전에 유체에서 동일한 깊이에 있는 모든 지점은 다른 모든 지점과 동일하다. 그렇지만 유체에서 아주 조그만 사람이 헤엄치고 있다면, 대류가 시작될 때 그 사람은 아마도 서로 다른 지점들에서 자신이 서로 다른 상황에 처해 있음을 깨닫게 될 것이다. 조직 꼭대기의 흐름에 실려 아래로부터 솟구

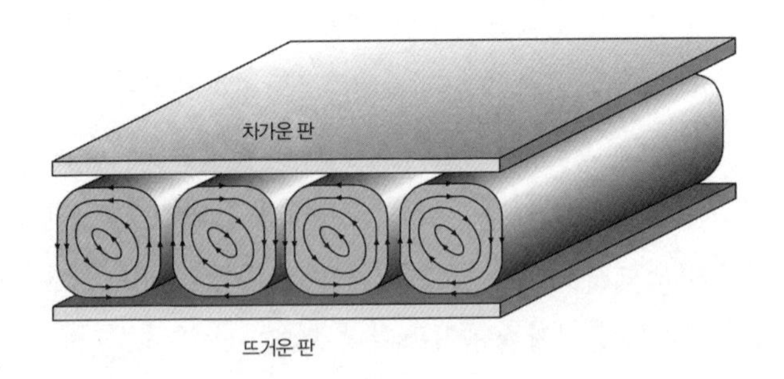

그림 3.2

뜨거운 바닥 판과 더 차가운 꼭대기 판 사이에 갇힌 유체에서 형성되는 대류 롤 세포들. 세포들의 단면도는 대략 정사각형에 가깝다. 그리고 인접한 세포들은 반대 방향으로 회전한다.

치는 액체 때문에 떠 있든가 아니면 가라앉는 액체 때문에 끌려 내려가든가. 그리고 톰프슨이 깨달았듯이, 이 롤 패턴은 특징적인 크기를 가지고 있다. 세포들의 너비는 대략 유체의 깊이와 맞먹는다.

1916년에 존 윌리엄 스트럿 레일리(John William Strutt Lord Rayleigh, 1842~1919년)은 이 대류 패턴의 급작스런 출현을 야기하는 것이 무엇인가를 물었다. 비록 밑바닥의 물이 꼭대기보다 따뜻해지면 밀도의 불균형이 생기기는 하지만, 그 즉시 대류 패턴이 발생하지는 않는다. 그보다 그 롤 조직들은 꼭대기와 바닥 사이의 온도 차이가 어떤 특정한 역치를 넘어설 때만 나타난다. 이 역치는 유체의 성질, 예를 들어 점도가 얼마인가와 그 밀도가 온도에 따라 얼마나 급격히 바뀌는지에 달려 있고, 또한 유체의 깊이에도 달려 있다. 이 이야기를 들으면 좀 맥이 풀릴 수도 있는데, 왜냐하면 우리가 대류가 일어나는 이유를 이해하려 할 때 그 답이 실험을 얼마나 세심하고 정확하게 실행하는가에 달려 있다는 말처럼 들리기 때문이다.

그렇지만 레일리는 대류의 임계 역치를 결정하는 다양한 요소들을 결합하면 대류가 일어날지 여부에 대한 보편적 기준을 제공하는 한 단일한 수를 구할 수 있음을 보여 주었다. 이 매개 변수는 이제 레일리 수 또는 Ra라고 불리는데, 이것도 레이놀즈 수처럼 단위가 없다. 유체 역학의 또 다른 무차원 변수다. 그리고 레이놀즈 수처럼 레일리 수 역시 힘들의 비를 나타낸다. 구체적으로 대류를 촉진하는 힘들(일부는 꼭대기와 바닥 사이의 온도 차이에 따라 결정되는 유체의 부유도), 그리고 거기에 맞서는 힘들(유체의 점성에서 생겨나는 마찰력, 그리고 열을 전도해서 전혀 흐르지 않고도 온도 불균형을 상쇄하는 유체의 능력)의 비다. 밑바닥 온도가 대기보다 따뜻해지자마자 대류가 일어나지 않는 이유는 유체 움직임이 마찰의 저항을 받기 때문이다. 대류 세포들은 원동력(온도 차이)이 이 저항을 충분히 극복할 만큼 커졌을 때만 일어난다. 이것은 레일리 수 1,708에 해당한다.

우리가 유체 흐름을 특성화하기 위해 레이놀즈 수를 사용했을 때 본 바와 동일하게 레일리 수를 통해 대류의 문제를 다룰 때 좋은 점은, 우리가 오로지(앞으로 대부분의 경우에서 보겠지만) 이 수만 신경 쓰면 된다는 점이다. 서로 다른 크기와 모양의 용기에 담긴 서로 다른 두 유체들은 레일리 수가 서로 같을 때 똑같이 대류를 일으킬(또는 일으키지 않을) 것이다. 이것은 우리가 대류하는 유체의 포괄적 행동을, 그 유체가 물인지 기름인지 아니면 글리세린인지를 신경 쓸 필요 없이 그 레일리 수의 함수로 나타낼 수 있다는 뜻이다. 또한 레일리는 대류 시작 때 나타나는 롤 세포들의 특정한 넓이가 유체의 깊이와 (똑같지는 않지만) 거의 근사하게 일치해서, 롤들의 단면도가 대략 정사각형을 나타낸다는 사실을 보여 주었다.

만약 레일리 수가 그 임계값인 1,708을 넘어 몇 만까지 증가하면 대류 패턴은 근본적으로 두 무리의 직각 롤을 가진 패턴으로 급격히 바뀔 수 있다. (그림 3.3b 참조) Ra 값이 더 높을 경우에는 롤 패턴이 완전히 깨지고 세포들은 바퀴살 패턴(spoke pattern)이라고 불리는 무작위적인 다각형 모양을 갖는다. (그림 3.3c 참조) 롤들과는 달리 이 패턴은 꾸준하지 않다. 세포들은 시간이 지나면서 계속 모양을 바꾼다. 사실 이것은 대류의 난류 형태다.

앞으로 6장에서 개요를 다룰 유체 역학 이론은 흐름을 묘사하기 위한 방정식들을 제공하는데, 지나치게 단순한 몇 가지 가정을 취하지 않는 한 그 방정식들은 극도로 풀기 어렵다. 레일리가 대류 분석을

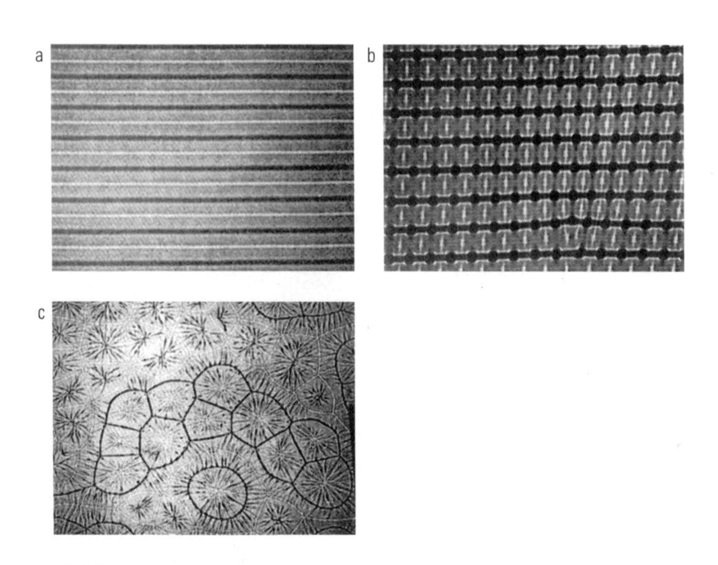

그림 3.3

대류 패턴들의 복잡성은 원동력, 즉 레일리 수라는 수로 측정된 용기의 꼭대기와 바닥 사이의 온도 차이가 증가할 때 증가한다. (a) 처음에는 단순한 롤 세포들이 있다. (b) 레일리 수가 더 높을 때는 롤 세포들이 수직 방향으로도 발달하여 그 패턴은 정사각형에 가까운 세포들로 구성된다. (c) 더 높은 레일리 수에 대해 그 패턴은 불규칙적(난류)이 되고 시간이 지나면서 변화한다.

위해 한 일이 바로 그것이었다. 레일리는 평행한 두 판 사이에 유체를 가둬 두고, 남는 공간이 전혀 없도록 그 틈을 완전히 채운다는 생각을 떠올렸다. (그림 3.2에서 보여 주었듯이) 이 상황에서 일어나는 대류는 이제 레일리-베나르 대류라고 불린다. 레일리는 또한 온도에 따라 (다른 것은 전부 상관없이) 유체의 밀도만 변화한다고, 다른 모든 성질들은 원래대로 변하지 않는다고 가정했다. 우리는 대다수 유체에서 이것이 진실이 아님을 안다. 예를 들어 유체는 온도가 높아지면 점성이 떨어지고 더 잘 흐른다. 그리고 가장 중요한 점으로 레일리는 온도의 변화도

(온도가 유체 층의 꼭대기에서 밑바닥까지 변화하는 방식)가 전체적으로 꾸준하고 균일하다고 가정했다. 그렇지만 뜨거운 유체의 떠오르는 방울은 열을 운반하고, 가라앉는 차가운 방울은 더 낮은 영역들을 식힐 수 있다. 다른 말로 하면 유체의 움직임은 그것을 일으키는 바로 그 힘과 온도 변화를 바꾼다. 레일리는 이것을 이해할 쉬운 방법을 찾지 못했다.

레일리가 찾아낸 것은, Ra가 임계값을 넘어 증가할 때(즉 더 뜨겁게 데울 때), 대류 세포들의 고유한 안정적 형태가 더 이상 존재하지 않는다는 것이었다. 롤들은 역치 자체에서 그보다 더 넓거나 더 얇게 나타날지도 모른다. 물리학자들은 이 서로 다른 패턴들을 '모드(modes)'라고 부른다. 그것은 오르간 파이프나 색소폰의 뿔에서 일어날 수 있는 서로 다른 음향 진동들과 다소 비슷하다. 보통 여러분이 색소폰을 더 세게 불 때 음향 모드는 더 흥분하고 그 음조는 화성적으로 더 풍부해진다. 레일리의 대류 연구는 한 특정한 Ra 값에 자극될 수 있는 모드들의 범위를 계산하는 방법을 보여 준다.

모든 가정들을 고려할 때, 레일리의 이론은 놀랍도록 효과적이다. 그것은 대류가 일어나는 조건만이 아니라 그 최대, 최소 크기까지도 올바로 예측한다. 그렇지만 그 한도 내에서 세포의 모양에 관해서는 그것은 우리에게 아무 이야기도 해 주지 않는다. 사실 그 세포들이 롤 모양이 될지도 알려 주지 못한다. 게다가 한 특정한 대류 모드가 진정 안정적인지를 알아내려면, 우리는 모든 상상할 수 있는 방해물들(말하자면 롤 세포들의 뱀 같은 '뒤틀림')이 사라질지, 또는 더 커질지 어떨지를 알 필요가 있다. 그런 방해들에 맞서 다양한 모드들의 안정성을 계산하는 것은 간단한 일이 아니고, 레일리가 사용한 것보다 상당히 복잡한 수리 분석이 필요하다. 그들은 평행한 세포들의 무리를 파괴할 가

그림 3.4
직사각형 용기 속의 대류 세포들. 평행 롤 세포들은 용기의 모서리들 때문에 공통적으로 왜곡된다. 여기서 롤들은 약간 파도 같은 기복을 나타내고, 용기 끝에서 사각형 세포들로 깨진다.

능성이 있는 모든 형태의 불안정성을 발견했다. 부스는 이런 불안정성들에 지그재그, 기울어진 정맥류, 그리고 매듭 같은 묘사적인 이름을 붙였다. 그들은 허용되는 크기와 해당 Ra 값을 훨씬 더 엄격하게 제한하면서 롤 세포들의 선택지들을 좁힌다.

사실 곧은 롤 세포들은 레일리-베나르의 대류 실험에서 법칙이라기보다는 예외이다. 보통 그들은 길고 좁은 트레이에 담긴 유체에서만 볼 수 있다. 심지어 여기서도 롤들은 변형될 수 있으며, 끝부분에서는 이상한 것들이 나타난다. (그림 3.4 참조) 이런 주변 효과들은 시스템의 나머지 부분에 나타나는 패턴들에 심오한 영향을 미칠 수 있는데, 그것은 하나의 대류하는 유체가 어떻게 온갖 새로운 패턴들을 보여 주고 만들어 내는지 예측하는 이론가들에게 더 큰 어려움을 준다.

둥근 용기에서는 이따금 평행한 롤들을 볼 수 있지만(그림 3.5a 참조), 이들은 더러 저 옛날의 팬 암 로고(그림 3.5b 참조)를 닮은 패턴들로 왜곡된다. 이것은 롤들이 보통 직각으로 경계 벽을 만날 때 더 안정적이기 때문인데, 그리하여 롤들은 가장자리에서 구부러져 그 조건을 만족시키려 한다. 세포의 또 다른 가능성은 동심원으로 말려서 주위 환경의 모양에 스스로를 적응시키는 것이다. 그러면 다른 경계들과 접하는 것을 완벽히 피할 수 있다. (그림 3.5c 참조) 롤은 또한 다각형 세포들로 깨지기도 하는데, 그것은 둘이나 그 이상의 교차하는 롤들의 조합으로 볼 수 있다. 정사각형, 삼각형, 그리고 육각형 패턴들(그림 3.6 참조) 모두 관측되었는데, 특히 흔히 볼 수 있는 패턴은 육각형이다. 이 모든 패턴들은 부스의 복잡한 계산으로 예측할 수 있다.

대류하는 유체에서 볼 수 있는 이 패턴들의 풍부함과 다양성 때문에, 하나의 주어진 실험에서 어떤 패턴이 나타날지를 예측하기는 쉽지 않다. 원칙적으로 한 특정한 집합의 조건들에서 몇 가지 대안적 패

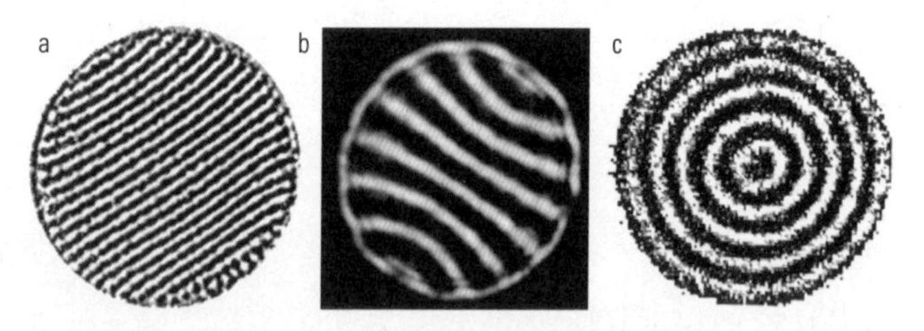

그림 3.5

둥근 접시에서 롤 세포들은 다양한 모양을 취한다. (a) 수평을 유지할 수도 있고, (b) 옛날의 팬 암 로고를 닮은 패턴으로 부드럽게 말릴 수도 있다. 그러면 롤들이 벽을 만나는 각도가 완만해진다. (c) 만약 세포들이 동심원 형태를 띤다면 그런 교차점들은 존재하지 않는다. 유체가 (a) 이산화탄소 기체일 때, (b) 아르곤 기체일 때, 그리고 (c) 물일 때이다.

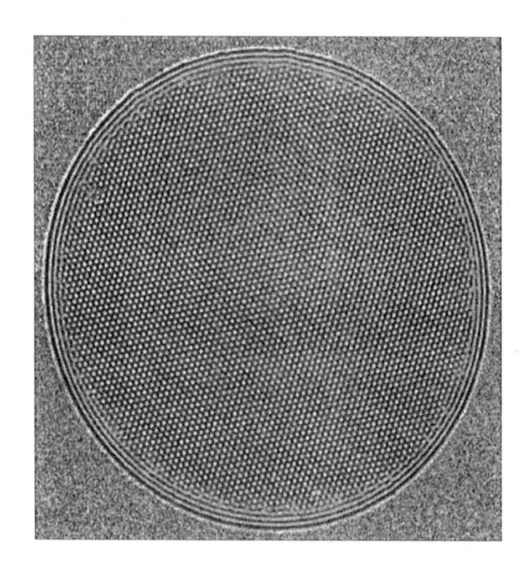

그림 3.6
교차된 롤 세포들은 여기 대류하는 이산화탄소 기체에서 보듯 정사각형이나 육각형 패턴들을 생성할 수 있다. (둘레를 도는 두 원형 롤들이 아직 있음을 주목할 것.)

턴들이 가능할 때, 어느 것이 선택되느냐는 시스템이 어떤 조건을 갖추었느냐에 달렸을 수도 있다. 즉 초기 조건들과 그 조건들이 변화하여 실험적 매개 변수들의 특정한 집합에 도달하는 방식을 말한다. 그렇다면 패턴 형성은 그 시스템의 **과거 역사**에 달렸다.

몇몇 대류 패턴들 또한 시간에 따라 변화한다. 원통형 접시에서는 위에 묘사된 규칙적 패턴들을 흔히 볼 수 없고, 대류 세포들이 마치 변화하는 지문처럼 끊임없이 자리를 바꾸는, 지렁이 같은 줄무늬들로 이루어진 불규칙한 네트워크를 형성할 때가 많다. (그림 3.7a 참조) 비록 이 패턴들은 질서가 없지만, 그럼에도 그들은 확실히 알아볼 수 있는 특색을 가진 한 패턴의 몇 가지 흔적들을 보여 준다. 모든 파도 같은 롤들이 경계선에서 직각에 가깝게 교차하는 것이 그 예다. 이 패턴을 보는 한 가지 방식은 수많은 '결함들(defects)'의 방해를 받는 평행 롤들의 집합으로 보는 것이다. 이 결함들이란 롤들이 어긋나고 깨지는

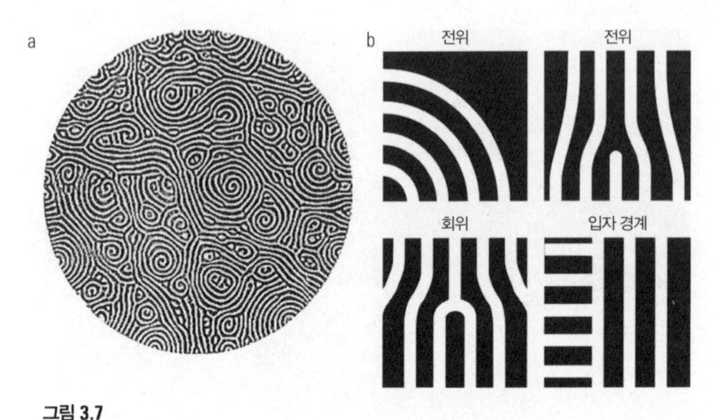

그림 3.7

(a) 대류 롤들은 꼬이고 조각나 시간이 가면서 꾸준히 변화하는 무질서한 패턴들을 이룰 수 있다. (b) 이 패턴들에서는 '결함'들의 몇 가지 특징적 유형들을 볼 수 있다.

지점들을 말하는데, 몇 가지 유형으로 분류할 수 있다. (그림 3.7b 참조, 이 모든 패턴을 그림 3.7a에서 볼 수 있다.) 이 모두는 결정 물리학에서 친숙한 개념인데, 결정 물리학에서는 유사한 흠들(flaws)이 그와 유사하게 가지런한 원자의 줄들을 쪼갠다. 그런 결함들은 막대 모양의 분자들이 마치 물에 떠가는 통나무들처럼 열을 지어 늘어선 액체 결정에서도 찾을 수 있다. (그림 3.8 참조) 또한 실제 지문에서 보이는, 피부의 맞물림(buckling)으로 형성되는 패턴들에서도 볼 수 있다. (『모양』 42~43쪽 참조) 이 굽이지는 패턴들의 핵심 중 일부는 그림 3.5c처럼 동심원 롤들이지만, 다른 것들은 나선형이다. 대류 나선들은 단일한 고리를 이룬 롤 세포, 또는 2개 이상의 서로 엮인 고리들로 구성될 수 있다. (그림 3.9 참조, 가운데에서 이중으로 꼬인 구조를 볼 수 있다.) 캘리포니아 대학교 산타바버라 분교의 연구자들은 그런 나선 모양의 팔들을 최고 13개까지 관찰했다.

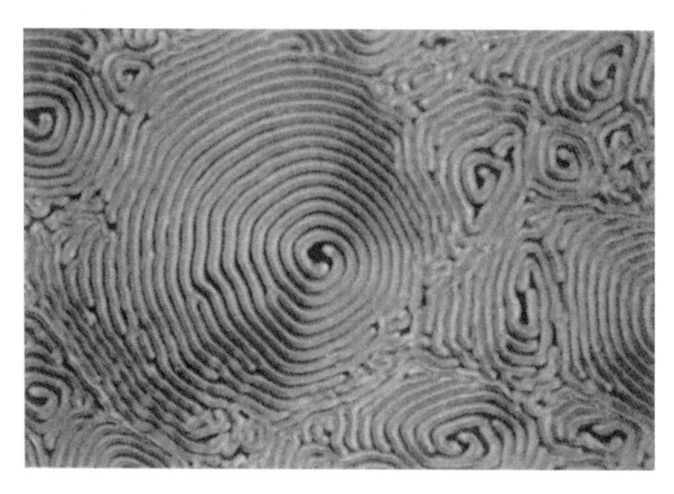

그림 3.8

유체 결정들이 형성하는 패턴들에서는 전위(dislocation)를 비롯한 결함들을 볼 수 있다. 여기서 각 '세포'는 액체에서 막대기 같은 분자들이 서로 다른 방향들로 줄지어 있는 영역에 조응한다. 이런 차이들은 그 원료에 편광 조명을 비춰서 드러낼 수 있다. 여기서 각 구불구불한 영역들은 너비가 수천분의 1밀리미터밖에 안 된다.

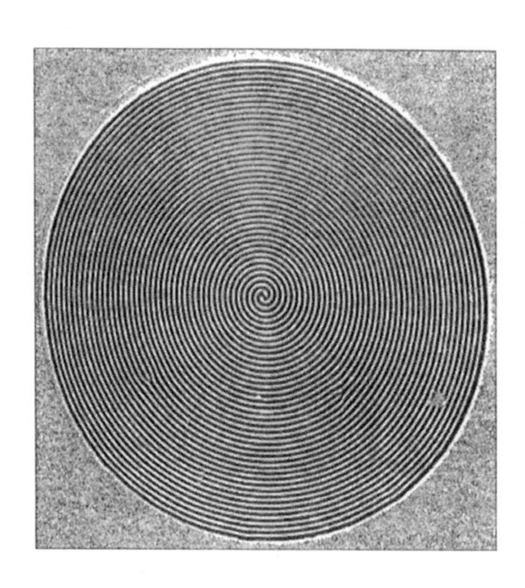

그림 3.9

나선 대류는 뚜렷한 나선 세포들이 서로 만나는 그 패턴 중심의 흠을 제외하면 동심원 롤 세포들과 매우 비슷해 보인다. 나선들이 다른 흠들도 가진다는 점을 주목해야 한다. 두 흠은 더 아래 왼쪽과 오른쪽의 패턴 가운데서 뚜렷이 보인다. 나선 구조들은 멈춰 있지 않고 천천히 돈다.

표면의 흐름

베나르는 대류하는 액체에서 줄무늬가 아니라 다각형을 보았다. 실제로 레일리-베나르 대류에서는 육각형 패턴들이 생긴다. 거기서 그 패턴들은 롤 같은 세 패턴들의 교차로 볼 수 있다. 하지만 베나르는 엄격한 의미로는 레일리-베나르 대류를 연구하지 않았는데, 왜냐하면 레일리의 이론은 두 판 사이의 공간을 채우는 유체에 적용되는 반면, 베나르의 유체는 표면이 공기에 자유롭게 노출된 얕은 층이었기 때문이다. 이 표면은 표면 장력을 가지는데, 그 영향력이 패턴 형성을 지배할 수도 있다.

한 액체의 표면 장력은 온도에 따라 변화한다. 보통 액체가 차가울수록 표면 장력은 더 크다. 만약 한 액체의 표면 온도가 부분마다 다르다면, 더 차가운 곳에 있는 더 강한 표면 장력은 더 따뜻한 액체를 자신에게로 끌어당긴다. 다른 말로 그 유체는 따뜻한 곳에서 차가운 곳으로 표면을 흐른다. 부력에 이끌린 대류 때문에 뜨거운 유체가 솟구치면 표면에 온도 차이가 발생할 수 있다. 유체는 주변의 그 어떤 지점에서보다 솟구치는 기둥의 중심에서 더 뜨겁다. 그리하여 그 결과로 표면 장력에서 생겨나는 불균형이 그 기둥 중심 주변의 모든 방향에서 동일하다면, 그 힘들은 모든 방향으로 동일하게 끌어당기기 때문에 표면 장력에 의한 흐름은 전혀 존재할 수 없다. 그렇지만 이 표면 장력의 수평적인 균형에 어떤 아주 작은, 우연한 방해가 더해지면 그것은 대칭을 깨는 과정을 촉발하고, 이것은 표면 흐름으로 이어진다. 유체가 표면을 가로질러 옆으로, 표면 장력이 더 높은 영역들로 당겨질 때, 더 많은 유체가 아래에서 그것을 대체하기 위해 끌어당겨진다. 그러니 여기에도 위아래가 뒤집히는 순환이 존재한다. 하지만 이제 그것은 부력보다는 표면 장력에 의해 일어난다.

표면 장력의 차이 때문에 발생하는 유체 흐름을 연구한 사람은 19세기 이탈리아의 물리학자였던 카를로 마랑고니(Carlo Marangoni, 1840~1925년)로, 이제는 그 흐름에 그의 이름이 붙여졌다. 그런 차이 때문에 과연 흐름이 일어날지는 표면 장력의 당김과, 거기 맞서는 점성 저항과 열 확산의 영향력들(표면 장력 차이를 중성화하는) 사이의 균형에 달려 있다. 따라서 마랑고니 대류에는 마랑고니 수라고 불리는 무차원적 수에 의해 결정되는, 이런 대립하는 힘들의 비를 측정하는 임계 역치가 존재한다.

베나르의 실험에서 대류는 마랑고니 효과의 지배를 받았는데, 그 효과는 흐름을 유지하고 대류 세포들의 패턴을 결정한다. 그렇다는 것

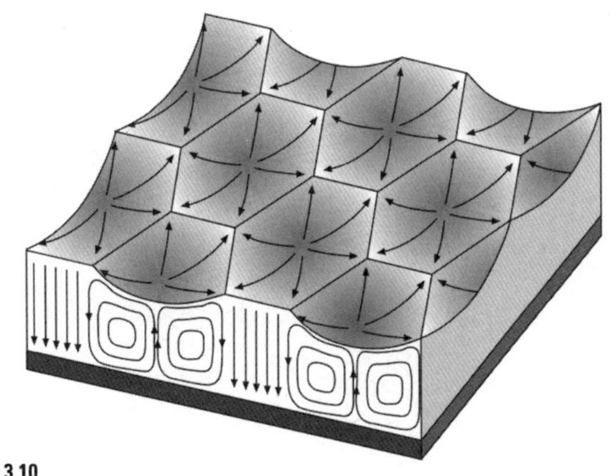

그림 3.10

마랑고니 대류는 표면이 자유로운 유체에서 일어난다. 비록 그것은 레일리-베나르 대류에서 볼 수 있는 것 같은 육각형 세포들을 생성하지만 그 패턴의 근원은 다르다. 그것은 액체 표면의 온도 차이로 인한 표면 장력의 불균형에서 나온다. 이것은 유체가 세포 중심에서 가장자리로 당겨질 때 액체 표면에 주름이 잡히게 만든다.

은 이 경우에 레일리의 이론으로 대류의 시작을 예측할 수 없다는 뜻이다. 더욱이 가장 안정적인 패턴은 롤 세포들이 아니라 따뜻한 유체가 중심으로 솟구치는 육각형 세포들로 구성되고, 그것은 마랑고니 효과로 표면을 넘어 바깥으로 끌어당겨진다. 그리고 육각형의 가장자리에서 다시 가라앉는다. (그림 3.10 참조) 표면 장력의 차이는 액체 표면을 일그러뜨리고, 우리의 직관과는 반대로 세포들 중간(유체가 떠오르는)에서 그것을 억누른다. 그리고 가장자리(유체가 가라앉는)에서 끌어올린다.

요소들을 재배치하기

톰프슨은 하늘이 구름으로 얼룩덜룩해지는 현상을 대류 패턴으로 설명할 수 있지 않을까 짐작했다. 그 짐작은 옳았는데, 왜냐하면 대류 흐름들이 항상 대기를 휘젓기 때문이다. 그리고 구름은 그들의 산물이다. 대기는 위쪽 층의 복사로 열을 잃는 한편, 땅에 흡수되고 열로 방출된 태양빛은 아래쪽 층들을 데운다. 이 따뜻한 공기가 위로 올라갈 때 더러 지구 표면에서 증발한 수증기를 같이 데려간다. 공기가 식을 때, 수증기는 태양빛을 반사하는 작은 방울들로 응축된다. 이 방울들은 두텁고 하얀 담요를 만드는데, 이 담요들은 물결 구름을 이루거나 얇게 펼쳐지기도 하고, 사람들이 흔히 미래의 조짐이나 미확인 비행 물체(UFO)로 착각하는 갖가지 이상한 모양들로 뭉치기도 한다.

대기 순환이 저절로 패턴을 만들 때, 구름들도 그 뒤를 따른다. 따뜻하며 습윤한 공기가 한 대류 세포의 가장자리에서 위쪽으로 떠오를 때, 수증기는 그 가장자리들에서 응축하는 반면, 가운데는 건조하고 찬 공기가 가라앉는다. 그 결과로 중심에는 맑은 하늘이 있고 세포들이 구름들의 망을 보여 주는 배치가 나타난다. (그림 3.11a 참조) 순환이 반대 방향으로 일어난다면, 중간 기둥에서 올라가는 따뜻한 공기는 꼭대기에서 흩어지고, 세포들은 개방된 모서리들의 망으로 분리된, 구름 낀 중심을 가진다. (그림 3.11b 참조) 어쩌면 대류 세포들은 그 대신 구름 줄기라고 불리는 평행한 줄들을 낳는 롤 모양일지도 모른다. (그림 3.11c 참조) 레일리의 대류 이론은 이런 대기 움직임들을 정확히 묘사하지는 못하는데, 왜냐하면 그가 유체의 행동에 관해 택한 가정들 중 일부는 공기 때문에 다소 심하게 어긋나기 때문이다. 예를 들어 구름 줄기들을 낳는 롤 세포들은 레일리-베나르 대류의 정사각형에 가까

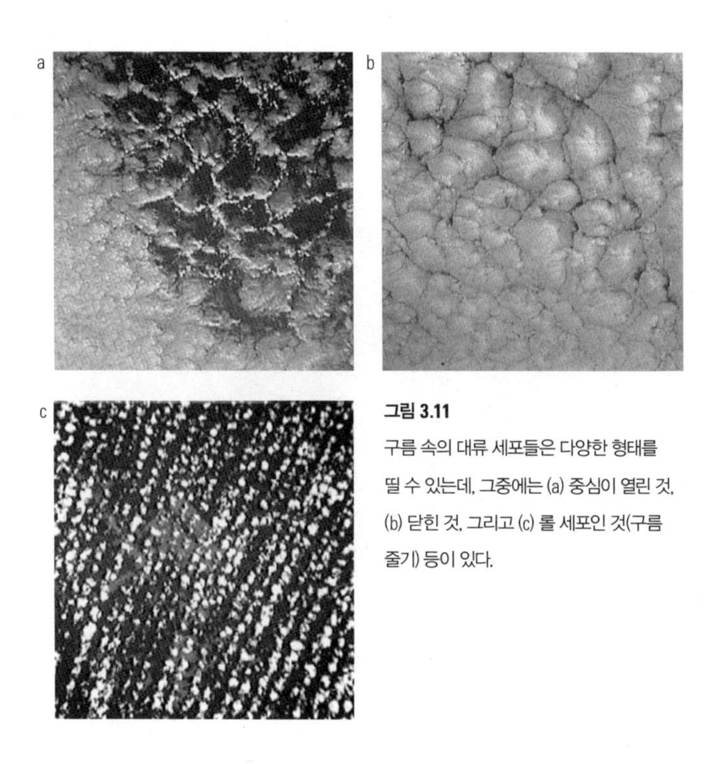

그림 3.11

구름 속의 대류 세포들은 다양한 형태를 띨 수 있는데, 그중에는 (a) 중심이 열린 것, (b) 닫힌 것, 그리고 (c) 롤 세포인 것(구름 줄기) 등이 있다.

운 모양을 한 롤들과 달리, 보통은 깊이보다 너비가 훨씬 크다.

그보다 훨씬 큰 스케일로 옮겨 가면, 열대와 극지방 사이의 온도 차이에서 생겨나는 방대한 대기 대류 세포들이 있다. 이 세포들은 단순하고 지속적인 구조를 갖고 있지 않은 데다 지구의 회전으로 왜곡된다. 그럼에도 그들은 확실히 열대 무역풍과 온도 위도상의 탁월 편서풍 같은 특징적인 순환 특색들을 만들어 낸다. 영국의 천문학자인 에드먼드 핼리(Edmund Halley, 1656~1742년)는 17세기에 적도 열로 발생한 대류가 대기 순환을 일으킨다는 주장을 처음 제시했다. 그리고 그 후 얼마간 과학자들은 각 반구에서 한 단일한 대류 세포가 열대에서 따뜻한 공기를 위로 띄워 올리고 그것을 극지방으로 가져간다고 믿었다. 공기는 거기서 식어서 가라앉는다. 우리는 이제 그것이 사실이 아님을 안다. 더 낮은 대기의 평균 반구 순환에서는 사실 3종류의 세

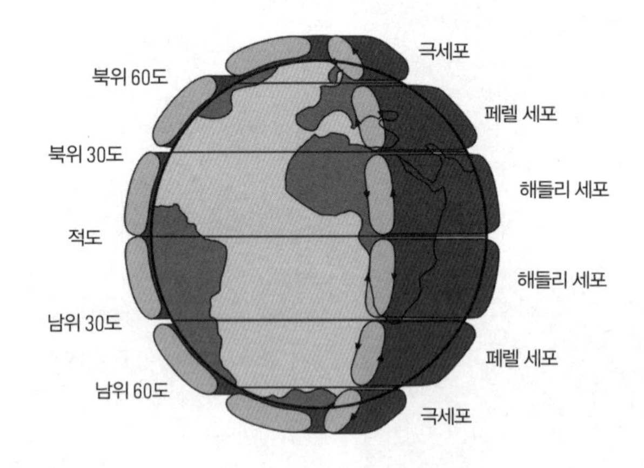

그림 3.12

지구 대기의 대규모 대류는 각 반구에 있는 3개의 롤 같은 세포들로 조직된다. 적도와 위도 약 30도 사이의 해들리 세포와 중위도의 페렐 세포, 그리고 극세포다.

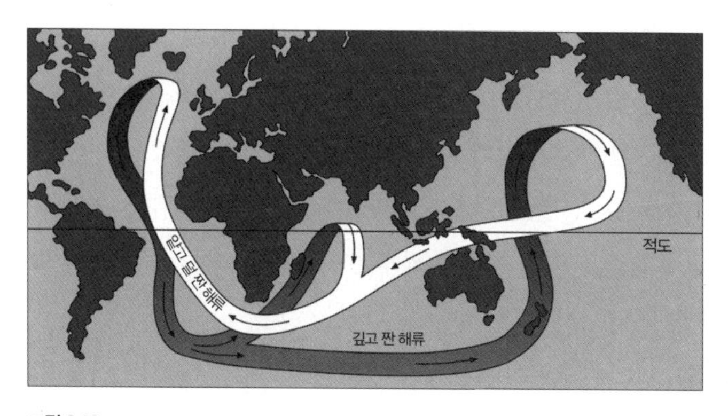

그림 3.13

수온과 염도의 차이에서 생겨나는 대양의 대류는 따뜻하고 덜 짠 물을 위쪽 벨트로, 그리고 차갑고 더 짠 물을 더 낮은 벨트로 옮겨 가는 전 지구적인 컨베이어 벨트의 순환 패턴을 만든다.

포를 식별할 수 있다. 적도와 대략 위도 30도 사이를 순환하는 해들리 세포, 중간 위도에서 반대 방향으로 회전하는 페렐 세포, 그리고 극에서 같은 방향으로 회전하는 극세포다. (그림 3.12 참조) 극세포와 페렐 세포는 둘 다 해들리 세포보다 약하고, 4계절 중 어느 때에도 명확하게 구분되지 않는다. 북 해들리 세포와 페렐 세포가 만나는 곳에서, 지구 회전의 영향은 강력한 서향 제트 기류를 이끈다.

대양들도 대류 패턴 때문에 휘저어진다. 그것들은 대기와 마찬가지로 열대에서 데워지고 극지방에서 식는다. 이것은 열대에서 고위도까지 이어지는 거대한 컨베이어 벨트 순환을 형성하는 데 한몫하고, 북태평양 대류 세포 꼭대기까지 걸프 만에서 극지방 쪽으로 운반된 따뜻한 물은 북유럽 기온을 온화하게 유지해 주는 열을 실어 간다. (그림 3.13 참조) 그러나 이 순환 패턴은 순전히 열에만 의존하지 않는다. 해수 밀도는 용해된 소금의 양으로 결정된다. 물은 짤수록 밀도가 더 높다. 염도는 증발에 달려 있는데, 증발은 수증기를 빼앗아 물을 더 짜게 만든다. 그리고 염도는 냉각으로도 결정되는데, 왜냐하면 얼음은 많은 소금을 함유하지 않기 때문이다. 따라서 대양 대류의 대규모 패턴은 열대에서는 증발로부터, 극지방에서는 냉각으로부터 영향을 받는다. 이 과정들은 함께 지구의 기후를 규제하는 이른바 대양 열염(열 소금) 순환을 낳는다.

하늘과 바다를 아름답게 장식하는 것 외에, 대류는 천천히 형성되는 고체 지구의 바위를 조형한다. 우리 행성은 꼭대기보다 바닥이 더 뜨거운 유체로 채워진 거대한 대류 용기다. 그렇다, 그것은 실제로 유체다. 크러스트와 핵 사이의 바위 같은 맨틀은 흐를 수 있을 정도로 충분히 뜨거우며, 무척 질척한 액체 같다. 지구의 녹은 핵은 맨틀 밑동, 우리 발 아래 거의 3,000킬로미터 부근에 섭씨 4,000도에 가까운 열을 발생시킨다. 한편 맨틀 꼭대기(깊이는 100킬로미터에서 겨우 10킬로미터 이상까지 다양하다.)의 온도는 수백 도에 이른다. 거기에 더해 맨틀은 서서히 붕괴하면서 핵에너지를 배출해, 내부에서 유체 맨틀을 가열하는 많은 방사성 물질을 함유한다. 맨틀은 점성이 매우 높지만, 레일리 수가 수천만에 이르는 까닭에 격하게 대류하고 있다. 여기에는 어떤 질서 잡힌 롤 같은 대류 세포는 하나도 없고, 패턴은 지질학적 기간에 걸쳐 변화한다. 실상 이것이야말로 지구 물리학을 그토록 흥미롭게 만드는 요인이며, 그 표면 지도가 늘 변화한다는 의미에서 이것이 우리 행성에 지질학적 역사를 제공하는 요인이라고 말할 수 있다. 단단한 지구 지각의 표층(tectonic plate, 판상을 이루어 움직이고 있는 지각의 표층 — 옮긴이)은 대류 세포들의 꼭대기를 따라 운반된다. 맨틀 대류는 판들을 찢어 새로운 바다들을 열어젖히고 격렬한 충돌을 일으키며 대륙들의 모자이크를 꾸준히 재배치한다. 예를 들어 오늘날 동아프리카에서 그렇듯이 뜨거운 맨틀이 솟구쳐 한 판의 중간에 나타날 때, 지각이 잡아 찢긴 그 경계에 거대한 열곡이 형성된다. 다른 곳에서는 지각이 맞물리며 판들이 밀려서 부딪히고, 히말라야 같은 산맥들이 형성된다. 이렇게 표층이 집중된 곳 일부에서는 섭입이라는 과정을 거쳐 한 표층이 다른 표층 아래로 가라앉을 수도 있으며, 가라앉는 표층의 굉음과 충격은 표면에서 지진으로 감지된다. 이 모두에서 지각 표층들은 수동적이지 않다. 위아래가 뒤바뀌는 대류 세포들의 꼭대기에서, 그들의 존재는 그 아래 움직임들의 모양과 배치에 영향을 줄 수 있다.

맨틀의 대류 패턴들은 지구가 평행한 판들이나 원통형 접시로 이루어진 것이 아니라, 구형이라는 사실 때문에 더한층 복잡해진다. 한 구 안에서 대류하는 유체들의 패턴은 레일리 수가 낮은 경우는 잘 연구되지 않았고, 거친 움직임에 관해서는 말할 것도 없다. 더욱이 우리는 맨틀이 어떤 구조인지 확실히 알지 못한다. 지진이 일으키는 지진 충격파는 660~670킬로미터 깊이의 한 경계선에서 튕겨 표면으로 돌아온다. 대다수 지질학자들은 맨틀을 2개의 동심원 껍질들로 가르는 이 경계에서 맨틀 구성 물질의 결정 구조에 변화가 생긴다고 본다. 변화는 그 깊이에서 가해지는 강한 압력과 온도 때문에 일어난다. 대류 세포들은 이 경계를 지나 길을 뚫고 곧장 나아가는가, 아니면 위쪽 맨틀과 아래쪽 맨틀에서 각자 독립적으로 순환하는가?

이 심오한 질문들을 실험으로 탐구하려면 복잡하기 때문에 많은 간접적 추론들에 의존한다. 따라서 맨틀 대류에 관한 우리의 생각 중 다수는 컴퓨터 시뮬레이션으로 추론되었다. 이들은 맨틀을 작은 부분들로 이루어진 격자무늬로 구상한다. 전반적인 흐름 패턴이 아무리 복잡해도 개별 부분들의 흐름을 비교적 단순하게 가정하는 것은 가능하고, 어쩌면 꽤 쉽게 계산할 수 있을지도 모른다. 그 시뮬레이션이 어떤 결과를 내놓느냐는 거기에 어떤 가정이 들어가느냐에 달려 있다. 대류가 층을 이루는지 아닌지, 몇몇 물질들이 층들을 통과할 수 있는지 어떤지, 방사능 붕괴가 얼마나 많은 내부 열을 발생시키는지, 꼭대기에 딱딱한 지각 표층을 포함시키는지 등의 가정이다.

그러나 한 가지 결론만은 매우 일반적인 듯하다. 맨틀 대류의 떠오르고 가라앉는 흐름들이 대등하지 않다는 것이다. 가라앉는 유체들은 맨틀 슬래브라는 시트 같은 구조를 형성하는데, 그것은 섭입 지대에서 다시 깊이 가라앉는다. 대서양을 거의 극에서 극으로 가르는 대서양 중앙 산령이나 남아메리카의 서부 해안의 동태평양 해팽처럼, 뜨거운 마그마가 떠올라 새로운 대양 지각을 만드는 대양 열구를 역해류들에 상응하는 것으로 생각하고 싶을 법도 하다. 부력에 이끌려 떠오르는 시트들. 그렇지만 사실 이것들은 대류 패턴의 본질적 특색이 아니다. 그것보다, 여기서도 뜨거운 바위는 표면의 갈라진 틈으로부터 멀어지는 지각의 움직임 때문에 다소 깊이가 얕은 지점에서 수동적으로 단지 끌려왔을 뿐이다. 커피의 표면을 후후 불면 수평으로 밀려가는 액체의 부분 대신 더 낮은 곳의 액체가 위로 끌어올려지듯이 말이다. 그와 달리 맨틀 대류가 근본적인 부력에 이끌려 솟는 구조는 기둥처럼 보인다. 이 원통형 기둥들은 분출하는 뜨거운 마그마로 이루어져 있다. 이 기둥들은 과열점(hot spot)의 표면에서 만나는데, 그것들은 화산 활동의 중심이다.

맨틀 기둥들은 그동안 실리콘 오일과 글리세린 같은 점도 높은 액체를 얕은 탱크에 채워 지질학적 대류 과정을 모방하는 실험으로 연구되었다. 이 실험들은 대류 기둥들이 버섯 모양이었음을 보여 준다. (그림 3.14a 참조) 이 버섯은 머리는 넓적하고 가장자리는 두루마리 같은 나선으로 꼬여 있으며, 안에는 유체가 들어 있다. 기둥 머리는 우리가 앞서 본(그림 2.13 참조) 난류 제트의 쌍둥이 소용돌이의 3차원 형태 같다. 어쩌면 그들은 『성장과 형태』에서 묘사되었듯이 물속에 번지는 잉크 방울 같은 모양으로 바뀔지도 모른다. (그림 3.14b 참조) 그리고 그들은 한 액체 난류가 어떻게 다시금 견고하고 질서 잡힌 구조로 스스로 조직되는지 보여 준다. 톰프슨은 이 종 형태들이 해파리를 비롯한 부드러운 해양 무척추동물들의 형태로 반영되지 않는지(그림 3.14c 참조), 유체 흐름이 그 원인이 아닌지 곰곰이 생각해 보았다.

한 맨틀 기둥의 버섯 모양 머리의 지름은 그 기둥이 얼마나 먼 거리를 움직였는가에 달려 있다. 만약 그 기둥이 낮은 맨틀의 밑동 가까이에서 시작한다면, 맨틀 대류를 지지하는 모든 사람들이 믿듯이 맨틀 꼭대기에 닿을 즈음에 그 윗부분의 너비는 2,000킬로미터까지 이를 수 있다. 그것은 거기서 폭발해서 녹은 바위를 잔뜩 토하며 현무암 바위들로 이루어진 방대한 '범람원'을 남길 수도 있다. 현무암 지대들은 세계의 몇몇 지방에서 발견되는데, 서부 인도의 데칸 용암 대지가 그 하나로, 넓이가 50만 제곱킬로미터를 넘는 그 영역은 50만 세제곱킬로미터가 넘는 녹은 바위들로 형성되었다. 그곳은 저 깊은 곳의 맨틀 기둥이 표면에 떠오른다는 사실을 입증하는지도 모른다. 더 낮은 곳에서 떠오른 기둥들은 표면에 과열점으로 그 모습을 드러낼 때 기둥 머리가 그보다 훨씬 작기 때문이다. 지각 표층들이 대양의 과열점들을 지나갈 때 간헐적으로 방출된 마그마 방울들은 하와이 군도와 같은 섬들의 사슬을 만든다.

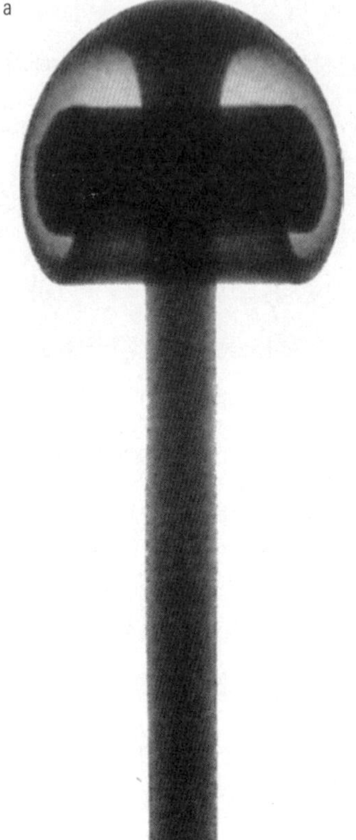

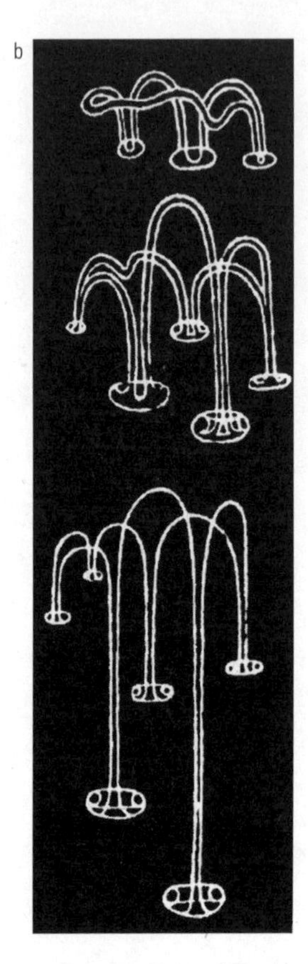

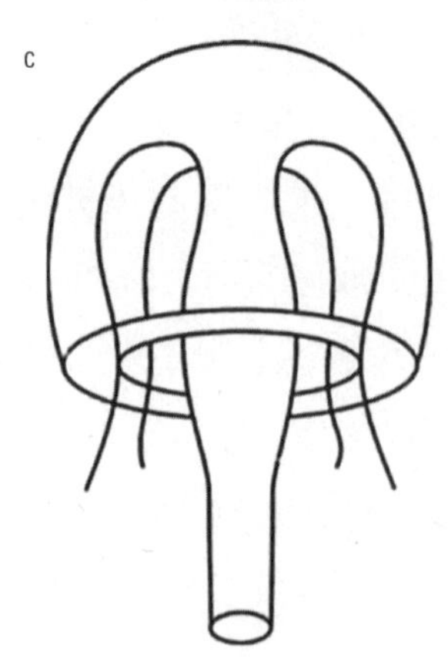

그림 3.14

(a) 레일리 수가 높은 점성 있는 유체들에서 일어나는 대류는 떠오르는 버섯 모양 기둥들을 만든다. 지구 맨틀에 이런 기둥들이 존재한다고 추정된다. 기둥이 지각을 깨뜨리는 곳에서 화산 활동이 일어난다. (b) 톰프슨은 작은 잉크 방울들이 물에 가라앉는 것이 그 현상의 역전된 형태임을 알아보았다. (c) 그리고 일부 해파리(*Syncoryme*)의 모양에서도 그 현상을 보았다.

이렇게 떠오르고 가라앉는 맨틀 대류의 특성들은 어째서 그와 같이 서로 다를까? 일부 원인은 유체에 존재하는 내부적 열원(방사능 붕괴) 때문인지도 모른다. 그렇지만 그 물음의 답은 또한 맨틀이 전체로서 대류하느냐 아니면 각각의 층으로서 대류하느냐에도 달려 있다. 일부 컴퓨터 모의실험들에서, 따로 대류하는 상부 맨틀에서는 떠오르고 가라앉는 흐름들이 서로 비슷하고 롤 같은 반면, 맨틀이 전체로서 대류할 경우에는 가라앉는 판들이 형성된다는 결과가 나왔다. 질문은 아직 답이 나오지 않았고, 증거들은 서로 대립한다. 마치 맨틀층들이 실제로 660킬로미터 경계를 통과해 위와 아래 맨틀을 통합하는 것처럼 보이기도 한다. 그렇지만 그 경계 층들을 확실히 구분 지어 주지 않는다. 일부는 마치 쉽게 깨뜨릴 수 없는 벽에 부딪히기라도 한 듯, 그 경계에서 아래로 가던 경로를 바꾸는 것처럼 보인다. 게다가 지구 표면에 있는 화성암의 화학적 구성 성분을 보면 맨틀의 일부가 줄곧 다른 부분들로부터 고립되어 있었어야 할 것 같지만, 전체 맨틀 대류를 생각하면 모든 재료들이 한데 뒤섞여 있어야 할 것 같다. 지금 공통적인 시각으로 힘을 얻고 있는 것은 양쪽 형태의 대류가 모두 일어난다는 시각이다. 캘리포니아 공과 대학의 폴 태클리(Paul J. Tackley)와 그 동료가 실행한 맨틀 모의실험에서, 흐름 패턴은 떠오르는 뜨거운 기둥들과 가라앉는 차가운 판들로 조직되었다. 기둥들은 맨틀 밑동에서 바로 꼭대기로 가는 한 경로를 통제할 수 있었다. 그렇지만 가라앉는 차가운 판들(맨틀층)은 전반적으로 660킬로미터 경계선에서 멈추고, 거기서 밀도 높은 차가운 유체는 한데 모여 퍼지는 웅덩이들을 이룬다. 이런 차가운 웅덩이들은 충분히 커지면 낮은 맨틀들로 마치 산사태처럼 급히 쏟아진다. 그러면 넓게 퍼지는 기둥들이 만들어지고, 그 기둥

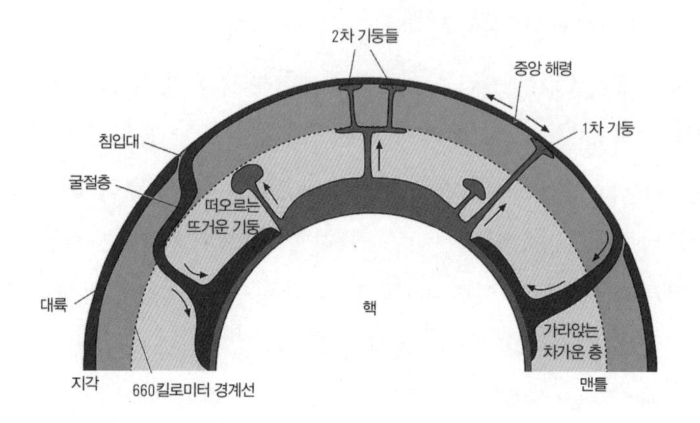

그림 3.15

지구 맨틀의 대류는 핵의 열, 그리고 맨틀 내 방사성 물질이 붕괴하면서 방출하는 열 때문에 일어난다. 그것은 뜨겁고 질척질척한 바위 기둥이 떠오르며 더 차가운 바위의 슬래브들이 가라앉게 만든다. 순환의 패턴은 대략 660킬로미터 깊이에 있는 맨틀의 화학적 구성에서 일어나는 변화 때문에 수정되는 것처럼 보인다. 그리고 아마도 그것의 일부는 흐름을 막는 장벽으로 작용한다.

은 다시 핵 위의 방대한 웅덩이로 퍼진다. 이제 660킬로미터 경계선에 존재하는 이 간헐적 정지와 통과는 떠오르는 기둥들의 경우에도 일어날 수 있다. (그림 3.15 참조) 지구 깊숙한 곳에 존재하는 대류의 핵심이 무엇이든, 베나르의 접시의 그것처럼 항구적이거나 질서 잡힌 것이 전혀 아니라는 사실은 확실하다.

얼음과 불의 노래

지질학에서 대류는 더 작은 규모의 조직력도 발휘하는 것처럼 보인다. 알래스카와 노르웨이의 얼어붙은 폐기물들에서는 돌과 바위로 화석화된, 고유의 다각형 각인을 볼 수 있을지도 모른다. 이런 외딴 지대들은 환상 열석(stone circle), 미궁, 그물망, 섬들, 그리고 줄무늬들로 뒤덮일 수도 있다. (그림 3.16 참조) 그 패턴들의 특징은 보통 너비가 1미터쯤 된다는 것이다. 스웨덴 지질학자이자 극지 탐험가인 닐스 오토 구스타프 노르덴시욀드(Nils Otto Gustaf Nordenskjöld, 1869~1928년)는 20세기 초반에 이런 '패턴이 있는 땅'을 처음 접했을 때, 그 땅의 얼고 녹는 계절적 주기에서 비롯된 토양 속에서 순환하는 물의 흐름이 이 패턴의 생성 원인이라는 이론을 제시했다.

얼어붙은 땅이 데워지면 토양 속의 얼음이 표면부터 아래쪽까지 녹고, 따라서 액체 물은 표면에 가까워질수록 더 따뜻해진다. 대부분의 액체에서 이것은 단지 깊이에 따라 밀도가 증가한다는 뜻이 된다. 그 배치는 안정적이다. 그렇지만 앞서 말했듯이 물은 다른 액체들과는 다르다. 물은 어는점(섭씨 0도)에서 가장 밀도가 높지 않고 4도에서 가장 높다. 그래서 지표면 가까이에서 어는점 몇 도 위까지 데워진 물은 토양 속의 작은 구멍들을 통과하기 시작할 것이다. (그림 3.17 참조) 더 따뜻한 물이 가라앉는 곳에서, 얼어붙은 지대 꼭대기의 얼음(이른바 해빙 전선)은 녹고, 그럴 때 대류 세포들의 상승 지점에 있는 차가운 물은 위로 올라가면서 해빙 전선을 끌어올린다. 이런 식으로 대류 패턴은 그 밑에 있는 결빙 지대에 흔적을 남긴다. 물이 호수 바닥까지 얼어붙을 수 있을 정도로 얕을 때, 북쪽 호수들의 밑바닥에서도 그런 다각형 패턴들을 발견할 수 있다. (그림 3.18 참조)

미국 볼더에 있는 콜로라도 대학교의 윌리엄 빌 크란츠(William Bill Krantz, 1939년~)와 동료들은 이 과정을 기반에 두고 어떻게 지표면의 질서 정연한 돌더미들을 설명할 수 있는지 보여 주었다. 그들은 지표 밑의 돌들이 물결 모양을 이루는 해빙 전선의 고랑들에 모이고, 이

a

b

그림 3.16

북부 툰드라 토양 속 물의 결빙과 해빙은 차가운 물의 밀도가 온도에 따라 변화하는 흔치 않은 방식 때문에 대류 흐름이 일어난다. 이런 순환의 흔적은 지표면 돌들의 다각형 세포들에서 볼 수 있다. 여기 보이는 것은 (a) 노르웨이 서부 스피츠베르겐의 브리거할뙤어 반도에 있는 돌 고리들과 (b) 알래스카 탱글 호수 영역의 줄무늬 지형들이다.

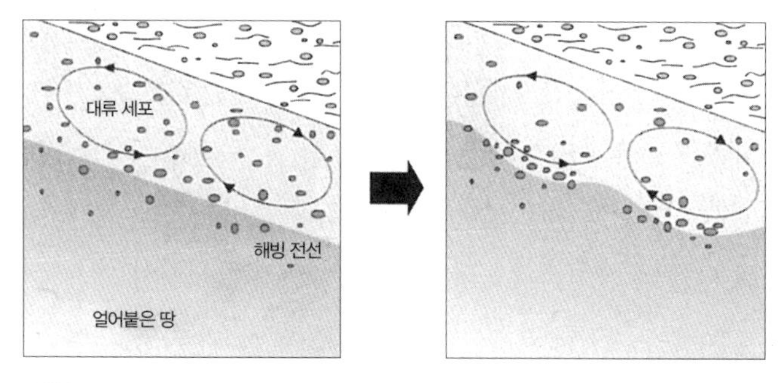

그림 3.17

물이 토양 속을 대류 세포로 순환할 때, 그 패턴은 '해빙 전선'으로 전이된다. 그 전선 아래에서 땅은 계속 얼어 있다. 돌들은 해빙 전선의 고랑에 모이고, 토양 속 '서릿발 상주'가 지표면으로 옮긴다.

그림 3.18

이 노르웨이 호수 가장자리에 있는 지하수의 결빙–해빙 주기들은 호수 밑바닥에 있는 돌들이 보여 주는 대류 세포들을 만들어 왔다.

어 '서릿발 상주'가 지표면으로 옮긴다고 말한다. 농부들이라면 익히 아는, 토양이 얼어붙을 때 일어나는 과정이다. 그러니 서리가 내리는 동안 얼어붙었다가 나중에 녹는 평야는 땅 밑 대류의 패턴을 나타내는 돌들로 어지럽혀진다. 크란츠와 동료들은 물이 토양 속 구멍으로 토양을 순환할 때 일어날 수 있는 대류 패턴들을 계산했다. 그리하여 평평한 땅에서는 다각형(일부 육각형) 패턴들이 선호되지만, 경사진 땅에서 대류 세포들은 롤과 같다는 사실을 발견했다. 이들은 줄 지어 선 돌들을 보여 준다.

미국 캘리포니아 대학교 샌디에이고 분교의 마크 케슬러(Mark Kessler)와 브래들리 워너(Bradley T. Werner)는 그 패턴들이 얼마나 다양할 수 있는지, 그리고 그들이 어떻게 한 패턴을 다른 패턴으로 바꿀 수 있는지 보여 주는 과정을 한층 상세한 모형으로 만들었다. 그들은 땅이 표면에서 아래쪽으로 녹을 때, 표면 밑에 그냥 토양만 있는 경우보다는 돌들이 있는 경우에 그 과정이 훨씬 빨리 일어난다고 말한다. 토양이 수분을 함유하고 있어서 어는 속도가 더 느리기 때문이다. 그리하여 토양이 아래쪽의 토양이 풍부한 영역들로 밀어붙여지는 반면, 돌들에 미치는 총효과는 돌들을 위쪽만이 아니라 다른 돌들이 모이는 지역들을 향해서도 밀어붙인다는 것이다. 따라서 돌과 토양은 서로 분리된다. 또한 돌의 영역들은 압력을 받고 길게 늘여진다. 특히 그 토양이 응축하기 어렵다면 더욱 그렇다. 케슬러와 워너의 모형은 돌과 토양이 분리된 결과로 나오는 그 패턴들이 토양 속 돌들의 집중도에 의존하며, 또한 땅의 기울기와 돌의 영역들이 길게 늘어지는 성향에도 의존한다고 말한다. 그들은 이런 요인들이 변화할 때 돌구멍, 섬, 줄무늬, 그리고 다각형들 사이의 변화들을 본다. (그림 3.19 참조) 그 패턴들

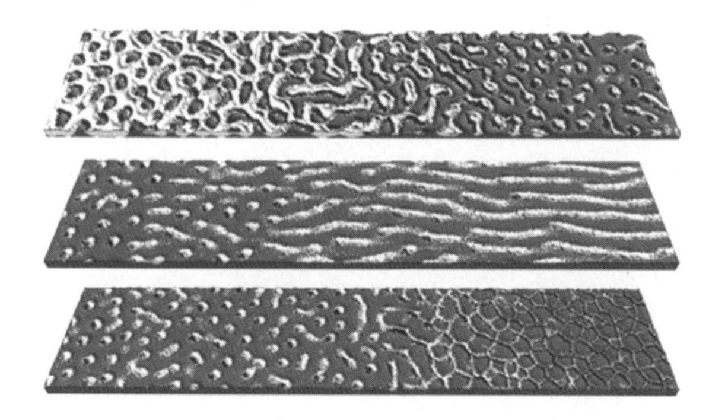

그림 3.19

케슬러와 워너가 고안한 '분류된 땅'의 모형은 폭넓은 돌의 패턴들을 만들어 낸다. 맨 위 사진에서 토양 대 돌의 비율은 왼쪽에서 오른쪽으로 갈수록 줄어든다. 가운데에서 땅의 경사는 왼쪽에서 오른쪽으로 갈수록 커진다. 그리고 맨 밑 사진에서 돌의 영역들이 길어지는 경향은 왼쪽에서 오른쪽으로 갈수록 커진다.

은 『모양』에서 살펴본 동물들의 얼룩무늬의 흔적을 적지 않게 연상시킨다. 그리고 흥미롭게도 다각형 네트워크들은 비누 거품들에서 발견할 수 있는 것들과 비슷한, 다각형 벽 교차점들에 적용되는 법칙들을 따르는 것처럼 보인다. (『모양』 2장 참조) 대략 120도로 동일하게 세 방향으로 교차하는 패턴이 선호되고, 네 방향 교차의 경우에는 불안정하다. 이것들은 보편적인 패턴 형성 법칙의 작용을 알려 주는 강력한 실마리다.

태양 표면에서는 장대한 스케일의 대류를 볼 수 있다. 태양빛은 태양 표면 가까이에 있는 500킬로미터 두께의 수소 기체층에서 온다. 태양의 표면 온도는 대략 섭씨 5,500도이다. 이 기체는 아랫부분과 내부에서 가열되고, 그 열을 표면에서 바깥 쪽의 우주로 방사한다. 그러나 비록 우리 주위 공기보다 대략 1,000배 밀도가 떨어지지만, 그것은

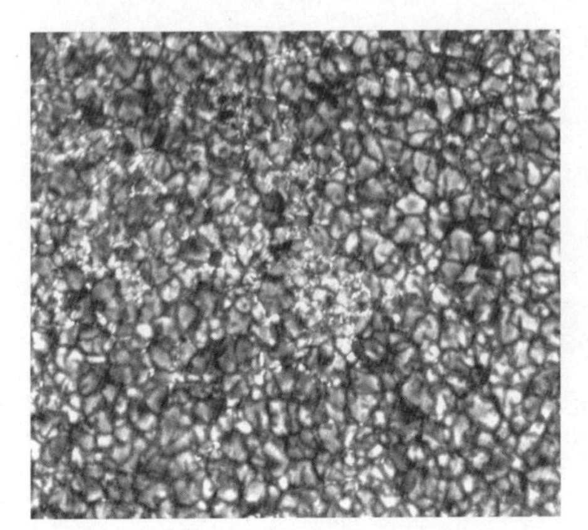

그림 3.20
태양 알갱이들은 태양의 광구에 있는 매우 격렬한 대류 세포들이다.

대류하는 유체다. 레일리 수가 워낙 높기 때문에 우리는 어떤 구조도 보여 주지 않는 카오스를 기대할 것이다. 하지만 그와 반대로 태양 표면을 찍은 사진들은 태양 알갱이라 불리는 더 어두운 테두리로 둘러싸인 밝은 다각형 영역들이 광구에 점점이 찍혀 있음을 보여 준다.(그림 3.20 참조) 이 알갱이들은 대류 세포들의 꼭대기들이다. 밝은 중심들은 떠오르는 영역들이고 어두운 가장자리들은 더 차갑고 가라앉는 유체의 윤곽선을 그린다. 그들의 크기는 너비가 대략 500킬로미터와 5,000킬로미터부터 시작해 다양한데 가장 큰 것은 지구 크기에 비할 만하다. 패턴은 끊임없이 변하는데, 각 세포는 겨우 몇 분밖에 존재하지 않는다. 그런 격변하는 유체에서 패턴이 존재한다는 사실은 우리가 대류의 패턴에 관해 알아야 할 것이 아직 많음을 알려 준다.

모래 언덕의 수수께끼: 알갱이들이 모여 만드는 질서

모래 더미는 사태 직전의 아슬아슬한 상태로 영원히 회귀하고 있다. 지진이 일어날 때마다 이 위태로운 균형은 무너진다. 그 후에는 더 많은 알갱이들이 더해지면서, 시스템은 지진 직전으로 돌아간다.

4장

랠프 앨저 배그널드(Ralph Alger Bagnold, 1896~1990년)는 아마 토머스 에드워드 로런스(Thomas Edward Lawrence, 1888~1935년)처럼 군대 때문에 사막에 처음 가서 결국 사막 때문에 군대에 남지 않았나 싶다. 비록 모든 점에서 나무랄 데 없는 병사였다 해도, 그는 자기 임무에 온정신을 쏟지 않았다고 생각할 수밖에 없는데, 왜냐하면 배그널드는 [illegible] 않은 환경에서조차 자신의 과학적 본능을 억누를 수 없었기 때문이다. 공학 교육을 받은 그는 1915년에 영국군 공병대에 입대해 이집트와 인도로 파견됐고, 거기서 사막과 사랑에 빠졌다. 1920년대에는 이런 '모래 바다'를 탐험하는 일로 휴가를 보내고 있었으며 1929년에는 마이클 온다치(Michael Ondaatje)의 소설 『잉글리시

페이션트』에 영감을 준 헝가리 귀족 라즐로 알마시(László Almásy) 휘하에서 나일 강 서편에 있다는 전설의 도시 제르주라를 탐험하는 원정대에 참가했다.

"우리는 배그널드가 사막에 관해 쓰는 글 하나만으로 모든 것을 용서했습니다."라고 온다치의 알마시는 말한다. 배그널드는 실제로 사막에 관해 글을 썼고, 그 글은 대단한 통찰력과 혜안을 보여 주었다. 그리하여 그의 1941년작 『바람에 날린 모래와 사막 사구의 물리학(*The Physics of Blown Sand and Desert Dunes*)』은 수십 년간 사막 형성에 관한 연구의 표준이 되었다. 리비아에서 실시한 관측에서 영감을 받고 영국에 있는 풍동 실험의 결과들을 접한 배그널드는 어떻게 사막풍으로 손가락 크기의 잔물결 무늬에서 너비 수 킬로미터의 파도 모양으로 모래 알갱이들이 조직되는지 설명하기 시작했다.

나는 사구(바람에 날린 모래가 쌓여 만들어진 언덕 — 옮긴이)의 패턴들이 만드는 기본적 딜레마를 배그널드보다 더 잘 설명할 도리가 없다. 배그널드는 이렇게 썼다.

> 카오스와 무질서 대신 그 형태의 단순성을 발견한 관측자는 놀랄 수밖에 없다. 그것은 결정 같은 구조의 질서보다 스케일이 더 큰, 자연에서 보기 힘든 [illegible] 곳곳에 방대하게 축적된 모래들이 수백만 톤에 이르는 [illegible]랑곳없이, 철저히 규칙적인 대형으로 움직인다. 이들은 기괴하게도 생명을 흉내 내는 방[illegible] 지표면에서 성장하고, 모양을 유지하며, 심지어 번식까지 해서 상상력이 풍부한 사[illegible]에게는 충격을 준다.

비록 현대적 용어를 사용하지는 않았지만, 배그널드가 여기서 진정으로 말하려는 내용은 모래 언덕들이 스스로를 조직한다는 것이다. 바람 하나만으로는 이런 줄무늬들과 초승달 모양을 비롯한 환상적인 모양들을 만들 본질적인 능력이 없다. 더욱이 그런 규모라면 말할 것도 없다. 모래가 이루는 잔물결들과 사구들은 알갱이들의 공동 작업이다. 바람이 낳은 움직임들의 상호 작용에서 등장하는 패턴, 충돌로 인한 축적, 그리고 경사면을 깎아 내는 사태들이다. 사구의 형성은 패턴을 만드는 과정들 중 가장 활발한 편에 속하지만 그뿐만이 아니다. 그것은 또한 어떤 원형, 상호 작용하는 수많은 부분들로 이루어진 시스템에 그런 패턴들이 어떻게 숨어 있는가를 보여 주는 모범적인 예다. 비록 그 구성 요소들을 아무리 열심히 밀착해서 관찰해도 그것들은 모습을 드러내지 않겠지만 말이다. 우리는 이런 패턴 중 일부가 다시금 고유성, 우리가 앞서 본 외관상의 보편적인 특질들을 드러낸다는 사실이 우연이 아님을 보게 될 것이다.

알갱이와 가루에는 뭔가 심오하게 기묘한 점이 있다. 그들은 단단한 물질(모래는 대체로 석영으로, 견고하고 결정 같다.)로 이루어져 있으면서도 흐를 수 있다. 모래는 우리가 밟고 설 수 있을 만큼 단단하지만, 컵에 담아서 쏟아부을 수 있을 만큼 유동성도 있다. 1989년 10월 미국 샌프란시스코 만의 마리나 구(district)를 뒤흔든 지진과 같은 몇몇 지진에서는 이 이중성의 예를 극단적이고 다소 무시무시한 방식으로 볼 수 있다. 샌안드레아스 단층의 일부가 미끄러지면서 그 지역의 가옥들 다수가 무너졌다. 그리고 비록 기적적으로 생명 손실은 없었지만, 수억 달러의 재산상 피해가 발생했다. 하지만 이 구역의 다른 곳에서는 이 정도의 파괴가 전혀 일어나지 않았다. 마리나 구가 함몰된 것은 모래가 풍부한 매립지에 지어진 탓이었다. 땅이 흔들리자 습하고 모래가 많은 토양은 당밀처럼 줄줄 흐르는 곤죽으로 변해 버렸다. 알갱이로 이루어진 물질의 이러한 성질은, 자연스럽게 액화(liquefaction)라고 불리는데, 지진학자들과 토목기사들은 그 성질을 익히 알고 있다. 그것은 한 알갱이 물질이 특수한 상태에 있다는 사실을 가장 극적으로 보여 주는 예 중 하나다.

공학자들과 지질학자들은 그런 행동을 이해해야 할 시급한 필요가 있다. 단순히 지진 피해를 측정하기 위해서만이 아니다. 시멘트에서 약물, 아침 식사용 시리얼, 못, 땅콩, 그리고 볼트에 이르기까지 모든 형태의 산업 원료들은 흔히 알갱이 같은 가루들의 형태로 이용된다. 알갱이의 성질은 지질학적 세계에서는 어디나 존재한다. 그것은 사태가 일어나는 토사의 작용, 침전물의 이동, 그리고 사막과 해변과 토양과 돌밭의 모양과 진화를 결정한다. 알갱이들이 어떻게 행동하는가를 예측하는 주먹구구식 방법은 이미 있다. 하지만 과학자들은 더욱 근본적인 이해로 나아가려면 새로운 물리학을 발명해야 한다는 사실을 최근 들어서야 깨달은 참이다.

알갱이에서는 이상한 일들이 일어난다. 서로 다른 종류의 알갱이들을 한데 뒤섞으면 서로 혼합되거나, 반대로 서로 분리되는 정반대의 효과가 발생할 수 있다. 음파는 모래 속을 통과할 때 모서리에서 굽어서 갈 수 있다. 한 모래 더미 아래의 압력은 그 더미가 가장 높은 곳에서 가장 작다. 그렇지만 높은 모래 기둥의 바닥은 기둥의 높이에 상관없이 압력이 동일하다. 그것이 모래시계의 속도가 일정한 이유다. 아무리 기둥이 더 작아져도 모래는 일정한 속도로 새어 나온다.

모양을 바꾸는 모래

모든 사막이 모래투성이는 아니고, 모든 모래가 쌓여 사구를 이루지도 않지만, 우리가 가진 사막의 원형적 이미지는 겨우 전 세계 사막의 20퍼센트 안쪽에서만 볼 수 있는 사구다. (도판 6 참조) 이러한 모래의 바다들은 거의 불모지인데도 강렬한 아름다움을 지녔다. 두려우면서도 성스러운 아름다움이다. 북아프리카 사람들은 사막을 일컬어 알라의 정원이라고 부른다. 알라가 평화롭게 거닐 수 있도록 생명을 완전히 비워 냈다는 것이다.

사막의 모래 더미는 너비가 몇 미터 정도에서 수 킬로미터까지 이르는데, 어쩌면 복잡한 초거대 사구들을 스스로 조직할 수도 있다. 이들은 더러 북아프리카에서 부르는 이름을 따라, 드라(draa)라고 불리는데, 그 너비는 수 킬로미터까지 이를 수 있다. 게다가 사구는 다양한 모양이 있다. 사실 변종이 너무나 많고 지역 방언에서 유래한 국지적인 이름들이 붙어 있어서, 심지어 지형학자들도 그것들을 기록하기 어려울 정도다. 가장 작은 규모에서 사막 밑바닥은 보통 우리들의 팔뚝 정도 되는 폭의 작은 파도 같은 산등성이들로 주름져 있다. (그림 4.1 참조) 이런 잔물결들의 마루는 간격이 작게는 0.5센티미터에서 몇 미터까지 이른다. 배그널드는 왜 바람에 날린 모래가 이런 주름 패턴을 이루며 쌓이는지 설명하려 했다. 그가 제시한 바를 오늘날의 용어로 말하면 작은 어긋남들이 양의 피드백을 따라 더욱 커지도록 유도된 **성장 불안정성**의 표본이라고 해야 한다.

평평한 모래 평야에서 시작해 보자. 바람이 꾸준히 불고 있다. 바람은 계속해서 알갱이들을 집어 올려 다른 곳에 갖다 버린다. 만약 바람이 늘 같은 방향으로 분다면 평야는 통째로 점차 아래쪽으로 움직

그림 4.1
모래의 잔물결들은 바람이 알갱이들을 집어 올려 운반할 때
형성되는, 스스로 조직되는 패턴들이다.

인다. 사막의 경계선들은 이런 식으로 변화한다. 그렇지만 우리는 알갱이들이 그저 무작위적으로 재배치되어 모래 표면이 매끈해질 것을 기대하지 않을까?

어쩌면 여러분은 그렇게 생각할지도 모른다. 그렇지만 배그널드의 성장 불안정성 때문에 그 평평함에는 주름이 가기 쉽다. 상상해 보자. 모래가 다른 곳에 비해 유독 많이 쌓인 한 지점에서 순전히 우연히 돌출이 나타난다. 알갱이들이 정말 무작위적으로 흩어져 있다면 얼마든지 그런 일이 일어날 것을 예상할 수 있다. 그 돌출부에서 바람을 받는 쪽(슈토스면(stoss side)라고 불리는)은 이제 그 주위 땅보다 더 높아져서, 바람을 타고 더 많은 모래가 날아온다. 이것은 그림 4.2a에 그려져 있다. 그림에서 선들은 바람에 날린 알갱이들의 궤적들을 나타내는데, 동일한 면적에서 평평한 표면보다는 바람을 받는 경사면을 더 많이 가

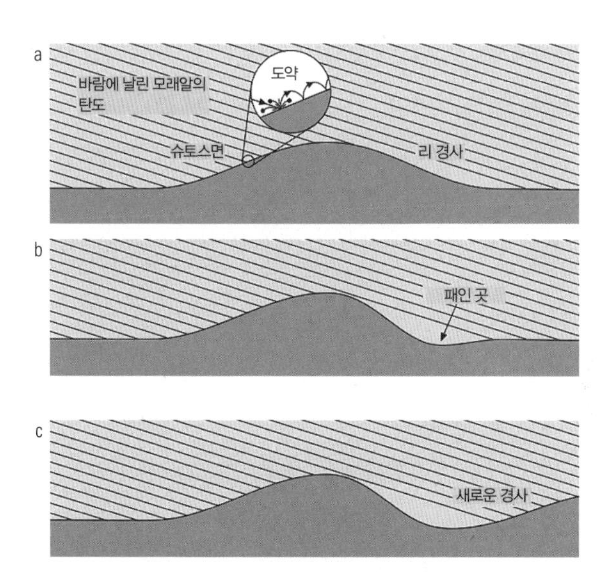

그림 4.2

잔물결들의 형성은 불안정성이 확산되는 것과 관련이 있다. (a) 바람에 날린 알갱이들은 사막 표면에 완만하게 비처럼 내린다. 표면이 기우는 곳에서는 알갱이들이 경사의 바람 받는 면보다 바람이 가려지는 면에 더 많이 부딪힌다. 각 알갱이들은 표면에 부딪히면서 표면의 다른 알갱이들을 흩어 놓는다. 그리고 다시 멈추기 전에 몇 차례 짧게 튕긴다. 그 과정은 도약이라고 한다. (b) 도약하는 알갱이들이 경사의 마루에 축적된다는 것은, 경사의 바람 받지 않는 밑동에 다른 모든 곳보다 알갱이들이 더 적게 모인다는 뜻이다. 따라서 그곳은 오목하게 패인다. (c) 이 패인 부분은 처음 경사의 바람 받는 쪽으로 새로운 바람 받는 경사를 발달시킨다. 그리고 새로운 잔물결이 형성되기 시작한다.

로지르는 것을 볼 수 있다. 이것은 그 바람을 받는 경사면이 심지어 더욱 높이 성장한다는 뜻이다. 역으로 선들은 돌출부의 아래쪽(lee) 면에서 더 적게 교차한다. 거기에는 알갱이의 퇴적 속도가 평균보다 더 높은 '충돌 그림자'가 있고, 그 경사는 갈수록 평평해지기보다는 도드라진다. 따라서 일단 돌출이 하나 생겨나면, 그것은 스스로 증폭된다.

그렇다면 그 평야는 곳곳에 무작위로 발생한 돌출부들로 뒤덮여야 할 것 같다. 하지만 잔물결 패턴은 무작위적이지 않다. 잔물결은 특징적인 방식으로 서로 분리되어 있다. 특정한 **파장**이다. 그 파장은 어디서 생겼을까? 돌출부가 하나 생성되면 그것 때문에 또 다른 돌출부가 바람 부는 방향으로 생긴다. 그리하여 산등성이들로 이루어진 한 계가 평원 전체로 퍼져 나간다. 이런 일이 일어나는 이유는 바람을 타고 날아간 알갱이들이, 사막 바닥을 때릴 때 되튕기기 때문이다. 바람은 이 되튕기는 모래 알갱이들을 바람 부는 방향으로 잇따라 통통 튀며 움직이도록 실어 가는데, 그 과정은 도약(saltation)이라고 부른다. 한 알갱이의 첫 충돌은 또한 다른 작은 알갱이의 스플래시를 일으킨다. 표면에 있던 다른 알갱이들을 날려 버려서, 그것들 역시 이후에 도약을 통해 운반된다.

도약이라는 과정은 그것만으로 표면을 매끈하게 만드는 작용을 할 수 있다. 표면을 때린 알갱이가 다시 흩어진다는 뜻이기 때문이다. 그렇지만 한 잔물결이 형성되기 시작할 때, 도약을 통해 바람 부는 방향으로 운반되는 알갱이의 속도는 들쭉날쭉해진다. 평평한 표면에서 도약은 바람 부는 방향으로 튀는 알갱이들의 흐름을 만든다. 그렇지만 리 경사(lee slope)에는 영향을 덜 미치기 때문에, 이 비탈의 밑동에서 일어나는 작용들은 알갱이들을 바람 부는 방향으로 튀어 오르게 만든다. (그림 4.2 참조, 오른쪽으로) 그것들은 다른 방향(그림 4.2 참조, 왼쪽으로)에서 튀어 들어오는 알갱이들로 보충되지 않는다. 따라서 비탈 밑동이 패이고, 새로운 슈토스 경사(stoss slope)가 그 오른쪽으로 발달한다. (그림 4.2b, c 참조) 그 발달의 전체 효과는 한 돌출부가 그 충돌 그림자 바깥에 바람 부는 방향으로 또 다른 돌출부를 낳는 것이다. 그리하여 한 단일한 돌출부는 연이은 물결들로 성장한다. 배그널드가 말했듯이 "평평한 모래 표면은 반드시 불안정해져야 한다. 왜냐하면 어떤 작고 우연한 변화도 도약이 일으키는 국지적인 모래 제거 작용에 따라 확대될 수 있기 때문이다."

그는 또한 왜 잔물결들이 특징적인 파장을 갖는지도 설명했다. 그의 말에 따르면 이것은 한 도약하는 알갱이가 멈추기 전까지 이동하는 전형적인 거리로 결정된다. (그 거리는 다시 알갱이의 크기, 풍속, 그리고 바람의 각도에 따라 결정된다.) 그러나 지금은 이 파장이 알갱이가 이동하는 과정에 존재하는 다소 더 복잡한 양상들 사이의 균형을 반영하는 것처럼 보인다. 그리고 현실에서 대체로 잔물결로 이루어진 평야에는 다양한 파장들이 있다.

결국 배그널드는 그 단순한 이론에 많은 것을 녹여 넣지 못했다. 하지만 이제는 컴퓨터 모형이 있어서 이러한 복잡성들을 심기가 훨씬 쉬워졌다. 미국 듀크 대학교 노스캐롤라이나 분교의 스펜서 포레스트(Spencer B. Forrest)와 피터 하프(Peter K. Haff)는 그런 모형을 고안해 알갱이와 모래 표면의 충돌을 이른바 스플래시 함수로 묘사했다. 그 함수는 충돌로 튀어나온 알갱이들의 수와 그 속도를 나타낸다. 알갱이들이 특정한 속도와 각도로 모래의 납작한 바닥에 '발사될 때', 잔물결이 재빨리 형성되기 시작한다. (그림 4.3a 참조) 이 패턴들은 단면이 삼각형이고, 처음 나타난 곳에 가만히 있는 것이 아니라 실제 사막처럼 바람 부는 방향으로 열을 지어 표면 위를 움직인다. 잔물결들은 어떤 의미에서도 바람에 '날아가고 있지' 않으며, 그들의 일체화된 움직임은 도약의 본질적인 결과다.

이 움직임은 잔물결 크기의 차이를 평균화한다. 더 작은 잔물결

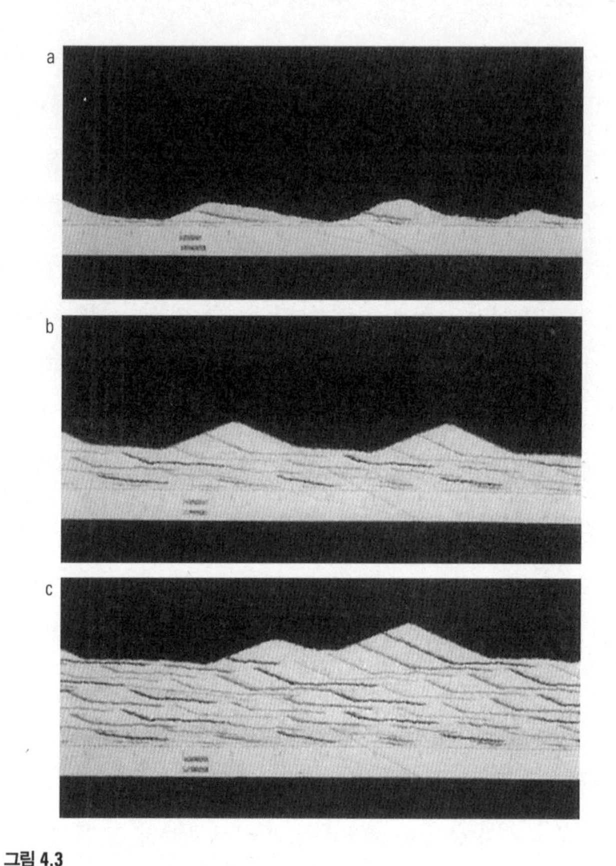

그림 4.3

바람에 날린 모래 퇴적물의 컴퓨터 모형에서 형성된, 자생적인 잔물결.
(a) 잔물결들은 애초에 평평한 표면의 무작위적 불안정성에서 생겨난다.
잔물결들은 도약(알갱이들이 바람을 타고 튀는 것) 때문에 왼쪽에서
오른쪽으로 움직인다. (b) 조그만 잔물결들은 큰 물결들보다 더 빨리 움직이고,
따라서 잔물결들은 그들의 크기, 속도, 그리고 간격이 다소간 균일해질 때까지
서로 충돌하며 알갱이들을 교환한다. (b), (c) 규칙적인 간격으로 투입된
'물들인' 알갱이들은 서로 다른 층들이 형성하는 패턴을 드러낸다.

들은 큰 물결들보다 더 빨리 움직이는데, 그 이유는 단지 더 적은 물질을 함유하고 있어 더 쉽게 운반되기 때문이다. 하지만 그들이 더 큰 잔물결을 앞지를 때, 작은 물결은 큰 물결과 크기가 비슷해지고 따라서 속도가 다소 비슷해질 때까지 큰 물결에서 모래를 '훔친다.' 그들은 개별적 알갱이들의 너비의 수백 배다. (그림 4.3b 참조)

이런 모의실험에서 알갱이들이 퇴적된다는 것은 모래 바닥의 두께가 점차 높아진다는 뜻이다. 현실 세계에서 그런 바닥들은 후대까지 남을 수 있다. 알갱이들 사이의 간극에 물이 스며들고, 거기 침전된 광물질들이 그 간극을 메워 영구적인 바위가 된다. 그런 퇴적암들은 풍성(바람으로 만들어진) 사암이라고 한다. (영어로 풍성암은 에올리언 샌드스톤(aeolian sandstone)인데, 에올리언(aeolian)은 그리스 신화 속 바람의 왕 아이올루스에서 온 단어다.) 포레스트와 하프는 컴퓨터 모형에서 바람에 날려 온 알갱이들을 규칙적 간격을 두고 인공적으로 색칠해서, 바닥이 점점 두꺼워지면서 퇴적된 물질이 어떻게 자리 잡는가를 보여 주는 표지와 같은 '채색된' 층들을 퇴적시킬 수 있었다. 그들은 퇴적 속도에 따라 다양한 패턴들을 찾아냈는데(그림 4.3b~c 참조), 그 패턴들은 천연 풍성 사암에서 볼 수 있는, 어떤 환경적 변화(예를 들어 그 모래 성분의 화학적 변화와 그것으로 인한 색 변화) 때문에 각 시대에 서로 다른 물질이 축적되면서 만드는 패턴들을 닮았다.

모래 언덕의 행군

위에서 보면 잔물결들이나 구불구불한 사구를 가진 평야들(그림 4.4 참조)은 양쪽 다 대류 현상과, 그리고 내가 『모양』에서 이야기한 화학적 '활성-억제제' 패턴에서 볼 수 있는 지문 같은 줄무늬들을 닮았다. (특히 잔물결들이 없어지거나 둘로 나뉘는 부분 참조) 독일 튀빙겐의 막스 플랑크 연구소에 있는 생물학자 한스 마인하르트(Hans Meinhardt, 1938년~)는 이런 모래 패턴들의 형성이 실상 활성-억제제 시스템과 근본적으로 닮았다고 말한다. 여기서 패턴 특질들의 단기적 '활성화'(시작)는 그들의 장기적 억제(억압)와 힘을 겨룬다. 사구들은 바람에 날려온 알갱이들이 쌓여 형성된다. 잔물결이나 사구는 성장하는 과정에서 더 많은 모래를 공중에서 모아 성장에 박차를 가한다. 그렇지만 그렇게 하면서 사구는 바람으로부터 모래를 빼앗고 또 바람을 받지 않는 영역을 보호하는데, 그 두 작용 모두 근처에 다른 사구가 형성되지 않도록 억제한다. 이 두 과정 사이의 균형은 사구들의 평균 거리를 일정하게 유지한다. 그러나 그 패턴은 멈추지 않고, 마치 모래가 잔물결을 일으키듯 사구는 마치 춤을 추듯 우아하게 변하며 꾸준히 움직이고 있다. 개별 구성 요소들이 바뀔 때도 패턴은 변하지 않는다.

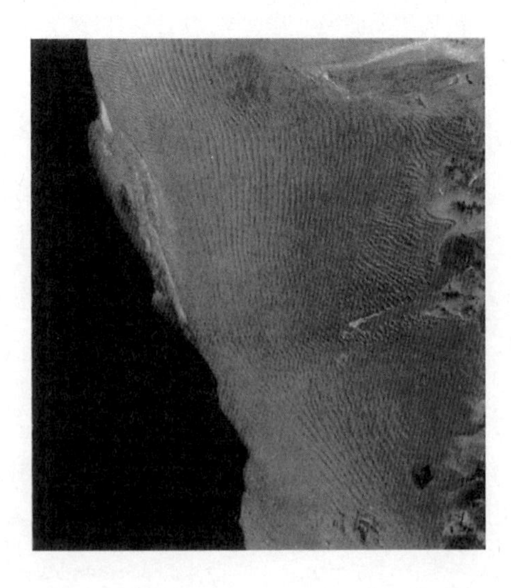

그림 4.4
남서아프리카 나미브 사막의 선형 사구. 여기 보이는 영역은 왼쪽에서 오른쪽으로 대략 160킬로미터다.

아마도 가장 친숙한 사구의 유형은 모래 잔물결과 동일한 파도 같은 형태일 것이다. 이 사구는 마루가 선형이지만 약간 구불구불하며 바람 부는 방향에 직각으로 놓여 있다. 이것들은 횡사구 또는 선형 사구(그림 4.4 참조)라고 불린다. 한편 우세풍에 평행한 마루를 형성하는 사구는 종사구라고 한다. 어떤 사구들은 다양한 방향으로 뻗는 방사형 팔들을 가졌는데, 이들은 성사구다. (그림 4.5a 참조) 바르한 사구들은 초승달 모양이고, 그 뿔은 바람 부는 방향을 가리킨다. (그림 4.5b 참조) 늘 전진 중인 바르한 사구들은 바르한 이랑이라는 파도형 마루들로 통합될 수 있다. 바르한 사구들의 움직임이 기록된 것은 신기한 우연 덕분이었다. 1930년에 배그널드는 북수단으로 가는 원정대에 참여해 바르한 사구의 바람이 닿지 않는 쪽에 하룻밤 텐트를 쳤다. 다음날 아침 일행은 빈 깡통들을 변하는 모래 속에 파묻히도록 내버리고 떠났다. 그로부터 50년 후, 이 버려진 쓰레기들이 사막 바닥에 그대로 드러나 있는 것을 미국인 지질학자 칼렙 밴스 헤인스(Caleb Vance Haynes, Jr., 1928년~)가 발견했다. 헤인스는 그것이 진짜임을 확인할 수 있었다. 거대한 바르한 사구는 그 쓰레기 더미의 오른쪽으로 움직여서 이제는 150미터쯤 떨어진 곳에 가 있었다.

이 다양한 사구 유형들은 바람과 모래의 상호 작용이 만드는 보편적 형태들처럼 보인다. 그들 모두의 근원은 우리 행성에 있는 다른 낯선 것들과 더불어 화성의 먼지에서 찾을 수 있다. (그림 4.6 참조) 그렇다면 우리가 물어야 할 것은 그저 어떻게 사구들이 형성되는지가 아니라, 근본적으로 동일한 알갱이 전송 과정(도약)이 어떻게 서로 다른 몇 가지 형태들을 발생시키느냐다.

특정한 종류의 사구들의 모양과 크기와 배치를 설명하기 위해

그림 4.5
사구는 몇 가지 특징적인 모양이 있는데, 그중에는 (a) 팔이 여럿 달린 성사구, (b) 초승달 모양의 바르한 사구가 있다.

많은 모형들이 제시되었고, 그중 일부는 진화하는 사구 모양과 바람이 흐르는 패턴 사이의 다소 복잡한 상호 작용의 힘을 빌렸다. 배그널드는 어쩌면 뜨거운 사막 표면 위에서 공기의 대류로 발생하는 나선 바람들 때문에 종사구들이 만들어질지도 모른다고 주장했다. 사구 연구의 또 다른 초기 개척자인 영국인 지리학자 본 코니시(Vaughan Cornish, 1862~1948년)는 20세기 초에 성사구들이 사막 마루 위 대류 세포들의 핵심에 형성된다는 이론을 제시했다. 꾸준하든, 방향이 바뀌든, 빠르든 느리든, 바람의 특성이 그것이 만드는 사구의 유형에 큰

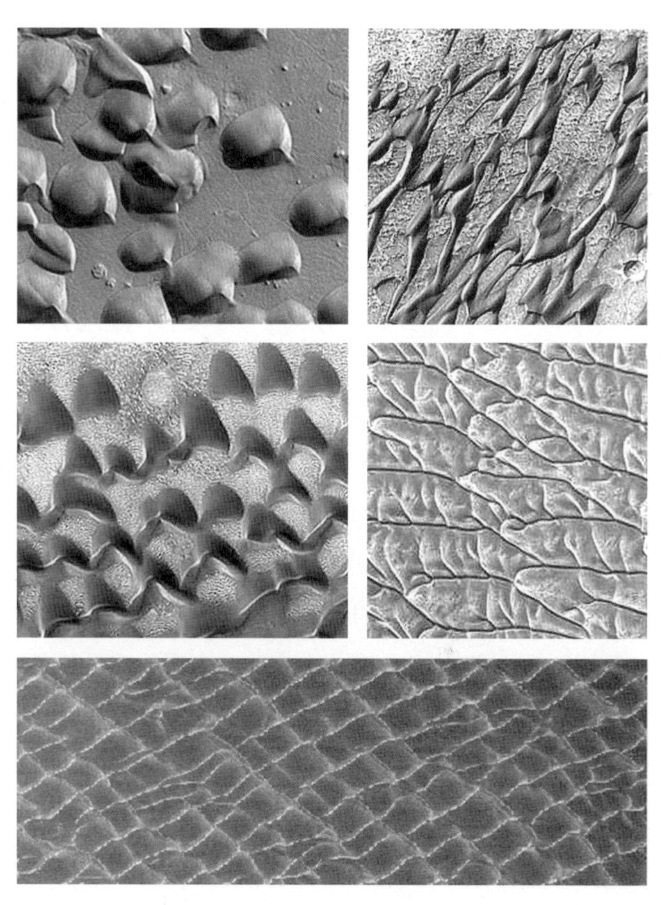

그림 4.6

흔치 않은 사구 유형의 일부는 화성 표면에서 볼 수 있다.

영향을 미치는 것은 분명하다. 사구 형성에 사용할 수 있는 모래의 양이 얼마나 되는지도 중요하다. 모래의 공급이 풍부할 경우에는 횡사구가 만들어지기 쉬운 반면, 모래가 더 적은 환경에서는 종사구나 바르한 사구가 형성된다. 사구 자체가 자라면서 주변 공기의 흐름을 바꾼다는 사실은 식생의 유무나, 기저에 놓인 복잡한 지형과 더불어 그 복잡성을 한층 더해 준다. 이른바 잡목사구(coppice dune)는 조그만 식생 덩어리들이 모래를 축적할 때 형성되는 반면, 상승 사구(climbing dune), 메아리 사구(echoing dune)와 하강 사구(falling dune)들은 언덕과 같은 지리적 환경 조건들 때문에 만들어진다.

그렇다면 우리는 과연 사구를 만드는 요인들에 관해 뭔가 일반적인 이야기를 할 수는 있을까? 워너는 서로 다른 조건들 하에서 서로 다른 사구 유형들을 생성하는 컴퓨터 모형을 하나 개발했다. 그는 따로따로가 아니라 판 같은 '꾸러미로' 운송되는 알갱이들을 상상한다. 이 알갱이들은 원래 거친 돌바닥 위에 무작위로 흩어져 있다가 바람에 무작위로 집어 올려진다. 한번에 정해진 거리만큼 옮겨진 후, 각 꾸러미는 다시 퇴적될 특별한 기회를 얻는다. 그럴 가능성은 그 꾸러미가 돌투성이 땅보다는 모래로 뒤덮인 땅을 때릴 경우에 더 큰데, 왜냐하면 도약하는 모래는 모래로 된 표면보다는 돌로 이루어진 땅에서 더 잘 튕기기 때문이다. 그리고 모래는 더 부드러운 착륙지를 찾을 때까지 자주 '튕길' 수 있다. 퇴적되지 않을 경우, 그 꾸러미는 다음번 퇴적될 기회를 얻기 전까지 다시 동일한 정해진 거리만큼 운반된다. 만약 어떤 한 지점에서 한 모래 더미의 경사가 너무 가팔라지면 거기서 슬래브들은 경사면이 안정성을 되찾을 때까지 미끄러진다. 한 모래 더미에 허락된 이 경사의 최댓값은 휴식각이라고 불린다. 뒤에 가면 그것이 알갱이 물질의 행동에서 중요한 역할을 한다는 사실을 알게 될 것이다.

이제 워너의 모형은 바람에 날린 모래를 묘사하기에 확실히 좋은 방법은 아니다. 예를 들어 모래 알갱이들을 더 이상 단순화시킬 수 없는 판들로 한데 묶거나 혹은 이것들이 다시 땅을 '때리기' 전에 늘 같은 거리만큼 운반될 것이라는 가정은 좀 이상한 이야기처럼 들린다. 이 중 일부는 이해할 만하지만(사구들은 모래 잔물결들보다 훨씬 커서, 실제로 그것을 알갱이 하나하나 단위로 시뮬레이션하는 것은 가능하지 않기 때문에), 그렇다고 그 가정들이 합리적이라는 뜻은 아니다. 하지만 그 모형은 어떤 결과를 낼 가능성이 있어 보이기는 한다. 워너는 그저 이 재료들만 가지고 바르한, 성사구, 그리고 선형 사구들까지, 모든 주요 사구 유형들을 만들어 냈으니 말이다. (그림 4.7 참조) 바람이 한 방향으로 지배적으로 불 때는 마루가 바람과 직각으로 누운 사구(횡사구)가 형성된다. 반면 바람 방향이 좀 더 변하기 쉬울 때, 사구(종사구)들은 평균적인 바람 방향으로 생겨난다. 특정한 지역적 영향들이 사구 크기와 모양에 영향을 미칠 가능성이 높지만, 워너의 모형은 생성되는 각 사례의 세부 사항들에 의존하지 않고 다양하며 포괄적인 사구들이 생성된다는 매혹적인 특성을 가졌다. 이 그림 안에서 성사구와 바르한 사구들은 강의 지류나 얼룩말의 줄무늬처럼 자연을 이루는 태피스트리

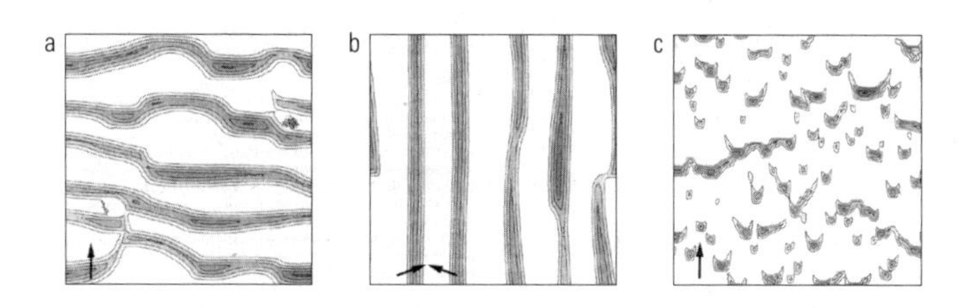

그림 4.7

워너가 고안한 사구 형성의 모형은 다수의 흔한 사구 유형을 만들어 낸다. 그중에는 (a) 횡사구와 (b) 종사구, 그리고 (c) 바르한 사구가 있다. 여기서 나는 퇴적된 물질의 윤곽을 제시했다. 그 모양들은 바람의 방향과 다양성에 달려 있는데, 화살표로 표시되어 있다.

의 필수 불가결한 특색들이다.

독일 슈투트가르트 대학교의 한스 위르겐 헤르만(Hans Jürgen Herrmann, 1954년~) 교수와 동료들은 사구 형성이 그처럼 간단하다는 것을 납득하지 않았다. 그들은 이와 같은 모형들에서 나타나는 사구들의 일부가 그저 이행적 구조들이라고 말한다. 모형을 충분히 오래 돌리기만 하면 형체 없는 모래 바닥들로 사라져 버리리라는 것이다. 그들은 사구 형성의 핵심 요인들이 실제로는 미묘하다고 생각한다. 그것은 바람에 날려온 모래의 공급량이 덩어리마다 어떻게 다른가, 그리고 초기의 사구가 근처의 공기 흐름에 어떻게 영향을 미치는가와 관련되어 있다. 알갱이들은 그저 단순히 직선 궤도를 따라 어느 정해진 각도로 사막 표면을 향해 발사되지 않는다. 그 대신 사구들은 흐름에 장애물로 작용해 흐름의 선을 구부리고 재조직한다. 특히 한 사구의 이랑 위를 흐르는 공기는 우리가 2장에서 본, 다리를 지나는 물의 흐름과 다소 비슷하다. 흐름의 선은 장애물을 둘러 굽어지지만, 바람을 받지 않는 지역에서는 빙빙 도는 소용돌이가 형성될지도 모른다. (그림 4.8 참조) 배그널드는 이 모든 것을 설명했고, 사구들 주위의 흐름을 측정한 결과는 이것이 실제로 일어나는 일임을 보여 주었다. 그것은 바람이 가려지는 쪽의 그림자가 그저 아무런 알갱이들도 닿지 않는 '무

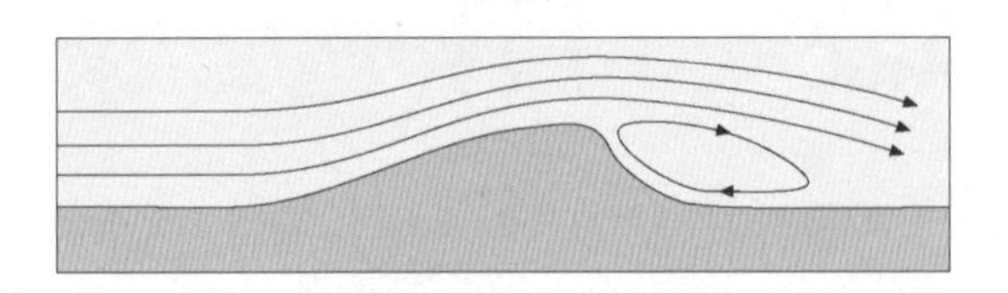

그림 4.8

소용돌이는 사구의 마루 뒤에 형성되어 바람을 받지 않는 면을 침식한다.

풍지대'가 아님을 뜻한다. 여기서는 소용돌이가 바람이 없는 곳에서 모래를 퍼 올려 경사를 침식할 수 있다.

일본 오사카 대학교의 물리학자 가쓰키 아쓰나리(勝木厚成)와 그 동료들은 인공 사구들의 형성에 관한 실험으로 유체 흐름의 이러한 효과가 낳는 극적인 결과 하나를 보여 주었다. 사구들은 보통 실험실에서 연구하기에는 너무 크고 느리게 형성되지만 가쓰키와 그의 동료들은 흐르는 물에 모래를 띄워서 그 과정을 흉내 냈다. 물은 10미터 길이의 고랑으로 알갱이들을 운반해 갔다. 이 실험에서 몇 센티미터 크기의 바르한 모양 사구가 생성되었다. 실제 사구와 꼭 같이, 이 소형 사구들은 뿔을 앞으로 해서 고랑을 점점 내려갔다. (실제 바르한은 바람 부는 방향으로 1년에 수십 미터씩 움직일 수 있다.) 사구의 이동 속도는 그 크기에 달려 있는데, 작은 사구가 더 빨리 움직인다. 이것은 큰 사구 뒤편에 형성된 작은 사구들이 큰 사구를 따라잡아 충돌할 수 있다는 뜻이다.

심지어 어떨 때는 뒤에서 작은 사구가 접근할 때 커다란 사구는 그 둘이 접촉하기도 전부터 쪼개지기 시작한다. (그림 4.9a 참조) 작은 바르한이 큰 바르한에 가 닿을 즈음, 더 큰 사구는 둘로 쪼개졌다. 가쓰키와 동료들은 이 이상한 작용이 일어나는 원인이 작은 사구의 바람 없는 곳에서 뻗어 나오는 유체의 소용돌이임을 알았다. 그것은 큰 사구를 슈토스면에서 먹어치운다.

다른 2종류의 충돌도 있는데, 그 둘은 충돌하는 사구들의 (상대적이고 절대적인) 크기에 의존한다. (그림 4.9b, c 참조) 그중 하나에서는 두 사구가 그냥 통합된다. 그렇지만 다른 충돌에서는, 아마도 몹시 이상하게 들릴 텐데 작은 사구가 큰 사구를 곧장 통과하는 것처럼 보인다. 어떻게 알갱이들이 뒤섞이지 않고 그런 일이 일어날 수 있을까? 이 사

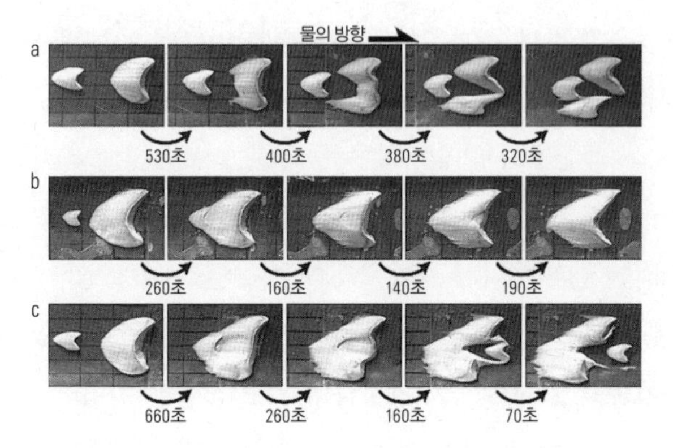

그림 4.9

용수로를 이용해 사구 형성을 모의실험한 결과. 작고 속도가 빠른 사구와 더 크고 더 느린 사구의 충돌은 몇 가지 결과를 야기할 수 있다. (a) 큰 사구는 작은 사구가 접근할 때 둘로 쪼개질 수 있고, (b) 작은 사구는 그냥 합쳐지거나, (c) 분명히 곧장 통과할 수 있다.

구의 충돌을 모의실험하기 위해 컴퓨터 모형을 사용한 헤르만에 따르면 알갱이들은 실제로 뒤섞였다. 그저 작은 사구가 큰 사구를 통과하는 것처럼 보일 뿐이다. 헤르만에 따르면 실제는 작은 사구가 큰 사구를 먹어 치우는 것이다. 작은 사구가 성장하고 느려질 때 큰 사구는 작아지고 빨라진다.

이 모의실험들은 사구 간 상호 작용의 또 다른 유형을 드러냈다. 서로 충돌할 때 큰 사구의 뿔들에서 '아기' 사구들이 태어난다. (그림 4.10a 참조) 이와 같은 작용은 아마도 페루의 해안 사막들에서 관측되는 것처럼 자연에서 서로 다른 크기의 바르한 사구들이 군집을 이루는 현상의 원인일 것이다. (그림 4.10b 참조)

비록 화성의 사구들이 근본적으로 바람에 의한 운반과 도약이라는 동일한 과정으로 형성된다고 생각되지만, 그 붉은 행성에는 중요

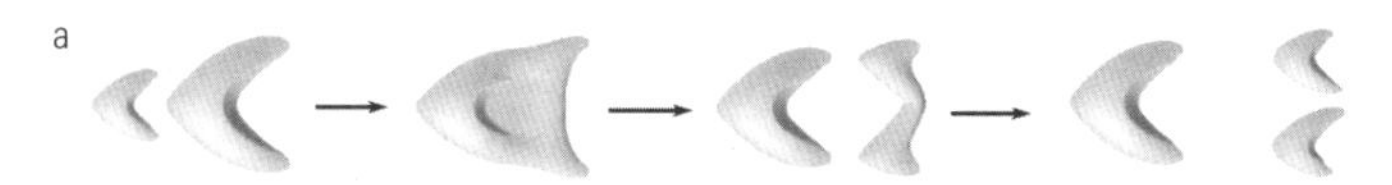

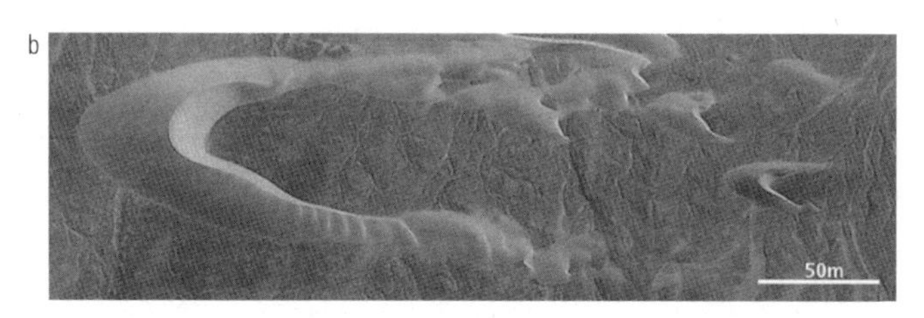

그림 4.10

(a) 컴퓨터를 이용한 사구 형성 모형은 이런 사구 충돌의 다양한 결과 중 하나로 큰 사구의 '뿔들'로부터 두 바르한 사구가 태어나기도 한다는 것을 보여 준다. (b) 이것은 몇몇 사막들에서 보이는 사구들의 군집을 설명해 줄지도 모른다.

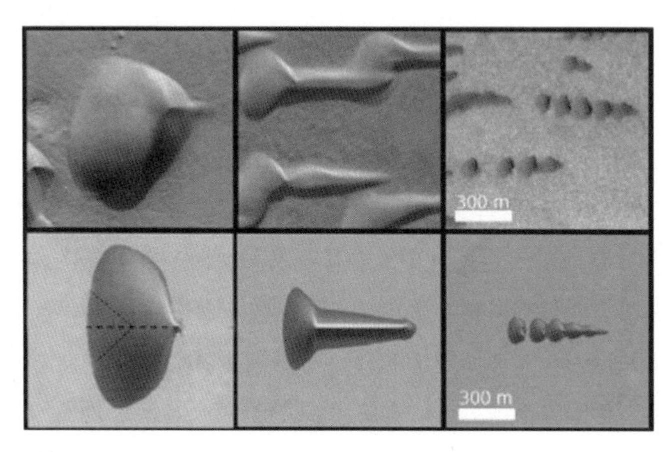

그림 4.11

컴퓨터 모형은 또한 지구보다 대기 압력은 더 낮지만 풍속은 더 높을 수 있는 화성의 사구 모양들도 몇 가지 만들어 냈다. 여기서 위쪽 사진들은 진짜 화성 사구들을 보여 준다. 그리고 아래쪽 사진들은 컴퓨터 모형에서 생성된, 그에 부합하는 형태들을 보여 준다.

한 차이가 하나 있다. 그곳 대기의 밀도는 지구보다 대략 100배 더 낮다. 도약은 오로지 알갱이에 대한 바람의 마찰이 충분히 클 때만 일어나며, 대기가 더 희박한 곳에서는 오로지 바람이 더 클 때만 일어난다. 화성 대기에서 도약이 일어나려면 지구 바람의 10배나 더 강한 바람이 불어야 한다. 그렇지만 실제로 화성에서는 그만큼 강력한 돌풍이 일어난다. 사구 형성 조건이 이런 식으로 다르기 때문에, 일부 사구들의 모양새도 지구와는 다르다. 헤르만과 동료인 에릭 요제프 리바이로 파르텔리(Eric Josef Ribeiro Parteli)는 그들의 모형이 지구에서는 볼 수 없는 화성 사구 모양들 중 일부를 만들어 낼 수 있음을 발견했다. (그림 4.11 참조)

사태의 줄무늬들

자연의 모래 패턴들(소규모 잔물결이나 커다란 사구)이 보여 주는 한 가지 흥미로운 특징은 모래 알갱이들이 크기에 따라 각자 언덕의 다른 부분에 분류된다는 것이다. 모래 잔물결에서, 가장 굵은 알갱이들은 마루에 그리고 슈토스면을 뒤덮은 얇은 표면층에 쌓이는 경향이 있다. 큰 사구들에서는 종종 그것과 정반대다. 가장 잔 알갱이들이 마루에 모이고, 가장 굵은 알갱이들이 고랑에 모인다. 모래가 계속해 쏟아져 내리면서 잔물결들은 점차 서로를 뒤덮고, 그 결과 일련의 겹친 층들이 생겨난다. 굵은 알갱이와 잔 알갱이들이 주기적으로 교대하며 모래 바닥으로 내려간다.

이와 같은 알갱이 크기에 따른 분류는 어떻게 일어날까? 미국 캘리포니아 대학교 산타크루즈 분교의 로버트 앤더슨(Robert S. Anderson, 1952년~)과 커비 부나스(Kirby L. Bunas)는 그 현상이 도약 때문에 일어날 수 있음을 보여 주었다. 그들은 포레스트와 하프의 그것과 다소 비슷한 모형을 연구했는데, 서로 다른 2종류의 알갱이들을 섞어 사용했다는 점만 달랐다. 각각은 서로 다른 스플래시 함수가 있었다. 큰 알갱이들은 다른 종류의 알갱이들을 방출했는데, 왜냐하면 그들의 충돌이 좀 더 강력했기 때문이다. 또한 충돌하는 알갱이의 크기와 속도는 그것이 부딪히는 바닥의 구성과 더불어 '스플래시'를 구성하는 작고 큰 알갱이들의 상대적 혼합 방식을 결정한다. 따라서 충돌을 지배하는 법칙들은 매우 복잡하다. 그렇지만 그들의 전체 결과는 충돌에서

a

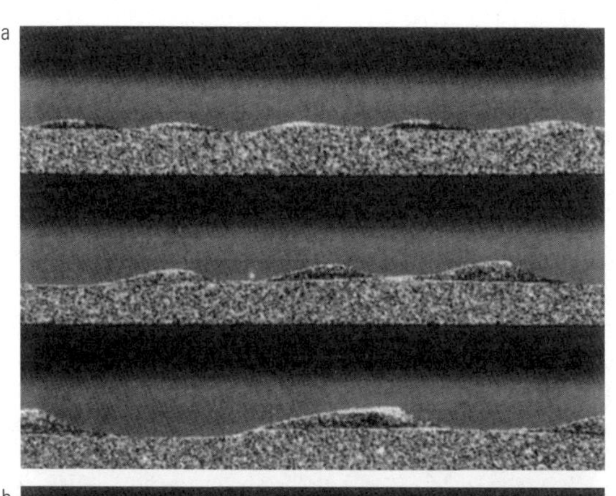

b

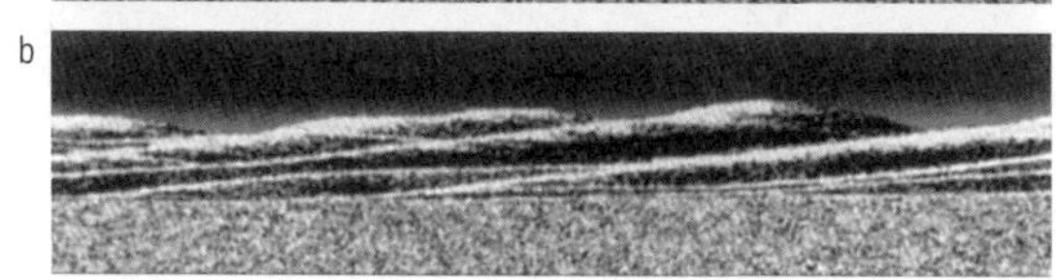

그림 4.12

서로 다른 크기의 알갱이들은 모래 잔물결과 사구들에서도 서로 분리된다. (a) 여기서 컴퓨터 모형은 모래 잔물결들이 바람 받는 비탈, 그리고 특히 마루에 굵은 알갱이들(흰색)을 쌓는 경향이 있음을 보여 준다. (b) 쌓인 층이 점차 두꺼워질 때, 퇴적된 모래에는 층이 지기 시작한다.

더 작은 알갱이들이 우선적으로, 그리고 더 높은 속도로(그것은 그들을 더욱 멀리 운반한다.) 확산되는 경향이 있다는 것이다. 따라서 충돌들의 전반적 효과로 모래 바닥의 표면은 더욱 거칠어진다.

슈토스면의 경사는 현실의 잔물결들에서 보았듯이 더 많은 충돌을 당하기 때문에 더욱 거칠어진다. (그림 4.12a 참조) 그리고 더 큰 알갱이들은 더 작게 도약하기 때문에 슈토스면의 경사를 따라 점차 올라가고, 그 마루 바로 위를 살짝 뛰어넘어 충돌 그림자 안에 있는 리 경사 꼭대기의 보호된 영역으로 간다. 여기서 그들이 충돌을 피하며 그대로 남아 있을 때, 더욱 거친 알갱이들은 점차로 그들 위로 올라간다. 한편 작은 알갱이들은 더욱 높이 튀고, 따라서 가장자리를 넘어 리 경사의 더 낮은 부분들로 튄다. 그 결과로 잔물결의 마루들에는 특히 거친 알갱이들이 풍부한데, 이것도 자연에서와 마찬가지다.

여기서 완만하게 볼록한 슈토스면의 경사와 그보다 더 가파르게 오목한 리 경사로 잔물결이 비대칭을 이룬다는 점을 주목하자. 이 모양은 포레스트와 하프의 모형의 삼각형 언덕보다 실제의 모래 잔물결에 훨씬 더 가깝다. 그것은 도약과 스플래시를 한층 섬세하게 처리하면 실제 과정을 흉내 내는 데 더 도움이 된다는 사실을 보여 준다. 그리고 잔물결들이 멈춰 있지 않고 바람 방향으로 서서히 움직이기 때문에, 잔물결 마루들에 있는 굵은 알갱이들은 슈토스면의 경사 밑동에 파묻혀 있다가 잔물결들이 그 위를 지나갈 때 다시 발굴되는 과정을 되풀이한다. 알갱이들은 영원히 산을 오르고 있다. 따라서 모래 바닥이 점차 두터워질 때, 마루에는 풍성 사암의 분리된 층들을 흉내 내듯 거친 층과 섬세한 층들이 여러 겹 교대로 놓인다. (그림 4.12b 참조)

다른 유형의 알갱이들을 층으로 나누는 자연의 자기 조직 능력을

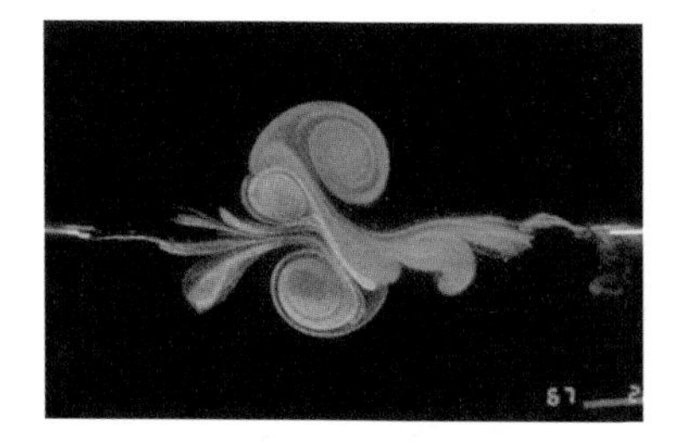

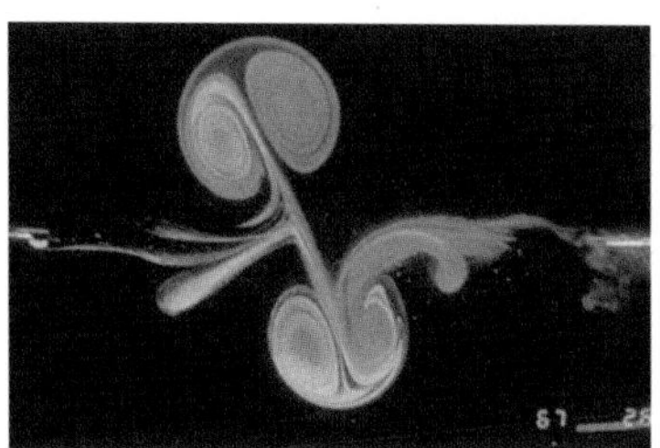

도판 1 두 쌍극성 소용돌이들이 충돌할 때, 그 구조들은 온전히 자신들을 유지한다. 버섯 같은 머리들은 소용돌이들을 서로 교환하고 새로운 방향으로 떠난다. 여기서는 염료로 채색된 그들을 식별할 수 있다.

도판 2 목성의 대적반은 난류에서 나타나는 일관적 구조의 한 예다. 그것은 목성의 소용돌이치는 대기에서 거의 180년간 모습을 유지했다. 그 밖의 단기적인 구조들은 나타났다 사라졌다.

도판 3 목성을 에워싼 띠들은 구역 제트라는 흐름 패턴들이다.

도판 4 목성 대기 흐름에 대한 컴퓨터 시뮬레이션 이미지이다.
(a) 이 이미지에서 목성의 한 반구는 납작한 원반 형태이고, 기체들이 그 주위를 돌고 있다. 두 소용돌이들은 처음부터 흐름에 각인되어 있으며 하나(붉은색)는 평균 흐름과 동일한 방향으로, 그리고 다른 하나(파란색)는 반대 방향으로 돌고 있다. 이들 중 첫째는 비록 흐름은 난류이지만 시간이 지나면서 안정성을 유지한다. (꼭대기에서 밑바닥으로 그리고 왼쪽에서 오른쪽으로) 그러나 둘째는 끌어당겨져, 작은 소용돌이들의 덩어리로 깨진다. (b) 그러고 나서 붉은 소용돌이들은 이런 작은 소용돌이들을 삼켜 그들을 전체적 흐름에서 제거한다. 평균 흐름과 동일한 회전 방향을 가진 두 커다란 소용돌이들은 하나로 합쳐진다. '외눈' 상태는 이 계의 안정적 상태다.

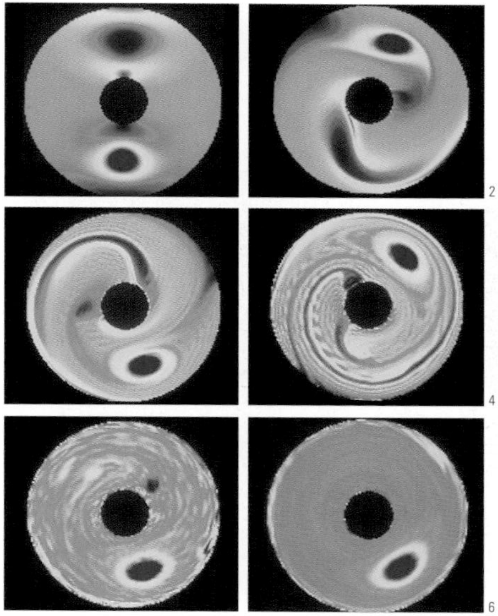

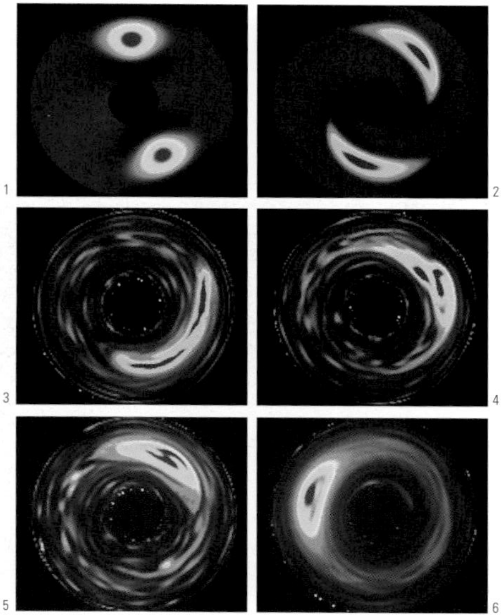

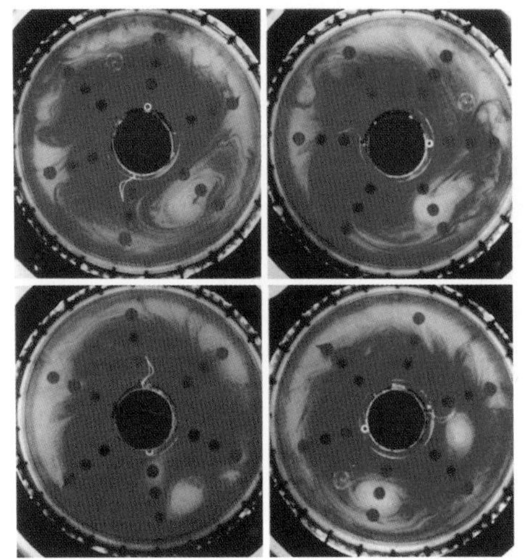

도판 5 목성의 흐름에 대한 이 모의실험에서, 모형 '적반'이 형성되는 것을 탱크 속 유체에 주입된 염료를 통해 확인할 수 있다. 4장의 스냅 사진에서 확인할 수 있듯이 적어도 한 소용돌이는 끝까지 사라지지 않는다.

도판 6 사구는 장엄한 규모로 스스로 조직된 패턴들이다.

이용하는 방식 중에는 그 밖의 무척 다른 종류도 있다. 그 방식은 단순한 동시에 안정적이기 때문에, 나는 시연 강의에서 패턴이 얼마나 쉽게 형성될 수 있는가를 보여 주려고 그것을 몇 차례 사용한 적이 있다. 그 과정은 1995년에 보스턴 대학교 에르난 알레한드로 막세(Hernán Alejandro Makse), 해리 유진 스탠리(Harry Eugene Stanley, 1941년~)와 그 동료들이 발견했는데, 사실 너무나 단순해서 그보다 더 일찍 명확히 설명되지 않았다는 점이 오히려 놀라울 정도다. 여러분이 해야 할 일은 그저 서로 다른 크기와 모양의 알갱이들(굵은 설탕과 가는 모래면 충분하다. 패턴은 서로 다른 색이 아니라면 알아보기 쉽지 않다.)을 뒤섞고 그것들을 쏟아부어 더미를 만드는 것뿐이다. 알갱이들이 점점 높이 쌓이고 비탈을 굴러 내려올 때, 두 유형의 알갱이들은 비탈에 평행한 층을 이루며 서로 분리된다. 이것은 단면도(원뿔형 언덕의 한 단면)를 볼 수 있는

그림 4.13

서로 크기와 모양이 다른 두 유형의 알갱이들(여기서 서로 다른 색으로 염색된)을 잘 섞어 두 판 사이의 좁은 공간에 부으면 양 유형은 저절로 줄무늬를 이루며 분리된다. 또한 알갱이들의 분리도 주목할 것. 경사의 왼쪽 꼭대기에는 한 유형이 있고 오른쪽 밑동에는 다른 유형이 있다.

2차원 더미에서 가장 쉽게 볼 수 있다. (그림 4.13 참조) 그 혼합물[10]을 투명한 유리나 페르스펙스(특수 아크릴 수지) 두 장 사이의 틈에 부어 넣으면 된다. 그 더미가 충분히 커지기만 하면 경사면에는 일반적인 사태(沙汰)가 일어난다. 여러분은 아마 그 줄무늬가 눈앞에 펼쳐지는 것을 보고 약간 놀라게 될 것이다.

이러한 패턴 형성은 직관을 부정하는 것처럼 보인다. 마치 시간이 거꾸로 흐르는 듯하기 때문이다. 우리는 이와 같은 혼합물이 저절로 알아서 분리될 것이라고 기대하지 않는다. 사실 나는 『모양』에서 열역학 제2법칙이 그것을 금한다고 이야기했다. 그 법칙에 따르면 시간이 흐르면서 사물은 **더욱** 질서를 잃고 뒤죽박죽이 되어야 한다. 더욱이 그 알갱이들은 그냥 흩어지는 것이 아니고, 줄무늬의 폭 등이 일정 배율로 분리된다. 이 층을 이룬 사태들은 확실히 지난 수세기 동안 산업, 공학, 그리고 농업에서 그 모습을 드러냈다. 서로 다른 곡식들이 뒤섞이거나 모래가 호퍼(곡물이나 석탄, 사료 같은 것들을 아래로 내려보내는 데 쓰는 V자형 용기 — 옮긴이) 위로 부어질 때 일어나는 현상이 그러한 예다. 그렇지만 아마도 그 층들은 원뿔형 덩어리 안에 모습을 감추고 있었으리라.

여러분이 실제로 실험을 하면 그 층 분리가 특징적인 방식으로 일어난다는 사실을 보게 될 것이다. 각 사태는 한 쌍의 줄무늬를 생성하는데, 그것은 처음에 경사 밑바닥에서 나타났다가 경사면에 일종의 뒤틀림을 그리며 다시 올라간다. 맨 꼭대기의 줄무늬는 더 큰 알갱이들로 이루어져 있다. 막세와 동료들은 이 분류 과정의 핵심이, 더 큰 알갱이들이 작은 알갱이들보다 그 경사를 좀 더 자유롭게 굴러 내려온다고 주장했다. 이와 동일한 효과를 바위 사태에서도 볼 수 있다. 바위 사태가 일어나면 작은 바위들이 더 위쪽 비탈에 박혀 있는 반면 가장 큰 바위들은 경사 아래쪽으로 굴러떨어진다. 결과적으로 경사는 알갱이들이 작을 경우보다는 클 경우에 더 매끈해 보인다.

큰 알갱이들은 밑바닥까지 더 빨리 내려가므로, 더미의 밑바닥에서는 알갱이들의 분리가 일어난다. 알갱이들은 거기 쌓여 경사에 뒤틀림을 만든다. 그러고 나서 알갱이들이 연쇄적으로 굴러 내려와 그 뒤틀림에 도달할 때, 먼저 멈추는 것은 작은 알갱이들인데, 왜냐하면 큰 것들은 거기에 자리 잡기가 더 힘들기 때문이다. 그래서 작은 알갱이들이 먼저 퇴적되고, 큰 것들은 꼭대기에서 멈추어 비틀림을 다시 경사 위쪽으로 움직이게 만든다.

이것을 단순한 모형로 연구하려면 우리는 언제 사태가 시작되는지에 관해 구체적인 기준 같은 것을 세워야 한다. 알갱이들의 더미가 가진 이러한 성질은 잘 알려진 문제인데, 알갱이 설탕과 쌀이 담긴 그릇을 사태가 일어날 때까지 기울이면 직접 관찰할 수 있다. 우선 그 알갱이들의 표면을 부드럽게 매만져 둘 다 수평을 이루게 한다. 그러고

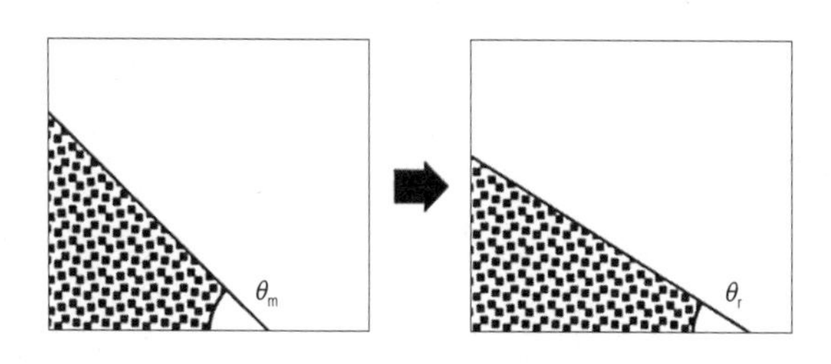

그림 4.14

알갱이 더미는 여기에 θ_m으로 표시된 최대 안정각이라는 임계 각도에서 사태를 겪을 것이다. 그 사태는 경사를 휴식각(θ_r)이라는 안정적 각도로 '완만해지게 만든다.' 이 각도들은 일반적으로 각 알갱이들의 모양에 따라 다르다.

나서 한 층의 알갱이들이 일어나 경사를 굴러 내려올 때까지 그릇을 서서히 기울인다. 여러분은 임계 각도가 존재한다는 사실을 알게 될 것이다. 사태가 일어나기 시작하는 그 각도는 최대 안정성 각도라고 한다. 그리고 사태가 끝나면 그릇 속 알갱이들의 경사는 안정적인 값으로 줄어들 것이다. (그림 4.14 참조) 이것은 **휴식각**이라고 불린다. 반복되는 사태는 한 더미의 알갱이들이 얼마나 높이 쌓이든 경사가 동일한 휴식각에 이르러, 어느 정도는 항구성을 유지하게 만든다. 이런 '사태 각도들'은 알갱이 모양에 달렸다. 그 각도는 설탕보다 쌀알이 더 크다. 한편 알갱이 설탕, 정제당과 쿠스쿠스(모두 굵은 구형 알갱이다.)는 이 식탁 실험의 정확성에 따라 다르기는 해도 비슷한 안정각을 갖고 있다.

막세가 첫 실험을 모래와 설탕을 갖고 하기로 마음먹은 데는 우연이 큰 역할을 했다. 모래와 설탕은 알갱이 **모양**이 약간 달라서, 최대 안정각과 휴식각도 서로 약간 다르다. 서로 다른 알갱이 크기만으로는 그냥 더 큰 알갱이들이 경사 밑동에 쌓이는 조야한 수준의 분리가 일어나는 것이 고작이고, 층 분리를 만들지 못했을 것이다. 그와 동료들이 개발한 모형에서도 그러했고, 그들은 이 차이를 모양에서 서투르나마 모방하려고 했다. 그들은 두 가지 알갱이의 모양을 고려했는데, 하나는 정사각형이고 하나는 직사각형이었다. 이들을 더미 위에 떨어뜨려서 쌓여 기둥을 이루게 했다. (그림 4.15 참조) 이것은 '모형 만들기'가 물리학에서 무엇을 의미하는가를 알려 주는 좋은 표본인데, 당연한 사실이지만 실험에서 알갱이들은 분명히 정사각형도 직사각형도 아니고, 규칙적인 수직 기둥들을 이루며 쌓이지도 않기 때문이다. 그 방법은 그런 단순화가 중요한지 아닌지를 결정하기에 달렸다. 여기서 연구자들은 그 조건들이 모형으로 실제 일어나는 일을 모방하는 데에

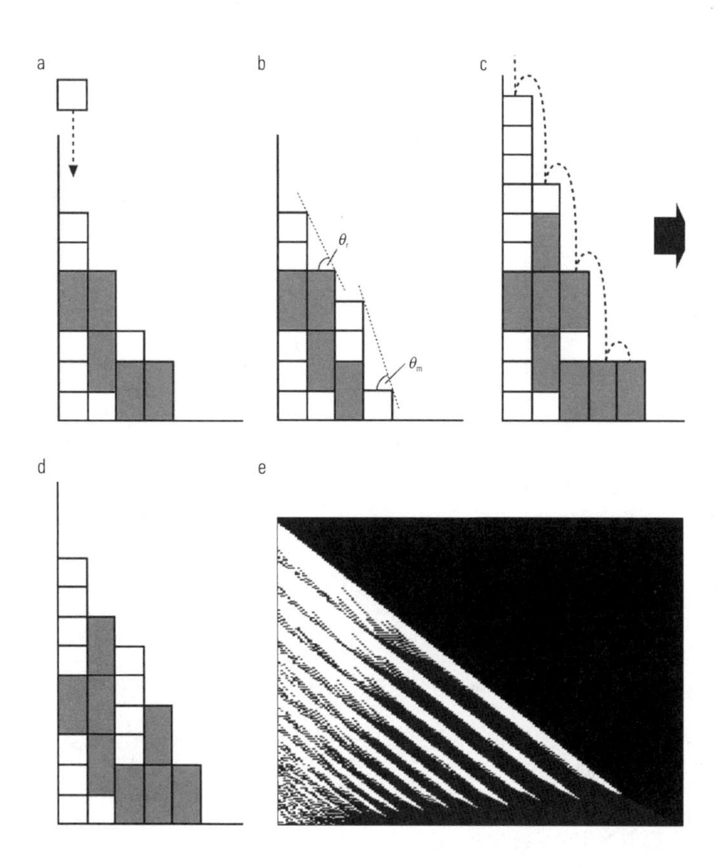

그림 4.15

층 분리 사태가 어떻게 일어나는지를 나타내는 단순한 모형. 이것은 두 유형의 알갱이들이 정사각형과 직사각형으로 서로 다른 모양을 갖고 있다고 가정한다. (a) 알갱이들을 쏟아 부으면 기둥을 이루며 쌓이는데, 직각 알갱이들은 똑바로 선다. 두 기둥 사이의 높이 차이는 직사각형 알갱이 폭의 3배를 넘지 않도록 제한한다. 이것은 최대 안정각 θ_m을 규정한다. 그리고 사태가 일어나면 경사가 완만해져서 인접한 기둥들 사이의 높이 차이가 어디서든 그 폭의 2배를 넘지 못한다. (b) 이것은 휴식각 θ_r의 각도를 규정한다. 만약 더미 꼭대기에 더해진 새로운 알갱이가 θ_m보다 더 큰 경사를 만들면 그것은 안정적인 위치를 찾을 때까지 기둥에서 기둥으로 차례로 굴러떨어진다. (c) 만약 이것이 더미 맨 밑까지 굴러떨어지면, (d) 전체 경사에서는 모든 지점의 경사가 θ_r와 동일해질(또는 그보다 작아질) 때까지 사태가 일어난다. (e) 비록 아주 간단히 도식화하기는 했지만, 그 모형은 실험에서 보이는 것과 동일한 종류의 분리와 층을 생성한다.

방해가 되지 않을 것이라고 판단했다.

그 더미에는 특징적인 휴식각과 최대 안정각 θ_r와 θ_m이 배정되었다. θ_m보다 더 큰 국지적 경사를 만들기 위해 더미에 알갱이 하나를 떨어뜨리면 그 알갱이는 경사가 θ_m과 동일하거나 더 작은 지점을 찾아낼 때까지 기둥에서 기둥으로 떨어졌다. 만약 모든 지점의 경사가 θ_m과 동일하면 그 알갱이는 밑바닥까지 쭉 떨어진다. 이것은 그 경사가 사태가 일어나기 쉽다는 신호다. 막세와 동료들은 한 알갱이가 더미 맨 밑바닥까지 굴러 내려가면, 경사면에 있는 모든 알갱이들은 밑바닥에서 시작해 모든 곳의 경사가 휴식각 θ_r로 완만해질 때까지 튕겨 내려간다고 규정했다.

이 모형은 줄무늬진 사태(그림 4.15e 참조)를 다시 만들어 낸다. 큰 알갱이들은 '더 크고' 따라서 작은 알갱이들보다 경사를 더 가파르게 만들기 때문에 좀 더 쉽게 튕긴다. 이것은 더 큰 알갱이들이 바닥에 가서 멈추면서 알갱이들이 분리되는 이유를 설명해 준다. 한편 층 분리는 서로 다른 알갱이 모양들, 따라서 서로 다른 휴식각과 최대 안정각에서 생겨난다. 이 단순한 모형은 실험에서 일어나는 모든 일을 설명해 주지 않는다. 예를 들어 여러분이 층 분리를 제대로 확보하려면 쏟는 속도도 제대로 맞춰야 한다. (너무 빠르면 안 된다.) 이것은 알갱이들이 어떻게 충돌하느냐와 관련이 있는데, 모형에서는 그 부분에 큰 주의를 기울이지 않았다.

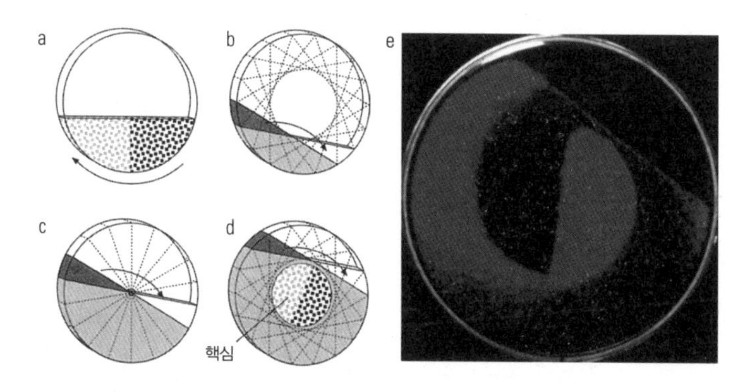

그림 4.16

(a) 회전하는 드럼 속에서는 사태가 일어나면서 원래 두 부분으로 나뉘었던 알갱이들이 하나로 섞일 것이다. (b)~(d) 드럼이 돌아가면서 경사가 최대 안정각을 넘어설 때마다 사태가 잇따라 일어난다. (b) 그것은 여기서 어둡게 보이는 부채꼴을 흰색으로 보이는 부채꼴로 이동시킨다. 만약 드럼이 절반 이하로 차 있다면 부채꼴들은 서로 겹치고, 두 유형의 알갱이들은 결국 완전히 뒤섞이게 될 것이다. (c) 만약 그 드럼이 정확히 절반만큼 차 있으면, (d) 부채꼴들은 서로 겹치지 않으므로 혼합은 오로지 각 부채꼴 안에서만 따로따로 일어난다. 드럼이 절반 이상 차 있으면 사태가 절대로 일어나지 않는 중간의 핵심이 있다. (e) 그리하여 이 원 영역은 절대로 섞이지 않는다. 이 섞이지 않는 핵은 실험에서 명확히 확인할 수 있다.

드럼을 굴려라

벽돌공들은 잘 알겠지만, 시멘트 믹서의 돌아가는 드럼통은 가루들을 뒤섞을 수 있다. 하지만 그 작용에는 대체로 물이 더해진다. 만약 그 가루들이 건조하다면 드럼이 아무리 많이 돌아가더라도 완벽한 혼합은 아마 일어나지 않을 것이다. 미국 일리노이 노스웨스턴 대학교의 줄리오 마리오 오티노(Julio Mario Ottino)와 동료들은 다른 색으로 염색되었다는 점만 빼면 동일한 2종류의 소금을 섞으려다가 이 사실을 분명히 알았다. 처음에 그 둘은 따로따로 나뉘어 있었다. (그림 4.16a 참조) 드럼이 천천히 돌아가는 동안은 알갱이 원료의 층이 움직이지 않고 그대로 있다가 드럼이 휴식각을 넘어 기울면 꼭대기 층이 사태를 일으켜 쓸려 내려간다. (그림 4.16b 참조) 이것은 그림에서 한 부채꼴을 이루는 알갱이들을 경사 꼭대기에서 밑바닥까지 운반한다. 드럼은 다른 부채꼴이 미끄러질 때까지 계속해서 회전한다.

각 사태에서 그 안의 알갱이들은 서로 뒤섞인다. (여기서는 줄무늬 분리는 일어나지 않는데, 왜냐하면 오직 알갱이의 색만이 다르기 때문이다.) 그러니 각 연이은 부채꼴들에서 가루들은 점차로 서로 뒤섞인다. 하지만 부채꼴들 상호 간에도 알갱이들이 교환되고 뒤섞이는가? 만약 그 드럼이 절반 이하로 차 있다면 그렇게 될 것이다. 왜냐하면 각 부채꼴의 조각들은 서로 교차하기 때문이다. (그림 4.16b 참조) 그렇지만 드럼이 정확히 절반만큼 차 있을 때 그 부채꼴은 더 이상 겹치지 않는다. (그림 4.16c 참조) 그러면 뒤섞이는 작용은 각 부채꼴들 내에서만 일어난다. 만약 드럼이 절반 이상 차 있다면 놀라운 결과를 볼 수 있다. 드럼의 바깥쪽 부분들에는 사태와 혼합이 일어나는 영역들이 있지만, 중심 영역에는 절대로 미끄러지지 않는 물질의 핵이 있다. (그림 4.16d 참조) 따라서 이 핵에서 처음에 분리되어 있던 알갱이들은 드럼이 아무리 많이 돌아간 후라 해도 원래대로 분리된 상태를 유지한다. (그림 4.16e 참조) 이론상으로 여러분은 이 핵을 허물어뜨리지 않으면서 이 시멘트 믹서를 영원히 돌릴 수 있다.

여러분이 심지어 잘 섞인 알갱이들로 가득한 통을 가지고 시작한다 해도, 이것이 굴러떨어질 때 반드시 그 상태를 유지하리라는 법은 없다. 1939년에 오야마 요시티시(Oyama Yositisi)라는 일본 연구자가 회전하는 원통형 튜브에서 알갱이들을 돌리면 알갱이들이 띠를 이루어

a

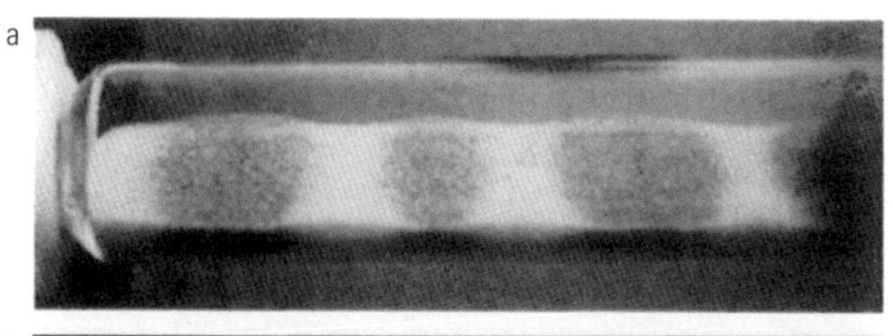

b

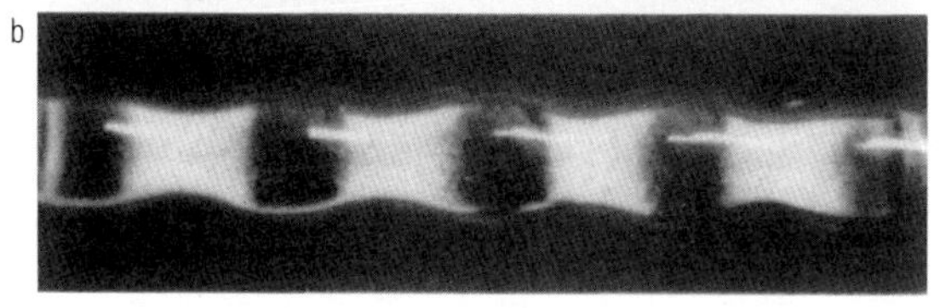

그림 4.17

(a) 모양이 서로 다른(따라서 휴식각도 다른) 알갱이들은 한 원통형 튜브 안에서 돌아갈 때 띠를 이루어 나뉠 것이다. 여기서 짙은 색 띠들은 모래, 밝은 색 띠들은 유리 공들로 되어 있다. (b) 단면도가 물결 모양인 튜브의 경우, 크기 차이만으로는 이 알갱이들을 병목과 배에 따로따로 갈라놓을 수 없다.

분리된다는 사실을 발견했다.[11] (그림 4.17a 참조) 튜브가 절반 넘게 차 있다면 더 큰 공들은 목 부분에 모이지만 절반 못 미치게 차 있다면 배 부분에 모인다. 이 모든 분리 과정에서 핵심은 알갱이들이 그 튜브의 그저 일부분만을 채우고 있어야 한다는 것이다. 표면에 알갱이들이 사태를 일으키며 굴러갈 여유 공간이 있어야 하기 때문이다.

이스라엘 바이츠먼 과학 대학원의 조엘 스타반스(Joel Stavans)와 동료들은 이 '오야마 효과'(응당 그 이름이 붙을 만하지만 이 효과는 아직 널리 알려지지 않았다.)가 어쩌면 서로 뒤섞인 다른 종류들의 알갱이들을 분리하는 데 이용될지도 모른다고 제시했다. 그들은 이 띠 현상이 알갱이의 서로 다른 두 성질 간의 복잡한 상호 작용 때문에 일어난다고 말한다. 서로 다른 휴식각, 그리고 튜브 가장자리와의 마찰 상호 작용의 차이다. 이런 가정들을 바탕으로 굴러 떨어지는 과정에 대한 모형을 만들었을 때, 연구자들은 그 모형이 알갱이들이 잘 섞인 상태가 본질적으로 불안정하다고 예측했다. 왜냐하면 두 알갱이들의 상대량에 존재하는 작고, 우연한 불균형은 스스로 증폭하기 때문이다. 한 영역에서 한 작은 알갱이 유형이 아주 조금만 넘쳐도, 이 차이는 기둥의 그 부분이 오로지 그 유형의 알갱이만으로 이루어질 때까지 커진다.

그렇지만 그것이 이야기의 끝은 아니다. 왜냐하면 분리된 덩어리들이, 심지어 균일한 폭을 가진 튜브에서조차(크기가 튜브의 폭 진동에 따라 결정되는 튜브와는 반대로) 매우 명확하게 구별할 수 있는 크기를 갖는 것처럼 보이기 때문이다. 불균형의 증폭이 무작위적이었다면 그와는 반대로 온갖 크기의 덩어리들을 보여 주었을 것이다. 그렇다면 패턴에서 나타나는 이 특징적인 길이의 규모를 어떻게 설명할 수 있을까? 스타반스와 동료들은 이것이 한 혼합성('섞을 수 있는') 유체의 혼합이 갑자기 섞이지 못하는 조건에 처했을 때(예를 들어 냉각됨으로써) 일어나는 일과 유사하다고 지적한다. 이것은 용해된 금속의 혼합물을 어는점 아래로 급속히 '냉각했을' 때 일어난다. 그 두 금속들은 어느 정도 동일한 크기의 방울들로 나뉜다. 스피노달 분해라고 불리는 이 과정에서, 온갖 크기의 방울들은 스스로 증폭하는 방식으로 성장하지만, 한 특정한 크기의 방울들은 다른 방울들보다 더 안정적이고, 따라서 더 우선적으로 선택된다. 냉각 속도와 같은 조건들을 주의 깊게 통제하면 설계에 따라 특정한 방울 크기를 얻을 수 있다. 금속 공학과 화학 공학 분야에서는 특정한 크기의 입자들을 만들기 위해 이 방법을 자주 쓴다.

사태는 스스로를 조직한다

사태의 문제점은 그것이 언제 일어날지를 결코 확실히 알 수 없다는 것이다. 가끔 그것들은 지진 같은 예측할 수 없는 동요 때문에 시작된다. 대다수 쓰나미들이 생성되는 방식이 바로 그렇다. 지진이 해저 침전물을 경사를 따라 내려보낼 때 일어나는 것이다. 그렇지만 사태들은 또한 본질적으로 변덕스러운 것처럼 보이기도 한다. 다소간 균질한 알갱이들로 이루어진 단순한 더미의 경우, 우리는 경사가 일단 휴식각을 넘어서면 문제가 생길 것임을 확실히 느낄 수 있다. 그렇지만 심지어 그때도 그 사태가 얼마나 클지를 알기는 어렵다. 만약 알갱이들의 모양과 크기가 서로 다르고 다양하다면, 혹은 그것들이 (습한 토양이나 끈끈한 눈 결정들이 그렇듯이) 복잡한 마찰 특성을 가지고 있다면, 혹은 그것들이 있는 표면이 거칠다면, 우리는 어떤 결과를 기대해야 할지 확실히 알 수 없다. 우리가 아는 사실이라고는 오로지 알갱이들이 움직이기 시작할 때 주의해서 지켜보는 편이 좋다는 것뿐이다.

그렇다면 우리가 사태가 일어나는 시점이나 크기에 관해 의미 있는 예측을 할 수 없다는 뜻일까? 꼭 그렇다기보다는 사태 과학이 지진 과학처럼 필연적으로 통계적이라는 뜻이다. 우리는 한 특정한 상황에서 무슨 사건이 **일어날지를** 정확히 말할 수 없다, 그렇지만 **일어날 법한** 사건의 상대적 확률에 관해서는 알 수 있다.

그리고 사실 이런 식으로 사태를 연구하는 것은 놀라울 정도로 생산적이라는 사실이 입증되었다. 크지 않은 덩어리의 모래가, 산불에서 생태학적 대량 멸종에 이르기까지 자연에서 일어나는 아주 많은 '재앙적' 과정들과 비슷하기 때문이다. 이 모든 과정들의 핵심 특질은 비록 예측은 할 수 없어도, 그 사건들이 완벽히 무작위적이지는 않다는 것이다. 즉 각 사건 사이에 어느 정도 관련성이 존재할 수 있다는 뜻이다. 그런 과정에는 미묘하지만 매우 중요한 통계적 규칙성이 있다. 그리고 그처럼 무질서하고 예측 불가해 보이는 현상을 뚜렷한 패턴을 낳는 현상들과 관련짓는 요인이 바로 그것이다. 왜냐하면 사태들은 우리가 앞서 본 대다수 패턴들과 마찬가지로, **스스로를 조직하기** 때문이다.

그 말이 무슨 뜻인지 알려면 우선 단순한 원뿔형 모래 더미로 돌아가자. 1987년에 미국 뉴욕 롱아일랜드 브루크헤이븐 국립 연구소의 물리학자인 페르 박(Per Bak, 1948~2002년), 탕 차오(湯超), 그리고 커트 바이센펠트(Kurt Wiesenfeld, 1958년~)는 그런 더미가 행동하는 방식을 설명하기 위한 모형을 고안해, 새로운 알갱이들이 꼭대기에 부어질 때 그 더미가 어떻게 성장하는지 확인했다. 원래 이 연구자들은 모래 더미를 연구하려던 의도가 아니었다. 그보다 그들은 신종 물질들(exotic solids)의 전자적 행동을 조사하고 있었는데, 그것은 너무 어려운 이야기라 여기서는 감히 다룰 엄두도 나지 않는다. 어쨌든 그들이 알게 된 사실은, 이 물질들에서 전자들이 보이는 행동을 모래 더미에서 모래 알갱이들이 보이는 행동으로 나타낼 수 있다는 것이다. 이 말은 전자들 자체가 그것들의 더미나 혹은 그 비슷한 무언가를 형성한다는 뜻이 아니다. 『모양』에서 설명했듯이 여우가 토끼를 잡아먹는다는 식으로, 진동하는 화학 반응들의 모형을 만들 수 있다고 한 것과 다소 비슷한 방식이다. 그 방정식들은 두 행위가 똑같아 보인다고 설명한다.

그러고 나서 박, 탕 차오 그리고 바이센펠트는 새로운 알갱이들이 꾸준히 떨어지는, 한 특정한 휴식각을 가진 모래 더미를 생각했다. 이 모형의 가장 단순한 형태에서 모래 더미는 2차원적이다. 마치 앞서 내가 설명한 줄무늬 진 사태들에 관한 실험에서 두 유리판이 서로 너무

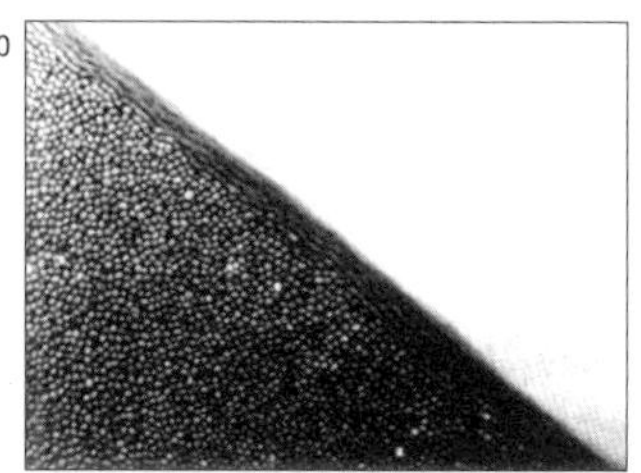

그림 4.18

(a) 알갱이 더미의 경사는 곳곳에 따라 지역적으로 다르다. 이 겨자씨 더미에서 경사의 작은 변주들은 항구적인 평균 기울기에 중첩된다. (b) 경사가 최대 안정각에 근접할 때는 씨앗 하나만 더해도 사태를 일으킬 수 있다. 이 사태는 알갱이의 수와는 관련이 없다. 그냥 알갱이 몇 개든, 아니면 경사의 전체 표면층이든 그것은 문제가 되지 않는다.

가까이 붙어 있어서 그 더미가 알갱이 하나의 두께밖에 안 되었던 경우와 같다. 알갱이들이 하나하나씩 이 더미 곳곳에 무작위적으로 더해지면 무슨 일이 일어날까?

그 더미는 곳곳에 따라 경사가 다르도록 불균질하게 쌓인다. (그림 4.18a 참조) 그렇지만 만약 이 경사의 어느 지점이 최대 안정각을 넘어선다면 사태가 일어나, 그 사태는 언덕을 휩쓸고 모든 곳의 경사를 그 핵심값보다 더 적은 값으로 떨어뜨릴 것이다. (그림 4.18b 참조) 사태는 얼마나 클까? 다시 말해 사태는 얼마나 많은 알갱이들이 굴러떨어지게 만들까? 박과 동료들은 모래 더미에 관한 그들의 단순한 모형에서 더미에 알갱이 딱 하나를 더함으로써 모든 강도의 사태를 일으킬 수 있음을 발견했다. 그저 한 줌의 알갱이들만이 굴러떨어질 수도 있고, 아니면 어쩌면 전체 더미가 완전히 무너질 수도 있다. 그리고 우리가 미리 그 경사를 아무리 상세히 조사하더라도, 어떤 결과가 나올지를 미리 알아낼 방법은 없다.

다른 말로 아무리 작은 동요라도 어마어마한 효과를 미칠 수도 있고, 아니면 그냥 그대로 조그만 효과를 일으키는 사소한 동요로 멈출 수도 있다. 그 시스템에는 특징적인 스케일은 없다. 이 경우에 알갱이 하나가 더 더해지면 굴러 떨어진다는 식의, 전형적이거나 선호되는 알갱이 수는 없다. 따라서 이 모래 더미는 척도 불변(scale invariant)이라고 한다. 이 책의 뒷부분과 『가지』를 보면 우리는 이것이 어떤 종류의 무질서한 형태들과 패턴들이 갖는 공통 특성임을 보게 될 것이다. 그들은 어떤 자연적인 길이 척도가 없다. 그래서 우리는 우리가 전체 시스템을 보고 있는지 아니면 단지 작은 일부를 보고 있는지 확실히 알 방법이 없다.

그렇지만 모든 크기의 사태들이 일어날 수 있다 해도, 그 확률까지 모두 같지는 않다. 만약 계속 우리가 경사에 알갱이들을 더하면서 서로 다른 크기들의 사태들의 수를 계속 기록한다면, 큰 미끄럼보다는 작은 미끄럼들이 더 많이 일어난다는 사실을 확인하게 될 것이다. 전체 더미가 완전히 무너지는 사태는 사실 드물다. 따라서 사태들의 수는 거기 관련된 알갱이들의 수가 증가할수록 줄어든다. 박과 동료들의 모형에서, 이 관계는 특정한 수적 형태를 띤다. 한 사태의 빈도수(또는 동등하게 확률) f는 사태의 크기 s의 역수에 비례한다. (그림 4.19 참조) 한 사건의 크기와 그것이 그 크기를 달성할 확률 사이에 존재하는 이런 종류의 역비례 관계는 흔히 $1/f$('f분의 1') 법칙이라고 불린다. 전문적으로 이것은 이른바 제곱 법칙(power law)의 예다. 그것은 단순히 어떤 수 y가 다른 수 x의 a제곱에 비례한다는 뜻이며, $y \propto /2x^a$ 으로 정리할 수 있다. 여기서 승수(지수라고도 한다.) a는 -1:$f \propto /2s^{-1}$과 같다. 여러분이 여기서 수학 부분을 너무 부담스러워하지 않았으면 좋겠다. 기본

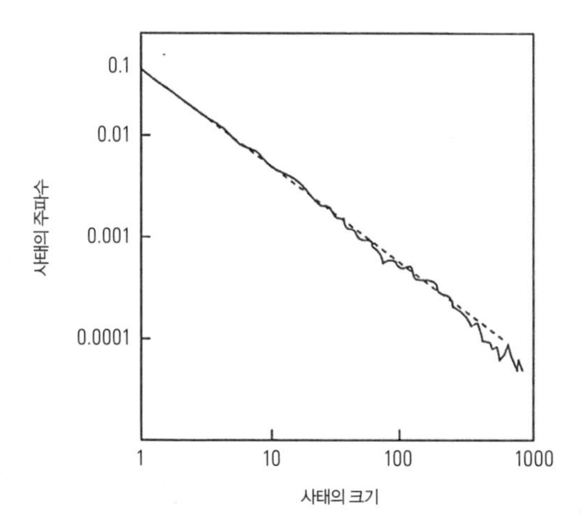

그림 4.19

모래 더미 사태의 단순한 모형에서, 특정한 크기의 사태의 주파수는 그 크기에 반비례해서 줄어든다. 크기의 로그에 대해 주파수의 로그를 배정하는 그래프에서, 이 관계는 −1의 경사를 가진 직선(대시 기호)으로 나타난다.

적으로는 내가 『모양』의 처음에 소개한 것과 같다. 거기서 나는 여러분이 여기서 알아야 할 것은 그게 다라고 약속했다. 우리는 『가지』에서 다시 지수 법칙으로 돌아갈 것이다. 핵심은 $1/f$ 법칙은 그것이 설명하는 매 사건이 다음 번 사건과 독립적으로 일어난다고 예측하지 않는다는 점이다. 그 대신 이 경우에 크기와 빈도수 또는 확률 사이의 수학적 관계는 친숙한 종형 곡선으로 설명된다.

사태들은 모래 더미의 **파동**(fluctuation)으로 생각할 수 있다. 휴식각에 멈춰 있는 경사에 해당하는, 안정적인 상태가 교란된 것이다. 만약 우리가 그런 경사에 좀 더 많은 알갱이들을 더한다면 그것은 언제까지나 원래 상태를 유지할 것이다. 실제로 알갱이들을 더할 때, 그 경사에는 온갖 크기의 경련들(사태들)이 지속적으로 연달아 일어나고, 모든 알갱이들은 그 경사를 재배치해, 평균적으로 사태는 휴식각에서 멈춘다. 알갱이들이 비처럼 계속 쏟아지면 모래 더미는 **비평형 시스템**(non-equilibrium system)을 이룬다. 이 내용은 이미 『모양』에서 다뤘는데, 거기서 나는 그들이 모두 가장 자연스러운 패턴들의 근원임을 설명했다. 또한 거기서 우리는 한 시스템을 평형에서 벗어난 상태로 유지하려면 꾸준한 에너지와 일반적으로 재료도 공급해야 한다는 사실을 보았다. 그것이 모래 더미에 일어나는 일이다. 떨어지는 알갱이들은 에너지와 재료들을 경사에 영구적으로 투입하고 있다. 그것이 파동을 일으키는 요인이다.

알고 보면 $1/f$ 법칙은 다양한 자연계와 인간계에서 두루 볼 수 있는 파동들의 크기를 결정한다. 저항기를 통과하는 전류가 이런 종류의 미세한 파동을 겪는데, 태양이 방출하는 열과 빛의 양(광도)도 마찬가지다. 이런 후자의 변동들은 태양 표면 폭발이라고 불리는, 태양 바깥쪽 대기에서 꿈틀대는 자기장에서 발생한 초고온 플라즈마의 폭발 때문이다. 퀘이사라고 불리는 먼 천문학적 물체들이 발하는 빛도 같은 종류의 변동성을 보여 준다. 그리고 화산 분출과 일부 강우의 기록들도 그렇다. 일부 고생물학자들은 대량 멸종에 대한 지질학적 기록들(지상에서 상당한 부분의 유기체들을 쓸어버린 재앙 같은 사건들) 또한 사건들의 크기와 빈도 사이에 $1/f$ 관계가 존재한다는 것을 보여 준다. 적어도 해양 생태계에 대해서는 그렇다. 이 모든 사례들에서 우리는 갖가지 급과 규모로 일어나는 급작스런 사태 같은 사건들을 볼 수 있다.

비록 $1/f$ 지수 법칙들이 다양한 자연계에서 파동들의 통계적 양상들을 지배한다는 사실은 오래전부터 알려져 있었지만, 그 이유는 박과 그의 동료들이 모래 더미에 관한 모형을 설계하기 전까지는 밝혀지지 않았다. 여기에 1/*f* 법칙의 일반적 기원에 관해 몇 가지 실마리들을 제공할 법한 행동의 단순한 예가 있다. 그리고 모든 재료들은 밝혀져 있다.

이 모래 더미 모형에는 무척 특별한 무엇인가가 있다. 그것은 가장 덜 안정적인 상태를 끊임없이 추구한다. 하지만 우리에게 익숙한 것은 오히려 그 반대다. 자연은 보통 안정성을 추구하는 것처럼 보인다. 그것이 물이 아래로 흐르고 골프공이 홀로 떨어지고 나무들이 쓰러지는 이유다. 그러나 모래 더미는 사태 직전의 아슬아슬한 상태로 영원히 회귀한다. 지진이 일어날 때마다 매번, 이 위태로운 균형은 무너진다. 그렇지만 그 후에는 더 많은 알갱이들이 더해지면서, 시스템은 지진 직전으로 돌아간다.

물리학자들은 아무리 작은 도발에도 모든 규모의 파동이 일어날 수 있는 이와 같은 상태들을 이미 오래전부터 알고 있었다. 그 상태는 임계 상태(critical states)라고 불리는데 자석, 액체, 그리고 빅뱅의 이론적 모형들 같은 다양한 계들에서 볼 수 있다. 각 액체는 한 특정한 온도와 압력에서 임계 상태에 도달하는데, 그것은 임계 지점이라고 불린다. 한 액체를 가열해서, 그 액체가 끓는점에 도달하면 증기로 증발한다. 그 유체의 상태는 (밀도가 높은) 액체에서 (밀도가 희박한) 기체로 급격히 변한다. 그렇지만 임계 온도를 넘어서면 이 급격한 상태 변화는 더 이상 일어나지 않는다. 대신 그 유체는 압력이 낮아지면서 액체 같은 상태에서 넓게 퍼진 기체 같은 상태로 유연하게 지속적으로 변화한다. 임계 지점은 '액체'와 '기체'를 더 이상 정확하게 구분할 수 없고 어떤 끓는점도 그 둘을 가르지 않는 지점이다.

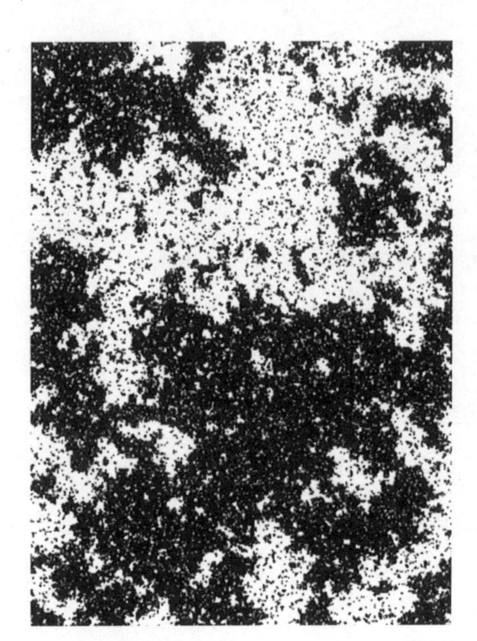

그림 4.20
액체와 기체의 임계 지점에서는 물질의 이 두 상태 사이의 구분이 나타날지도 모른다. 한 임계 유체의 밀도 변화는 갖가지 규모로 나타난다. 거기에는 기체 같은 유체의 영역들과 공존하는 액체 같은 유체들의 영역이 있다. 여기에 그런 유체의 스냅 사진을 실었다. 이것들은 한 임계 지점에 관한 컴퓨터 모형에서 얻은 것이다. 짙은 색 영역들은 액체 같은 밀도 높은 영역들을 나타내고, 흰 영역들은 기체 같은 영역들이다.

한 유체의 임계 지점에서 그 밀도는 한 지점에서 다른 지점으로 폭넓게 파동을 일으킨다. (그림 4.20 참조) 그 유체는 일부 덩어리들에서는 액체 같은 밀도를, 다른 지점에서는 기체 같은 밀도를 가지고 있으며, 이 덩어리들은 특징적인 크기나 모양 없이 꾸준히 변화한다. 그들은 수명이 짧은 파동이다. 그 유체는 액체와 기체로 갈라지기(이 일은 임계 지점 아래의 온도에서 일어난다.) 직전에 자리 잡고 있다. 그렇지만 그것이 어느 순간 갈라져야겠다고 마음을 결정할 수 있는 것은 아니다. 지금 만약 우리가 그 임계 지점에서 동전을 던져 각 작은 유체 덩어리들이 '액체 같아'질지 아니면 '기체 같아'질지를 결정한다면, 그것은 실제 임계 상태처럼 보이지 않고 좀 더 일률적인 무작위성을 보일 것이다. 액체든 기체든 큰 덩어리는 존재하지 않을 것이다. 밀도의 파동들이 그런 식으로 행동하는 것처럼 보이는 이유는 유체의 각 덩어리들이 그 주위 유체의 상태로부터 영향을 받기 때문이다. 이 덩어리들은 모두 독립적이지 않다.

임계 상태의 한 유체에 액체 같은 덩어리와 기체 같은 덩어리가 무질서하지만 상호 의존적으로 뒤섞여 있는 것을 포착하기는 극도로 어렵다. 그것은 하나는 액체 같고 하나는 기체 같은 두 커다란 영역으로 분리되기 직전에 있다. 핵심 지점은 뾰족한 부분으로 서서 균형을 잡고 있는 바늘과 같다. 이론상으로 완벽하게 균형이 잡힌 상태는 분명 존재하지만, 그것은 아주 살짝 밀치거나 숨을 훅 불기만 해도 흔들릴 정도로 미묘하다. 그렇지만 박과 동료들의 이론상의 모래 더미는 (알갱이 하나를 더하는 것 같은) 극히 작은 동요만 일어나도 모든 길이 스케일의 파동(사태들)을 일으키기 쉽다는 이 핵심적 특질을 가지고 있으면서도 오히려 견고한 것처럼 보인다. 다시 말해 그 모래 더미는 꾸준히 임계 상태를 **피하려고** 애쓰는 것이 아니라 꾸준히 그 상태로 **돌아가고자** 한다. 마치 줄곧 흔들리지만 결코 넘어지지 않는 바늘과 같다. 연구자들은 그 임계 상태가 이 가장 위험한 배치를 스스로 조직하는 것처럼 보인다는 사실을 반영해 이 현상을 **스스로 조직된 임계**라고 부른다.

박은 눈길이 닿는 모든 곳에서 스스로 조직된 임계의 신호를 보기 시작했다. 예를 들어 산불의 이론적 모형에서 불은 어떤 크기로든 번질 수 있다. 바로 근처의 몇몇 나무들만을 태울 수도, 커다란 영역들로 재앙처럼 번질 수도 있다. 따라서 불은 숲을 휩쓸 때 모든 크기의 타지 않은 나무들의 묶음들을 남겨 둔다. 그 나무들이 천천히 다시 자라면, 숲은 간헐적인 산불들로 스스로 조직한 임계 상태를 유지한다. 그리고 지진이 구텐베르크-리히터 법칙이라고 불리는 $1/f$ 법칙(또는 그것과 매우 가까운 어떤 규칙)을 따른다는 사실은 40년도 더 전부터 알려졌다. 지진은 선반이 흔들리는 정도부터 도시를 뒤흔드는 규모까지 모든 규모의 강도로 일어난다. 강도가 더 커질수록 확률은 더 낮아진다. 이것은 스스로 조직된 임계를 연상시키는데, 지질학적 결함들(faults)이 서로 미끄러져 지나가는 것을 모방한 단순한 기계적 모형에서는 이 지수 법칙 행동을 확인할 수 있다.

박은 자신이 이 스스로 조직된 임계에서 "자연에서 나타나는 복잡성의 편재(遍在)를 묘사하기 위한 포괄적 틀"을 발견했다고 믿었다. 그것은 자연계만이 아니라 경제 시장들의 파동과 혁신 기술의 확산 같은, 인간계에서 일어나는 현상에서도 마찬가지다. 이런 종류의 복잡성을 묘사하기 위해 개발된 **모형들**의 다수가 조직된 임계 상태를 스스로 찾아가는 고유한 방식이 있다는 사실은 의심할 여지가 없다. 그렇지만 실제 세계 또한 그런 식으로 행동한다는 것을 확인하기는 훨씬 더 어렵고, 스스로 조직된 임계 상태의 예라는 주장의 다수를 차지하는 대량 멸종과 산불 같은 것들은 여전히 논쟁거리다. 한 가지 문제는 그 통계들이 모호할 때가 많다는 것이다. 확실히 말할 수 있으려면 여러분은 크기와 빈도수 사이에서 특정한 종류의 수학적 관계를 찾아 낼 수 있어야 한다. 그리고 그러려면 작은 규모의 범위에 걸친 무엇인가가 아니라 데이터가 필요하다. 그것은 여러분이 항상 얻을 수 있는 것은 아니다. 예를 들어 우리가 스스로 조직된 임계 상태에서 진화가 작용한다고 확신하기에는 세상이 시작된 후에 일어난 대량 멸종의 수가 모자랄 수도 있다. 또 다른 문제는 모형에서는 보통 모든 중요한 매개 변수들이 정확히 무엇인지 확신할 수 있고, 각각 독립적으로 변화하는 것의 효과를 볼 수 있는 반면, 현실에서 복잡계는 온갖 교란을 일으키는 힘들에 영향을 받을 수 있으며, 일부 영향력은 다른 것들보다 더 명확하다는 점이다. 사태가 일어나는 과정에 관한, 또는 지구의 지질학적 구조에 관한 한층 현실적인 묘사를 포함하는 지진 결함(faulting)의 모형은 여전히 스스로 조직된 임계를 보여 줄 수 있을까?

사실 원래 모형에 영감을 준 현실의 모래 더미가 스스로 조직된 임계 상태를 가지고 있는지 어떤지조차 논쟁거리다. 여러분은 단순한 실험이면 충분하다고 생각할지도 모른다. 그저 한 더미에 알갱이를 하나씩 떨어뜨리고, 매번 떨어뜨릴 때마다 그로 인해 사태가 얼마나 크게 일어나는지를 관측하면 된다. 그렇지만 한 사태의 크기를 측정하는 고유의 방법은 없으며, 현재까지 수행된 실험들은 명확한 답을 주지 않는다. 예를 들어 시카고 대학교의 시드니 네이글(Sidney R. Nagel, 1948년~)과 동료들은 1989년에 실제 모래 더미가 늘 커다란 사태를 겪는다는 사실을 발견했다. 그 사태에서 꼭대기 층 모래의 대부분은 미끄러져 내려가는 반면, 초기 1990년대의 다른 실험들은 스스로 조직된 임계에 기대할 법한 지수 법칙 행동을 보여 주는 듯했다. 이제 다른 연구자들은 현실의 모래 더미들이 진정으로 스스로 조직된 임계를 보여 주지 않는다고 생각한다. 그렇지만 그것이 측정 가능한 크기의 사태로 나타나지 않도록 미묘하게 가려져 있다는 생각도 가능하다.

만약 모래 더미가 정말 스스로 조직된 임계 상태가 아니라 해도 그리 놀라운 이야기는 아닐 것이다. 왜냐하면 실제 모래는 모형의 모래와 같지 않기 때문이다. 우선 알갱이들은 크기, 모양, 혹은 표면 특색들이 서로 동일하지 않으며, 극도로 사소한 이 세부 사항들은 알갱이들이 얼마나 쉽사리 미끄러지는가를 결정한다.[12] 그리고 알갱이들의 충돌은 가장 단순한 모형에서는 설명되지 않는 방식으로 에너지를 분산시킨다. 1995년에 노르웨이 오슬로 대학교의 옌스 고트프리트 페더(Jens Gottfried Feder, 1939년~)와 킴 크리스텐센(Kim Christensen)은 동료들과 함께 알갱이 사태들이 스스로 조직된 임계의 사례인지에 관한 논란을 끝내려고 했다. 그들은 그 이야기에 새로운 요소를 더했다. 모래 더미를 연구하는 대신 쌀알 더미를 더한 것이다. 이것은 쌀알들이 모래 알갱이들과는 달리 그리 쉽게 서로서로 굴러 떨어지거나 미끄러지지 않기 때문이었다. (럭비공들이 축구공보다 덜 구르듯이) 그리하여 그들은 스스로 조직된 임계를 명확히 보여 주는 컴퓨터 모형들에서 가정된 알갱이들의 행동을 한층 정확히 포착한다. (이것은 모형을 실험에 맞추는 것이 아니라 실험을 모형에 맞추는 드문 사례다.) 휴식각을 넘어서면 알갱이들이 구르기 시작하지만, 휴식각에 못 미치면 구르던 알갱이들은 재

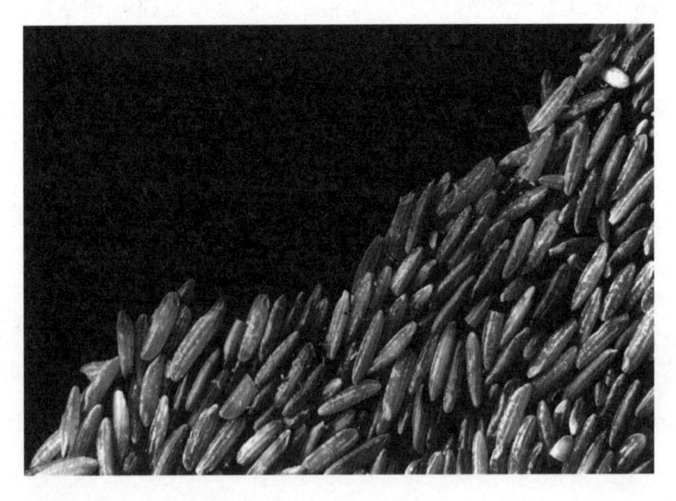

그림 4.21
두 유리판 사이에 갇힌 쌀알 더미의 한 부분이다. 이런 미세한 규모로 보면 그 더미가 얼마나 불균질한지 주목해야 한다.

빨리 구르기를 멈춘다. 연구자들은 쌀알들이 평행한 두 유리판 사이의 좁은 층에 갇혀 있는 2차원 더미를 살펴보았다. (그림 4.21 참조)

믿음직한 통계를 제공하기 위해 충분히 많은 사태들을 관측하는 것은 1년 정도 걸리는 느리고 지루한 과정이었다. 그렇지만 그 모든 과정이 끝나고, 연구자들은 이런 알갱이 더미들의 행동이 그들이 사용하는 쌀의 종류에 달렸다는 결론을 내렸다. 구체적으로 말하면 긴 쌀알이냐 짧은 쌀알이냐였다. 길이 대 너비의 비율이 더 큰 긴 쌀알은 사태(각각이 얼마나 많은 에너지를 배출하는지를 연구자들이 실제로 측정했다.)의 크기와 그 발생 빈도 사이에 지수 법칙 관계가 있는, 진정 스스로 조직된 임계 행동을 보여 주는 듯하다. 그렇지만 훨씬 구형에 가깝고 따라서 모래와 좀 더 비슷한 짧은 쌀알은 다른 행동을 보여 주었다. 크기와 빈도 사이의 관계는 단순한 지수 법칙이 아니라 $1/f$ 법칙보다 더 복잡했다. 충분히 넓은 범위에서 일어난 사태 크기를 대상으로 측정치들을 구하지 않으면 그 관계는 지수 법칙으로 (따라서 스스로 조직된 임계의 신호로) 오해하기 쉬웠다. 이전에 다른 이들이 실험 목적의 모래 더미들에서 스스로 조직된 임계를 보았다고 주장한 이유를 바로 그것으로 설명할 수 있지 않을까.

그러니 알갱이들의 더미는 확실히 스스로 조직된 행동을 보여 줄 수 있더라도, 실제로 보여 주지 않을 수도 있다. 그리고 사실 일반적으로는 보여 주지 않을 것이다. 그것은 (다른 무엇보다도) 알갱이들의 모양과 그것들이 굴러 떨어지는 동안 에너지가 어떻게 분산되느냐에 달려 있다. 이것은 박의 주장을 입증하는 동시에 수정한다. 스스로 조직된 임계는 단지 컴퓨터 모형의 산물이 아니라 실제 현상처럼 보인다. 그렇지만 그것은 보편적이지 않을 수도 있고, 심지어 관측하거나 달성하기 쉽지 않을 수도 있다. 현재로서는 모래 더미는 흥미롭기는 하지만 자연의 복잡성에 대한 제한된 은유로 보인다.

땅콩이 올라가고 내려가기

나는 시리얼 상자를 마지막까지 다 먹어치우는 재주가 없다. 지독한 낭비라는 것을 나도 알고 있다. 그렇지만 사실 상자가 거의 바닥날 즈음이면 커다란 과일 건더기와 땅콩은 몽땅 없어지고 그다지 입맛 당기지 않는 마른 귀리 조각들만 남아 있다는 것이 문제다. 큰 건더기들은 늘 위에, 그리고 작은 것들은 바닥에 있는 것처럼 보인다. 이것은 물리학자들 사이에서 '브라질넛 효과'로 알려져 있다.

흔들린 알갱이 매질에서 서로 다른 크기들의 알갱이들이 분류되는 현상은 공학자들에게 익히 알려져 있지만, 그 이유는 아직 논쟁 중이다. 여러분은 그냥 흔들기만 하면 서로 다른 크기의 알갱이들이 뒤섞일 거라고 생각하겠지만, 확실히 그렇지 않다. 보통은 그 대신 신비롭게도 커다란 알갱이들이 꼭대기로 올라온다. 심지어 시리얼 한 상자가 (그럴 가능성은 별로 없지만) 처음에는 잘 뒤섞인 채 공장을 나섰더라도, 그 상자들이 덜컹거리는 대형 트럭에 실려 슈퍼마켓에 도착할 즈음이면 브라질넛과 바나나 조각이 상자 맨 꼭대기로 올라갔을 것이라는 이야기다. 영국 브래드퍼드 대학교의 공학자인 존 윌리엄스(John Williams)는 1960년대에 이 효과를 체계적으로 연구했다. 그는 큰 알갱이 하나가 위아래로 진동하면서 섬세한 가루들이 깔린 바닥을 지나 올라가는 것을 보았다. 윌리엄스는 큰 알갱이가 위쪽으로 조금씩 움직인다고 주장했다. 흔드는 동안 모든 입자들이 튀어오를 때, 큰 알갱이는 그 밑에 공간을 남기고, 더 작은 알갱이들이 그 공간으로 떨어진다.

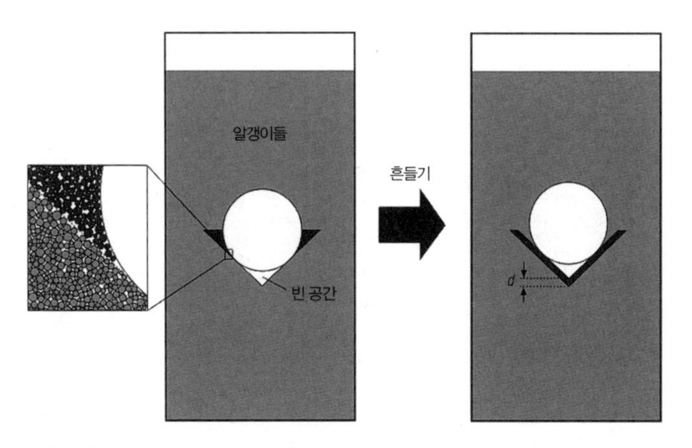

그림 4.22

브라질넛은 어떻게 위로 올라갈까? 여기에는 더 작은 가루 알갱이들 속에 큰 알갱이 하나가 끼어 있다. (잘 보이도록 크기 차이를 과장했다.) 큰 알갱이(흰색)는 그 아래에 빈 공간을 만드는 경향이 있다. 상자를 수직으로 흔들면 큰 알갱이가 튀어 올라 그 빈 공간의 벽에서 멀어져 주변 고리에 있는 더 작은 알갱이들(우리는 여기서 짙은 회색으로 채색된, 쐐기 모양의 두 단면들을 볼 수 있다.)이 그 공간으로 미끄러져 들어오게 한다. 그러니 커다란 알갱이는 다시 멈출 때 짙은 색 알갱이들이 이루는 원뿔에 자리 잡게 되고, 따라서 대략 짙은 색 층의 두께와 동일한 짧은 거리 *d*만큼 위로 올라갔다. 이런 식으로 큰 알갱이는 매번 튈 때마다 꾸준히 위로 움직인다.

(그림 4.22 참조) 그리하여 작은 알갱이들은 매번 흔들릴 때마다 그 큰 알갱이가 다시 원래 위치로 내려오지 못하게 방해한다. 1992년에 물리학자인 레미 쥘리앵(Rémi Jullien)과 폴 미킨(Paul Meakin)은 컴퓨터 모의 실험에서 이 과정을 관측했다.

하지만 브라질넛의 이 알 수 없는 상승 작용에는 이 외에도 더 많은 이유가 있다. 네이글과 그의 동료들은 유리 구슬을 흔드는 실험을 했다. 더 큰 구슬 하나나 몇 개를 제외하면 구슬은 모두 같은 크기였고

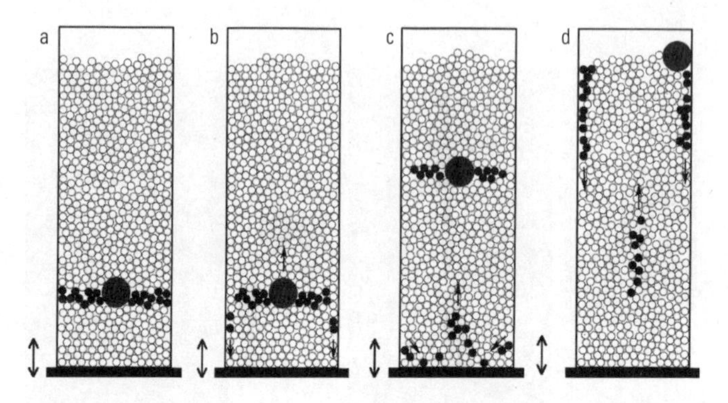

그림 4.23

높은 기둥 속 알갱이들은 대류 같은 순환을 겪는다. 중간에 있는 것들은 위로 올라가고, 가장자리에 있는 것들은 얕은 층을 이루며 아래로 내려간다. 여기 보이는 그림들은 일부 유리 구슬들을 염색하여 그 움직임들을 추적한 실제 실험을 바탕으로 재구성했다. (a) 기둥 바닥 부근에 있는 염색된 구슬들이 원래 이루고 있던 얕은 층은 (b) 가장자리에서 아래쪽으로 움직이는 구슬들과 중간에서 올라가는 구슬들로 나뉜다. (d) 꼭대기에서 후자는 벽을 향해 바깥쪽으로 움직였다가 내려가기 시작한다. (c), (d) 한편 가장자리의 구슬들은 중심을 향해 안쪽으로 움직이다가, 바닥에 닿으면 올라가기 시작한다. 하나 있는 커다란 구슬은 꼭대기에 오르는데, 왜냐하면 기둥 가장자리의 아래로 움직이는 좁은 층에 끼어들기에는 너무 크기 때문이다. 따라서 이 대류 움직임은 서로 다른 크기의 알갱이가 분리되게 만든다.

유리 원통 속에 들어 있었다. 이번에도 큰 구슬들은 점차 꼭대기로 올라갔다. 네이글의 팀은 원통형 바닥 부근에 많은 작은 구슬들이 커다란 구슬 하나를 둘러싸고 있는 한 층을 염색함으로써 구슬들 각각의 움직임을 추적했다. 커다란 구슬은 그 바로 주위에 있는 작은 구슬들을 동반해 수평으로 상승했다. 그렇지만 그 층의 가장자리에 있는 용기 측면에 닿은 염색된 구슬들은 그 대신 용기 바닥을 향해 **하강**하기 시작했다. (그림 4.23 참조) 가운데 구슬 무리가 계속 상승하는 동안, 가장자리에 있는 내려간 구슬들은 바닥에 도달한 다음에 다시 중심에서 위로 상승하기 시작했다. 그리고 일단 커다란 구슬과 그 주위의 작은 구슬들이 꼭대기에 도달하자 큰 구슬은 그대로 머물렀지만 작은 구슬들은 용기 가장자리로 간 다음 아래로 내려가기 시작했다.

따라서 염색된 작은 구슬들은 실제로 순환하고 있다. 우리가 이전 장에서 만난 대류 세포들에서의 유체와 꼭 같이, 중심에서 올라가고 가장자리에서 내려간다. 여기서 크기 분류는 단지 이 대류 같은 움직임의 부산물일 뿐이다. 더 큰 구슬들은 세포의 올라가는 기둥들에서 위로 밀어붙여지지만 꼭대기에 이른 다음에는 더는 순환을 계속할 수 없게 되는데, 왜냐하면 그 세포의 하강하는 부분이 용기 가장자리에 있는 무척 얇은 층(대략 작은 구슬의 두께)에 국한되기 때문이다.

그러므로 분명히 알갱이 같은 물질들은 그냥 흐르기만 하는 것이 아니라 **대류한다.** 사실 이것은 이미 오래전부터 알려져 있었다. 마이클 패러데이(Michael Faraday, 1791~1867년)는 1831년에 그 사실을 알아차린 듯하다. 그렇지만 무엇이 그 흐름을 일으키는가? 앞서 우리는 정상적인 유체에서 서로 온도가 다른 층들 간의 밀도 차이에 따른 부력의 결과로 대류가 일어난다는 것을 보았다. 하지만 네이글이 사용한 알갱이의 모든 입자는 동일한 밀도를 지녔고 모두 동일한 크기(큰 구슬만 예외다. 대류 흐름이 일어나는 데는 큰 구슬이 꼭 필요하지 않다.)였다. 네이글과 동료들은 중요한 요인이 구슬과 용기 벽 사이의 마찰력임을 알아냈다. 매번 흔드는 동안 그 마찰력은 주변 구슬들이 위쪽으로 튀어 오르는 것을 방해한다. 이 착상의 근거로 그들은 벽이 더 미끄러울 때는 이 순환 운동이 감소하는 반면, 벽이 거칠 때는 순환 운동이 더욱 두드러진다는 사실을 발견했다. (쥘리앵과 미킨의 컴퓨터 모의실험에서는 벽이 존재하지 않았기 때문에 그들은 이런 대류 현상을 보지 못했을 것이다.)

흔들린 알갱이들이 뒤섞일 때 항상 '브라질넛' 입자들이 맨 꼭대기로 올라가지는 않는다. 큰 알갱이들이 바닥에 가라앉을 때도 있다. 이 '역브라질넛 효과'는 2002년에 미국 펜실베이니아에 있는 리하이 대학교의 대니얼 종한 홍(Daniel Chonghan Hong, 1956~2002년)과 그 동료들이 예측했고, 그 이듬해에 베이루트 대학교 연구자들이 금속, 나무, 그리고 유리 구슬들을 흔드는 실험으로 그것을 확인했다. 홍의 이론에 따르면, 두 유형의 구슬이 뒤섞일 때 위로 올라가던 큰 구슬은 크고 작은 구슬들이 이루는 크기 역치와 밀도 비가 특정한 수치에 도달하면 아래로 내려가야 한다. 독일 연구팀은 이 이론이 보통 올바른 예측을 낳는다고 확정했지만, 또한 그 양태가 구슬의 혼합이 얼마나 빨리 그리고 얼마나 세게 일어나는가에도 의존한다고 확신했다. 어쩌면 금광의 광부가 모래를 체에 치듯 수평으로 흔든 알갱이들의 얇은 층에서도 분리가 일어날지 모른다. 큰 구슬들이 층 가장자리로 모이느냐 또는 가운데로 모이느냐는 구슬들의 상대적 밀도에 달렸다.

이 모든 이야기의 결론은, 여러분의 시리얼 상자 속이 어떻게 될지 궁금하면 그 상자를 직접 흔들어 보는 방법밖에 없다는 뜻이다.

튀어오르는 콩들

패러데이가 처음 그 상자를 흔들었을 때, 그는 알갱이들의 순환적인(대류) 움직임과 원료 표면에 더미나 '구덩이(bunkers)'가 나타나는 것을 보았다. 그는 알갱이들 사이의 작은 공간에 있는 공기가 이런 효과들에 일정한 역할을 하지 않나 짐작했다. 알갱이들의 한 층이 거세게 흔들리면 층의 바닥 층은 높이 뛰어올라 공기 압력이 없는 공간을 만든다. 그 알갱이들 사이의 공기와, 이 공기가 거의 희박한 공간 사이의 급격한 기압 차가 더미 아래의 알갱이들 몇 개를 밀어 올리므로, 층에서 불균형을 만들고 그것이 알갱이 더미를 낳는다. 최근 연구자들은 알갱이 층에 스며드는 기체의 압력을 체계적으로 바꿔가며 축적에 미치는 영향을 조사한 실험들의 결과로, 패러데이의 역학을 확정했다.

패러데이는 18세기 독일 물리학자인 에른스트 플로렌스 프리드리히 클라드니(Ernst Florens Friedrich Chladni, 1756~1827년)가 진동하는 알갱이들에서 발견한, 패턴들에 대한 설명으로 그것을 제시했다. 클라

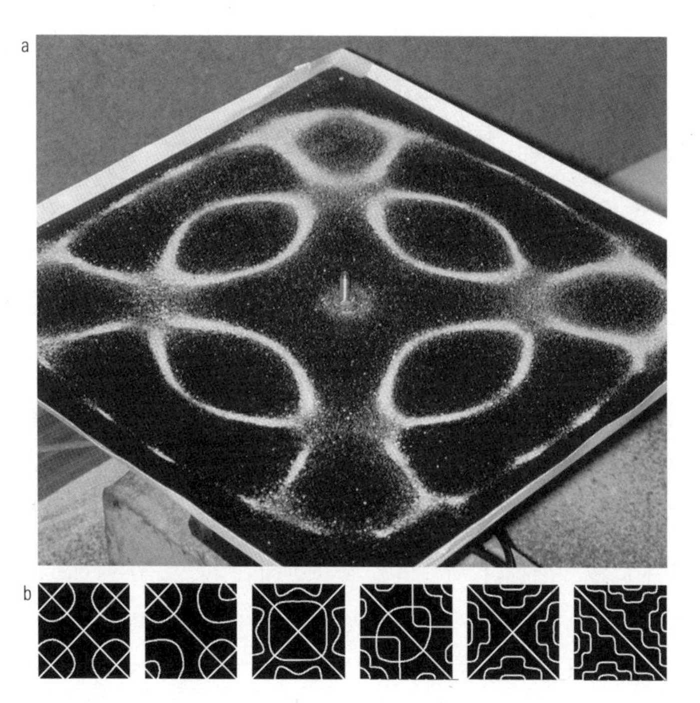

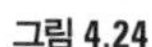

그림 4.24

(a) 클라드니 도형은 금속 판 위에 잘디잔 가루를 흩뿌리고 그것을 바이올린 활로 진동시키면 만들 수 있다. 다양한 도형들의 범위는 어마어마하다. (b)에 그 몇 가지를 제시했다.

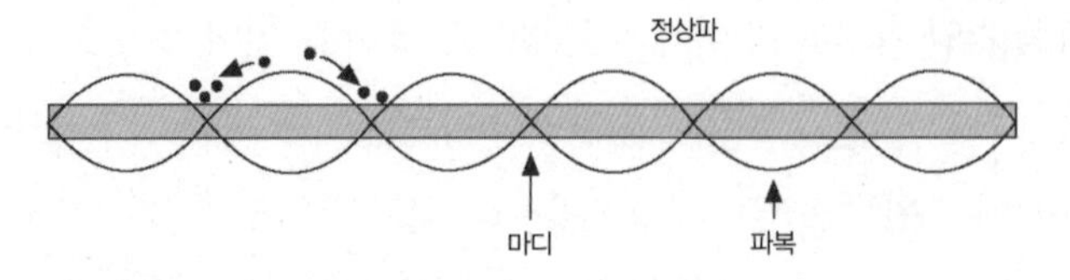

그림 4.25

그 패턴들은 알갱이들이 마디들을 향해 움직이면서 만들어진다. 여기서 판의 진동은 상하로의 변위를 일으키지 않는다. 그 대신 일부 알갱이들은 최대 변위 영역들인 파복을 향해 움직일 수도 있다.

드니는 1787년에 금속판 위에 자디잔 모래알을 흩뿌리고 바이올린 활로 판의 가장자리를 마찰해 청각적 진동을 일으키면 그 가루들이 모여 줄과 점을 이루며 아름다운 패턴을 짠다는 사실을 발견했다. (그림 4.24 참조) 판의 진동은 그것을 어떻게 자극하느냐에 달려 있다. 얼마나 강력한가, 그리고 주파수가 어떠한가. 일종의 2차원 오르간 파이프나 기타 줄처럼, 판은 파동의 정수들이 그 표면에 완벽하게 맞아떨어지는 특정한 진동 '모드들'을 갖고 있다. 기타 줄이 그렇듯, 진동하는 표면의 일부 지점들은 위쪽으로 움직이는 반면 다른 부분들은 아래쪽으로 움직일 것이다. 그리고 그 사이의 어떤 지점에는 표면이 전혀 움직이지 않는 소위 마디(node)가 있을 것이다. (그림 4.25 참조) 이 마디는 연결되지 않은(plucked) 줄에서는 단일한 지점이지만, 판 위에서는 한 선을 그릴 수 있다. 클라드니는 표면에 놓인 미세한 알갱이들과 굵은 알갱이들이 서로 다르게 행동한다는 점을 지목했다. 미세한 알갱이들은 판의 상하 운동 증폭이 최대가 되는 지점인 '파복(antinode)'에 쌓이는 반면, 굵은 알갱이들은 판이 전혀 움직이지 않는 마디에 쌓인다. 패러데이는 큰 알갱이들은 표면의 움직이지 않는 지점들에 도달할 때까지 마구 튀어 다니는 반면, 미세한 알갱이들은 그 층이 튀어 올라 빈 공간을 만들 때의 압력 차이가 일으키는 공기 흐름을 따라 배들로 밀어붙여진다고 주장했다. 그는 공기 흐름을 막거나 흘려보내기 위해 판에 종이를 부착하는 방식으로 그 주장을 검증했고, 예상했던 대로 알갱이들의 방향이 바뀌는 현상을 발견했다. 그러나 놀랍게도 패러데이의 전반적 개념은 1998년까지 명확한 실험적 뒷받침을 얻지 못했다.

그의 이론에 따르면 한 층의 진동하는 알갱이들이 어떻게 행동하느냐는 주변의 기압에 달려 있다. 1900년대 중반에 미국 텍사스 대학교 오스틴 분교의 해리 레너드 스위니(Harry Leonard Swinney)와 동료인 폴 엄배나워(Paul B. Umbanhowar)와 프랜시스코 멜로(Francisco S. Melo)는 어떤 공기도 없고 따라서 공기의 흐름도 없을 때 알갱이들의 층을 흔들면 무슨 일이 일어나는지 알아 보기로 했다. 그들은 작은 청동 구들로 이루어진 아주 얇은 층을 연구했다. 구들은 대략 흔한 모래알 크기였고, 펌프로 공기를 제거한 얕은 용기 안에 넣고 봉인한 후에 위아래로 빠르게 진동시켰다. 여기서 진동은 균일했다. 표면을 청각적으로 자극해 마디와 파복들을 이루기보다, 바닥은 단순히 통째로 위아래로만 움직였다. 클라드니 도형은 청각적 파동의 모양을 나타내고, 청각적 파동은 패턴을 형성하는 원판 역할을 한다. 그렇지만 여기에 그런 원판은 없다. 어떤 힘도 그 알갱이들을 명백하게 특정한 형태들로 몰아가지 않는다.

그렇다 해도 거기에는 패턴이 풍부하게 생겨난다. 사실 이 설정은 현재까지 알려진 알갱이 패턴들이 태어날 수 있는 가장 비옥한 토양임이 입증되었다. 그 알갱이 층은 역동적 물결무늬들의 연쇄, 알갱이들이 서로서로 발맞추어 끊임없이 올라가고 내려가는 정지된 파동들로 조

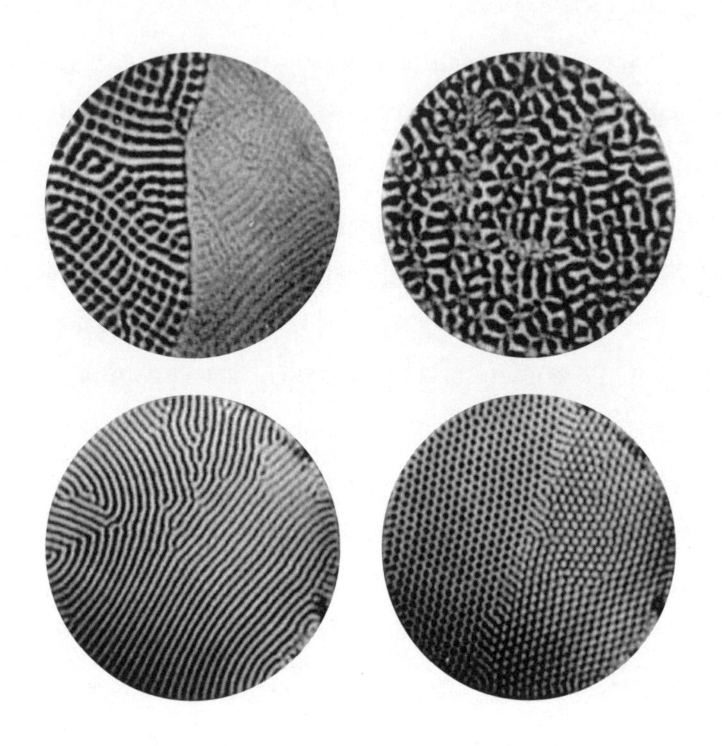

그림 4.26

알갱이들의 얇은 층을 수직으로 흔들면 복잡한 파동 패턴을 만들어 낼 수 있다. 그 패턴은 덜 질서 잡힌 '격렬한' 패턴들과 더불어 줄무늬, 정사각형, 육각형들을 포함한다.

직되었다. 이런 파동 패턴들은 그들이 움직이는 도중 한 지점에서 섬광 촬영 장치를 이용해 그 작은 청동 공들을 '얼려서' 시각화할 수 있다. 빛이 들어오면 상하 진동과 일치하는 공들을 비춘다. 그리하여 늘 그 주기 중 동일한 지점에 있는 패턴을 포착한다. 스위니와 동료들은 현재의 우리라면 익숙하게 여길 패턴들을 보았다. 단층들로 배치된 줄무늬, 나선, 육각형과 정사각형 세포들, 그리고 좀 더 무작위적이며 난기

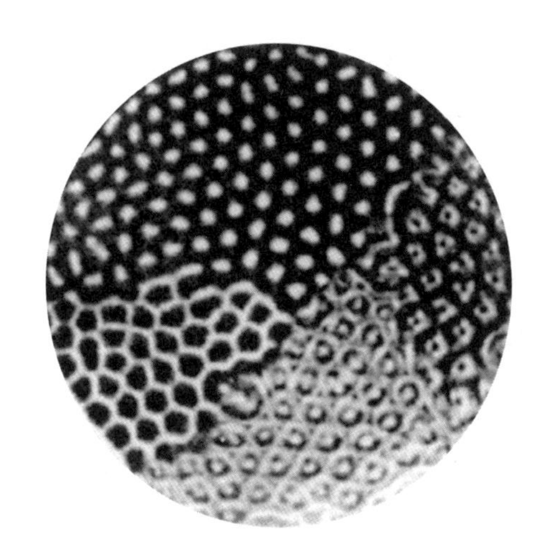

그림 4.27
알갱이 패턴들의 서로 다른 영역들이 따로따로 올라가고 내려가면, 정지된 이미지를 포착하는 섬광 촬영 장치는 주기상 다른 단계에 있는 영역들을 비춘다. 그리하여 실제로는 패턴들이 동일하지만 보기에는 달라 보인다.

류처럼 보이는, 멈추지 않는 세포 같은 패턴들이었다. (그림 4.26 참조)

그 패턴은 흔드는 주파수와 진폭에 의존하고, 임계 역치가 넘어서면 패턴들 사이에 급격한 변화가 일어난다. 알갱이들은 흔드는 주파수와 간단한 비례를 이루는 주파수들에 맞춰 올라가고 내려간다. 2번 흔들 때 1번, 또는 흔드는 진폭이 더 클 경우는 4번마다 1번씩이다. 그렇지만 이 같은 패턴의 다른 부분들은 서로 보조를 맞추지 않고, 한 부분은 올라가고 다른 한 부분은 내려가는 식으로 진동할지도 모른다. 그러면 섬광등은 서로 어긋난 알갱이들을 포착하게 되는데, 한쪽 영역은 빛나는 (밝은) 봉우리, 다른쪽 영역은 (짙은) 고랑을 이룬다. (그림 4.27 참조) 흔드는 진폭이 한 특정한 역치를 넘어서면 패턴들은 무질서하게 흩어진다. 너무 높이 던지면 알갱이들은 더 이상 움직임을 조직적으로 일치시킬 수 없다.

왜 알갱이들의 층은 아무런 패턴도 없이 그냥 단순히 통째로 올라가고 내려가지 않을까? 글쎄, 만약 진동의 진폭이 작다면 그렇게 할

지도 모른다. 그렇지만 어떤 임계 진폭을 넘어서면 이 납작한 층에는 **분기점**이 존재한다. 알갱이들이 단일한 움직임을 보이는 상태에서, 하나는 알갱이들이 올라가고 다른 하나는 내려가는 두 가지 상태로 변화하는 것이다. 이 상태들은 각자 층의 서로 다른 지점들에 존재할지도 모른다. 그 층은 각자 올라가고 떨어지며 서로 교대하는 줄무늬들로 엮인다. 낮은 주파수에서 그 줄무늬들은 정사각형 패턴으로 지그재그를 그린다. 그러고 나면 두 번째 임계 진폭에서 육각형 패턴으로 이어지는 두 번째 분기점이 일어난다. 진동 주기상 한 지점에서 이 패턴은 작은 점 같은 봉우리들로 나타난다. 반면 만약에 섬광 촬영 장치가 한 주기의 중간 이후에 그 패턴을 포착하도록 설정하면 우리는 중간에 빈 곳이 있는 육각형 벌집 모양 세포들의 배치를 보게 된다. 따라서 패턴은 자신을 2배의 진동으로 보여 준다. 점, 허공, 점, 허공…… 여러분은 이 양쪽 패턴을 서로 움직임이 어긋나는 영역들에 있는 2개의 중간 배치 형태와 함께 그림 4.27에서 볼 수 있다.

이들 패턴은 알갱이들 사이의 충돌에서 생겨난다. 이것이 알갱이들이 말 그대로 서로 '접촉하도록', 그들의 움직임이 서로 동기화되도록 압박하는 요인이다. 스위니와 동료들은 만약 알갱이들이 충돌할 때 약간의 에너지를 잃는다고 가정하면 한 모형에서 그 패턴들을 다시 만들어 낼 수 있다는 것을 발견했다. 물론 이와 함께 알갱이들을 용기의 바닥이 위로 밀어 올리고, 중력이 다시 아래로 끌어 내린다. 그렇지만 놀랍게도 우리는 그 점을 전혀 고려하지 않고도 패턴들을 설명할 수 있다. 그것은 모두 단순히 충돌에 달려 있는데, 말하자면 알갱이들의 수평적 움직임에 의존한다는 말이다. 미국 일리노이 노스웨스턴 대학교에 있던 트로이 신브로트(Troy Shinbrot, 1956년~)가 그 사실을 보여 주었다. 그의 모형에서 알갱이들은 수평으로 움직이지 않고, 각 진동 주기에서 무작위적으로 선택된 수평 방향의 작은 추동력을 얻을 뿐이다. 그것은 무작위성을 야기하는 흔들림의 영향력을 반영한다. 이 추동력은 그 알갱이가 인접한 알갱이 중 하나와 충돌하게 만들 수도 있다. 그러면 그 알갱이는 에너지의 일부를 잃는다. 이 설명을 보면 오직 무작위성 외에는 어떤 결과도 나올 수 없을 것 같다. 그렇지만 일

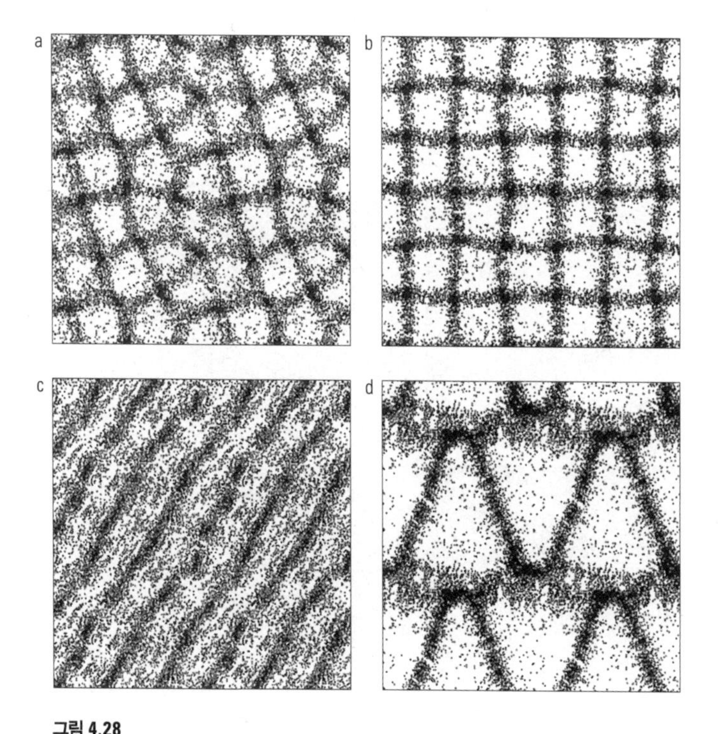

그림 4.28

알갱이 움직임들의 무작위적인 '잡음'과 알갱이들 간의 충돌이 한데 얽히면, 얇은 층의 알갱이들을 흔드는 단순한 모형에서 복잡한 질서와 불규칙한 패턴들이 즉흥적으로 생겨난다.

단 몇 번 흔들고 나서, 신브로트는 원래 무작위적으로 흩어져 있던 알갱이들이 스스로를 줄무늬, 정육각형, 그리고 정사각형들로 조직하는 것을 발견했다. (그림 4.28 참조) 어떤 패턴이 선택되느냐는 무작위성을 야기하는, 흔드는 효과의 강도 그리고 각 알갱이가 서로 충돌하기 전까지 이동하는 평균 거리에 달려 있다. 신브로트는 실험적으로 관측된 패턴들을 다시 만들어 내는 것과 더불어, 이전에 관측된 적은 없지만(그림 4.28d 참조) 그가 세운 이론에 따르면 그 실험의 올바른 조건들을 찾아 냈을 때 나타날 법한 다른 패턴들도 찾아냈다.

이 모든 패턴들은 한 균일한 시스템이 파도처럼 어긋나는 것으

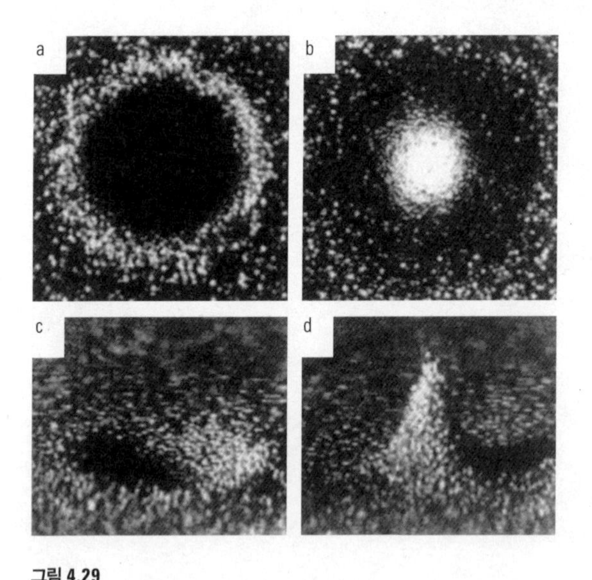

그림 4.29

오실론이라고 불리는 알갱이 파동 패턴들의 개별적 요소는 고립시킬 수 있다. 각 오실론은 위((a), (b))와 옆((c), (d))에서 주기상의 다른 지점들에서 보이는 것처럼 올라가고 내려가는 단일한 봉우리다.

로 생각할 수 있다. 그 패턴은 진동하는 물 그릇에서 볼 수 있는 정상파로 많이 나타난다.[13] 그렇지만 그것들을 다른 방식으로 묘사할 수도 있다. 붐비는 해변에서 균일하게 서로 간격을 두고 스스로 자리 잡는 사람들처럼, 질서 있는 구조들을 만들기 위해 상호 작용하는 개별적 요소들의 열(列)이다. 여러분은 이 그림을, 특정 파장을 지닌 전 지구적인 불안정성의 파동식(式) 그림에 대한 일종의 '입자식' 대안들로 볼 수 있다. 흔들린 모래의 이 '패턴 알갱이들'을 고립시켜 포착하고 연구하는 것은 가능한 이야기다. 스위니와 동료들은 특정한 범주의 층 깊이, 흔들림 주파수들, 진폭들에 관련해 알갱이의 층에 고립되어 진동하는 봉우리 몇 개 또는 단 한 개를 생성할 수 있다는 사실을 발견했다. (그림 4.29 참조)

그들은 이 외딴 봉우리를 오실론(oscillon)이라고 부른다. 진동의 고립된 '꾸러미들'이다. 오실론은 튀어 다니는 공들이 순간순간 멈춰 있는 봉우리와 분화구 같은 골짜기다. 그것은 물웅덩이에 무언가를 던져 넣었을 때 생기는 스플래시와도 비슷해 보인다. 단지 스플래시는 잇따라 번져 가는 잔물결들로 사라지지 않고, 마치 시간의 고리에 갇힌 것처럼 계속해서 다시 튀어 오른다는 점이 다르지만 말이다. 이런 기묘한 현상은 완전한 패턴이 요구하는 것보다 약간 더 작은 진폭에서 존재한다. 스위니와 동료들은 그것들을 가지고 흥미로운 종류의 '오실론 화학'을 연구할 수 있음을 발견했다. 오실론들은 알갱이 층들을 가로질러 움직일 수 있는데, 그것들이 서로 만나면 두 가지 중 한 가지 상황이 발생한다. 각 오실론은 흔들리는 주파수의 절반에서 위아래로 튕기므로, 두 오실론들은 반드시 서로 보조를 맞추거나 아니면 하나는 봉우리, 하나는 골짜기로 완전히 어긋나야 한다. 서로 어긋난 두 오

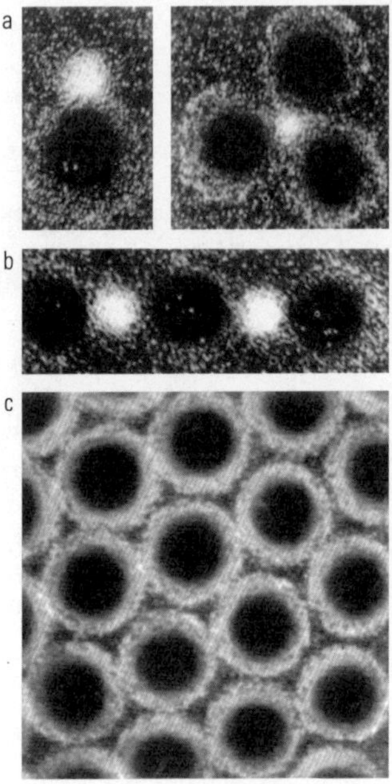

a

b

c

그림 4.30

오실론들은 진동이 어긋나면 서로 끌어당기지만 일치하면 서로 밀쳐 내는 알갱이들처럼 행동한다. 어긋난 진동들은 (a) '오실론 분자들'이나 (b) 사슬들을 형성할 수 있다. (c) 일치된 오실론의 집단은 서로 동일한 거리를 둔 질서 잡힌, 육각형 배치로 한데 엮인다.

실론은 마치 서로 다른 전하를 띤 입자들처럼 서로를 끌어당겨 그들이 '분자들'을 이루게 한다. (그림 4.30a 참조) 서로 어긋난 오실론들은 사슬 같은 중합체 분자들과 유사한 긴 현을 이룰 수 있다. (그림 4.30b 참조) 이 서로를 끄는 상호 작용의 사정거리는 겨우 오실론 너비의 1.5배 정도로 아주 짧으므로, 그들이 서로 들러붙으려면 아주 가까이 접근해야 한다. 한편 보조를 맞춘 오실론들은 동일한 전하를 띤 입자들처럼 서로를 밀쳐 낸다. 보조를 맞춘 오실론들의 한 무리는 육각형 패턴을 형성할 것이다. (그림 4.30c 참조) 왜냐하면 이것은 각 오실론이 그 이웃들 모두와 가능한 한 멀리 떨어져 있게 해 주기 때문이다. 이것은 마치 그림 4.26의 전 지구적 육각형 패턴의 파편 같다.

모래알 속의 세상

따라서 흔들거나 진동시키나 심지어 그저 쏟아붓기만 해도 알갱이들이 서로 섞이거나 섞이지 않거나, 놀라운 패턴들을 형성할 수 있다. 나는 우리가 즉흥적 패턴들을 낳는 알갱이 물질의 능력에 관한 모든 것을 안다거나 또는 현재까지 알려진 모든 것들을 여기서 살펴볼 수 있다고는 한순간도 생각지 않았다. 현재로서는 우리가 무엇을 예상해야 할지 말해 주는 어떤 일반적인 '알갱이 이론'도 없고, 심지어 그것을 연구하는 과학자들조차 아직 필요한 통찰을 얻지 못했으므로, 우리는 실험에서 무엇을 보게 될지 예측할 수 없다.

우리가 2장에서 만난 유체 역학의 원로인 레이놀즈는 알갱이 흐름들에 대해 원대한 비전을 지녔다. 레이놀즈는 한 무리의 알갱이들이 흐르기 위해서는 반드시 약간 팽창해야 한다는 것을 발견했다. 진정하도록 가만 놓아두면 그 알갱이들은 서로 밀도 높은 집단을 이룰 것이고, 그러고 나면 알갱이들이 갈 곳이 없어진다. 이것은 모두 무척 합리적인 이야기 같지만, 거기서 레이놀즈는 다소 특별한 결론을 도출했다. 어떻게 해서인지 그는 이 가루들의 '팽창'이 자연의 모든 역학적 행동을 설명할 수 있다고 결정했다. 원자들의 내부 구조에 대한 이해가 거의 없던 세기의 전환기에는, 아무도 아원자 규모에서 공간과 물질이 어떤 모습일지 확신하지 못했다. 레이놀즈는 그것이 사실 알갱이들로 차 있다고 단언했다. 그의 추정에 따르면 이것들은 너비가 대략 5×10^{-18}센티미터인, 광자보다 훨씬 작은 단단한 입자들이다. 이 모든 초소형 알갱이들이 서로 맞부딪히고 있다는 개념은 17세기의 데카르트와 놀랍도록 비슷한 이미지를 낳는다. 데카르트는 우주가 서로 맞닿아 있는 소용돌이들로 가득하다고 상정했다. 데카르트의 유체가 레이놀즈의 가루가 되었다고 말해도 무리는 아닐 듯하다.

그의 개념은 심지어 빅토리아 시대 과학의 기준에서도 다소 기묘하게 들린다. 1904년에 존 말러 콜리어(John Maler Collier, 1850~1934년)가 그린 초상화에서는 볼베어링이 든 대야를 들고 있는 레이놀즈의 모습을 볼 수 있다. 그리고 그 2년 전에 했던 유명한 강의에서 레이놀즈는 자신이 염두에 둔 이미지를 이처럼 겉보기에는 별 것 아닌 단단한 입자들의 집합으로 보여 주었다. "나는 최초의 실험적인 우주 모형을 내 손에 들고 있습니다. 산탄이 가득 든 부드러운 인도 고무 가방이죠." 블레이크의 말(이 단락의 소제목인 '모래알 속의 세상'은 영국 시인인 윌리엄 블레이크(William Blake, 1757~1827년)의 시 구절이다. ― 옮긴이)은 알갱이 물질에 대한 연구에서 식상할 정도로 언급되지만, 레이놀즈에게 그것은 현실이 되었다.

네 이웃을 따르라:
떼, 무리, 그리고 군중

5장

군중에 순순히 떠밀려 가는 대신, 사람들은 군중을 되밀어서 압박받는 상태를 벗어나려고 한다. 이 '군중 유체'는 역동성을 갖고, 움직임에 즉흥적으로 더 많은 에너지를 주입한다.

하버드 대학교의 생물학자 에드워드 오스본 윌슨(Edward Osborne Wilson, 1929년~)이 대중 강연을 하던 중에 한 신경질적인 젊은이에게 도전적인 질문을 받았는데, 나도 그 자리에 있었다. 윌슨은 친구인 동식물학자 버트 횔도블러(Bert Hölldobler, 1936년~)와 함께 개미들의 행동에 관한 책을 써서 1990년에 퓰리처상을 받았다. 그 책은 묵직하고 두꺼운 학술서였지만, 즐거움과 열정이 가득한 책이기도 했다. 하지만 그 젊은이는 정말 이해가 안 간다는 듯 당황스러운 태도로 주장했다. 터놓고 말해 어떻게 한 사람이 전체 연구 경력을 개미처럼 단순하고 따분하고, 막말로 **하찮은** 것에 쏟을 수 있다는 말인가?

윌슨은 결코 개미 연구로 명성을 얻은 사람이 아니다. 사회 생물학의 주도적인 주창자 또는 진화 심리학자로 이름 높은 윌슨은 그가 지지한 시각이 1970년대에 사회 일각에서 인간 본성에 대한 우파적이고 엄격한 결정주의로 오해되는 바람에 엉뚱한 비난을 받았다. 어쨌거나 개미에 대한 윌슨의 열정은 매우 뿌리 깊었고, 청중은 과연 이 대단히 순진한 경멸을 윌슨이 어떻게 받아들일지 눈에 띄게 불안해 하며 지켜보았다. 그렇지만 그의 대답에는 상대를 무시하거나 방어적인 느낌은 전혀 없었다. 그는 그저 그 젊은이에게 따뜻한 날에 개미 둥지 근처에 설탕을 좀 흩뿌려 보라고 했다. 그리고 뒤로 물러나 지켜보라고 했다. 그가 말하고자 한 것은, 곧 평생의 과업으로 삼기에 적절해 보이는 광경이 눈앞에 펼쳐지리라는 것이었다.

다른 많은 유기체에 대해서도 아마 비슷한 이야기를 할 수 있을 것이다. 해질녘에 공원에서 한 무리의 제비들이 급강하해 잠수하는 것을 보면 우리는 심오한 신비를 느낀다. 물고기 떼가 대보초(大堡礁)에서 포식자들을 습격하는 것을 보거나, 영양 떼가 대초원을 가로지르거나, 심지어 현미경으로 세균의 배양체가 급증해 확산되는 것을 관찰해 보라. 그러면 여러분은 개별적 유기체의 수준에서 멈추지 않는 생물학적 조직을 이해하기 시작할 것이다. 이 모든 집단은 어떤 장엄한 계획의 실마리를 보여 주는 움직임들, 어떤 일관성의 감각, 심지어 공동체의 집단적 행동을 지배하는 목적성까지 보여 준다.

생물학자들은 오래전부터 동물의 왕국에서 집단행동의 중요성을 눈치챘다. 그들은 개미와 벌과 같은, **사회적** 곤충이라고 불리는 생물들이 보여 주는 협력을 무언가 특별하고 놀라운 것으로 인식한다. 그렇지만 최근에서야 이런 집합적 움직임들은 어떤 **흐름**에 가까운 것으로 인식되기 시작했다. 앞 장에서 우리는 어떻게 단단한 입자들(알갱이들) 사이에서 흐름이 일어나며 이 흐름이 어떻게 놀라운 형태들과 패턴들로 이어지는가를 보았다. 이제 나는 그런 알갱이들이 움직이면, 그것도 그저 중력이나 바람, 혹은 흔들림 때문에 수동적으로 움직이는 것이 아니라 그들 자신의 동력으로, 날개, 다리, 지느러미 혹은 몸체를 꿈틀대서 얻은 추진력으로 움직이면 어떤 일이 일어나는지 살펴보고자 한다. 우리는 어쩌면 이 '알갱이들'이 스스로 운동하게 만들면, 아마도 그들의 움직임이 무작위적이며 무질서한 군집의 수준으로 떨어지리라고 상상할지 모른다. 그렇지만 동물들의 무리는 꼭 그럴 필요가 없음을 보여 주었다. 동물 군집(인간 집단도 포함해서)도 얼마든지 일관성과 질서를 보여 줄 수 있다.

집단행동의 법칙

이 일관성은 이따금 너무 두드러져서 기적처럼 보이기도 한다. 어떻게 한 떼에 속한 각각의 새들이 다른 모든 새들이 할 일을 감지해서, 그 결과 한꺼번에 모두 방향을 바꿀 수 있을까? (그림 5.1 참조) 아마도 그런 식은 아닐 것이다. 어쩌면 다른 모든 새들이 따르는 어떤 단일한 지도자가 있을까? 무리 짓는 행동을 주의 깊게 관측한 결과, 그 움직임들이 완벽히 동기화되지 않았다는 사실이 밝혀졌다. (과거의 일부 연구자들은 전자기장을 통한 어떤 형태의 사고 전이나 정신적 소통을 그 원인으로 제시했다.) 그보다 방향 변화는 파동같이 새 떼 속에서 급속히 전파되는 것처럼 보인다. 물고기도 동일한 이야기에 해당한다. 1970년대에 러시아 생태학자인 드미트리 빅토로비치 라다코프(Dimitri Vicorovitch Radakov, 1916~1977년)는 물고기 떼를 잔물결처럼 지나가는 '자극'의 파동들을 찾아냈다.

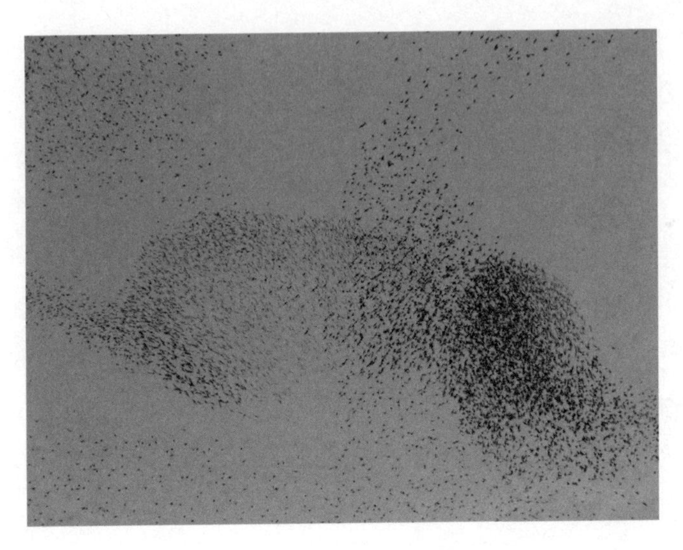

그림 5.1
마치 무용처럼 보이는 새들의 무리 짓기는 협력이 낳은 기적이라 할 수 있다.

이것은 그 운동이 개별 물고기들로부터 촉발되어 주위 물고기들에게 복제된다는 것을 말한다. 그렇지만 그 파동들은 그들의 반응 속도가 허용하는 것보다 더 빨리 한 개체에서 다음 개체로 전달되는 것처럼 보인다. 1984년에 미국 유타 주립 대학교의 웨인 포츠(Wayne K. Potts)는 새들이 그 파동이 다가오는 것을 보고서, 자신들의 이동 시간과 파동의 도달 시간이 맞아떨어지도록 조정했다고 주장했다. 그는 이것을 합창 무용단에서 무용수들이 발을 차올리는 타이밍에 비유했다. 아마도 우리에게는 그 현상의 예로 오늘날 축구 관중이 하는 파도타기가 더 친숙하게 느껴지겠지만 말이다. 문제는 이것이 새들의 감각 능력에 상당한 부담을 지운다는 점이었다. 새들은 먼 곳에서 다가오는 파동을 인식할 수 있어야 하고, 그런 다음 파면이 다가올 때 파면과 동기화하려면 언제 움직여야 하는지를 정확히 판단할 수 있어야 했다. 그리고 지도자는 누구인가? 일반적으로 집단 움직임에 관한 연구는 다른 나머지에게 해야 할 일을 말해 주는 특정 개체들을 알아내려 했지만 허사였다. 게다가 각각의 움직임이 각자 다른 '지도자' 하나와 관련되어 있다면, 그 무리는 자신들 중 그 지도자가 누가 되어야 할지를 어떻게 결정할까?

우리는 이제 동물 떼의 집단적 움직임에 지도자가 전혀 필요하지 않다는 사실을 안다. 그들은 스스로 조직하는 것처럼 보인다. 일관된 단체 행동은 개체들 간의 단순하며 순수한 제한적 상호 작용에서 나온다. 그들은 전체 그룹이 뭘 하는지에 관해 전혀 감이 없고, 예측이라는 대단한 능력을 발휘할 재간도 없다. 이러한 이해는 처음부터 집단 움직임의 비밀들을 풀어내려는 어떤 근본적인 욕망 덕분에 얻은 것이 아니라, 그저 컴퓨터 모형로 그런 움직임을 흉내 내려는 시도에서 나왔다. 미국 캘리포니아 심볼릭스 컴퓨터 회사의 소프트웨어 공학자였던 크레이그 레이놀즈(Craig W. Reynolds, 1953년~)는 컴퓨터 표상과 애니메이션의 문제들을 잘 알려진 물리학이나 생물학 법칙들이 아니라 알고리듬과 법칙들의 측면에서 생각하는 데 익숙했다. 여러분이 컴퓨터상으로 한 종류의 행동을 생성하고 싶다면, 어떤 법칙을 따르겠는가? 1986년에 그는 한 가상의 풍경 속을 움직이는 '입자들'의 시스템에서 새 떼와 물고기 떼의 조화된 움직임을 흉내 내기 시작했다. 그는 찌르레기 떼를 보고서, 각 새들이 이웃 새들의 행동에 반응하는 것을 발견했다. 이 행동은 컴퓨터상에서 어떻게 만들어질까?

레이놀즈는 그가 보이드('새 같은 드로이드'의 압축어)라고 부른 그의 '입자들'에 그들의 '조종 장치'를 지배하는 세 가지 근본 행동을 삽

입했다.

1. 무리 속 친구들과의 충돌이나 근접 조우를 피한다.
2. 이웃들이 가는 평균적 방향과 나란히 간다.
3. 한데 모여서 이웃의 평균적인 '중력의 중심'을 향해 간다.

어떤 개체가 보이드의 '이웃'인가? 레이놀즈는 이것이 특정한 반지름 안에 있는 모든 보이드를 포함한다고 가정했다. 그것은 일반적으로 겨우 몇몇 '보이드 너비'에만 해당되었다. 따라서 각 보이드는 근처에 있는 보이드들에게만 주의를 기울였다.

이런 법칙들은 보이드들의 집단 형성을 약속하는 듯하다. 셋째 법칙은 인력과 유사하게 작용해 그들을 서로 묶어 준다. 또한 이 법칙들은 보이드들이 줄을 서서, 대략 평행으로 움직이도록 만들어진 듯하다. 이 법칙들에는 실제 집단에서 익히 보는 종류의 대규모 협력을 하게 만드는 어떤 명확한 지시가 포함되지 않았다. 어쩌면 여러분은 그 법칙들이 보이드들로 하여금 그저 작은 군집들로 뭉치는 행동만 지시한다고 생각할지도 모른다. 하지만 레이놀즈가 이런 법칙들에 따라 컴퓨터로 모의실험을 했을 때, 보이드들의 움직임은 실제 동물들과 무서울 정도로 동일해 보였다. (그림 5.2 참조)

레이놀즈는 그의 법칙들이 생물학적으로 현실적인지 크게 걱정하지 않았다. 그는 그저 그 시뮬레이션들이 그럴싸하게 보이기만을 바랐다. 왜냐하면 그의 컴퓨터 프로그램의 궁극적 목적은 컴퓨터 애니메이션을 위한 도구를 제공하는 것이었기 때문이다. 심지어 그는 그 목적을 위해, 그 결과물을 더욱 현실적으로 보이게 만드는 다른 법칙

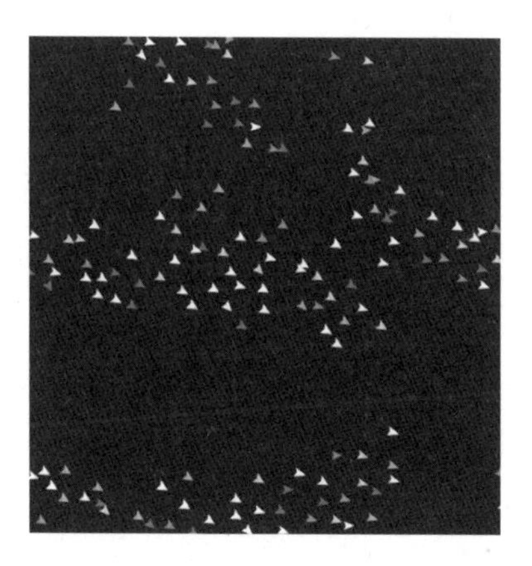

그림 5.2

레이놀즈가 고안한 것들에 기반을 둔 지역적 법칙들에 따라 움직이는 '보이드들'의 무리를 찍은 스냅 사진. 이 시뮬레이션은 노스웨스턴 대학교의 유리엘 윌렌스키(Uriel J. Wilensky)와 동료들이 개발한 넷로고 소프트웨어를 사용한다. 소프트웨어는 http://ccl.northwestern.edu/netlogo에서 무료로 내려받을 수 있으며, 동물 군집과 생물학적 생태계에서 무리 짓는 행동을 비롯해 패턴 형성 행동들을 위한 많은 표본 프로그램들을 담고 있다.

들을 추가했다. 거기에 어떤 생물학적 근거가 존재하느냐는 개의치 않았다. 그리고 그 결과는 실로 놀라울 만큼 그럴싸해 보였고, 그리하여 몇몇 영화들에서 사용되었다. 「배트맨의 귀환」에 등장하는 박쥐 떼가 그 한 예다. 그렇지만 뉴멕시코 산타페 재단에 있는 복잡성 연구자인 크리스토퍼 랭턴(Christopher Langton, 1949년~)이 레이놀즈의 연구에 관해 알게 되면서 과학자들은 착상을 얻었다. 랭턴은 1987년에 인공 생명에 관한 워크숍에 레이놀즈를 초대해 강연을 맡겼는데, 그 강의를 들은 과학자들은 보이드들을 '창발적 행동'의 고전적 표본으로 인식했다. 그것은 개체들의 상호 작용을 지시하는 지역적 법칙들이 낳은,

스스로 조직하는 행동이다.

'인공 생명'에 관한 연구 중 생명과 유사한 행동을 생성하는 컴퓨터 시뮬레이션은 가끔 그 자체로 컴퓨터 게임의 세련된 형태에 지나지 않는다는 비난을 받기도 한다. 그런 행동의 근본적 이유나, 실제 세계에서 일어나는 일들을 반영하는가에 관해서는 전혀 관심이 없이, 단지 그 외양만을 재현하는 데 여념이 없다는 것이다. 그러거나 말거나 레이놀즈의 보이드 모형은 중요한 메시지를 담고 있다. 집단적 움직임은 전 지구적 비전을 요구하지 않고, 복잡한 행동적 기원도 필요로 하지 않는다. 그저 단순히 여러분의 이웃을 따르기만 하면 충분하다. 1990년대에 물리학자들과 생물학자들은 집단에 대한 한층 엄밀한 이론을 형성하려는 의도에서 이 시각을 받아들였다. 1994년에 헝가리 부다페스트 외트뵈시 대학교의 비체크 터마시(Vicsek Tamás, 1948년~)와 그 제자 키로크 언드라시(Czirók András, 1973년~)는 이스라엘 텔아비브의 연구자들과 만나 집단적 움직임에 관한 이론을 고안하기 위해 손을 잡았다. 그들은 그들의 모형이 새 떼와 물고기 떼에 관해 무언가를 알려 줄지 모른다는 점을 염두에 두기는 했지만, 그 협력의 1차적 동기는 어디까지나 훨씬 더 단순한 종류의 유기체를 대상으로 집단적 움직임을 설명하는 것이었다. 세균, 구체적으로 고초균의 군락이었다. 에셜 벤야코브(Eshel Ben-Jacob, 1952년~)가 이끄는 텔아비브 팀은 고초균이 복잡한 패턴들로 성장할 수 있음을 발견했다. 우리는 『가지』에서 그중 일부를 접하게 될 것이다. 이들 가운데에는 가지가 갈라지는 덩굴손이 있는데, 일부는 끝이 돌돌 말린 모습이 일종의 식물을 닮았다. (그림 5.3a 참조) 벤야코브와 동료들은 이것들을 현미경으로 조사하고 세균 세포가 나란히 호를 그리는 가는 선들처럼 움직일 때, 그처럼 말

a

b
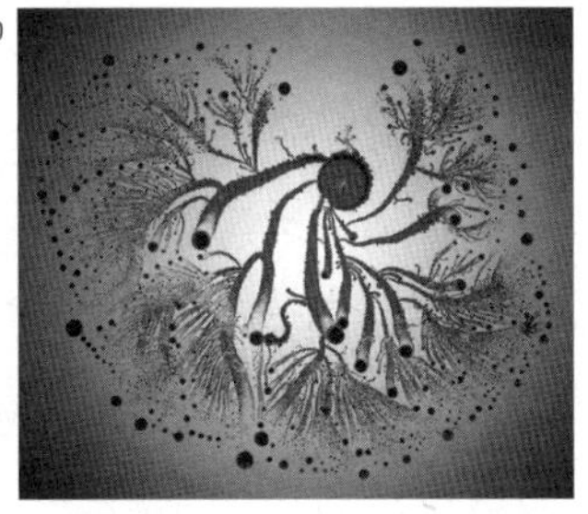
c
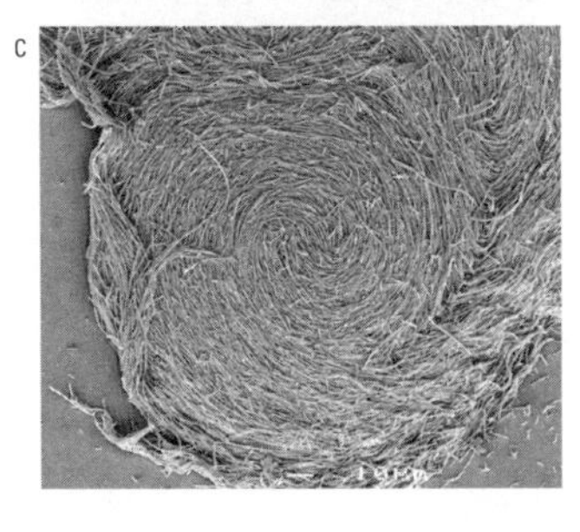

그림 5.3

(a), (b) 세균들이 형성하는 복잡한 분지 패턴들의 일부. (a)의 돌돌 말리는 덩굴손들은 세포들이 흐름으로 배치되면서 형성되는 반면 (b)에 보이는 가지 끝의 방울들은 회전하는 세포의 소용돌이를 이루며, (c)는 전자 망원경으로 본 것이다.

리는 작용이 일어난다는 사실을 발견했다. 가지가 갈라지는 다른 패턴들은 그 끝이 세포 방울들로 맺어지는데(그림 5.3b 참조), 자세히 살펴보면 이들은 회전하는 소용돌이다. (그림 5.3c 참조)

무엇이 이런 조화로운, 회전하는 세포의 흐름을 야기할까? 우리는 『모양』에서 일부 미생물들, 대장균과 변형균류인 딕티오스텔리움 디스코이데움(*Dictyostelium discoideum*) 같은 것들이 주변 환경으로 퍼지는 화학 물질들을 분비하고 감지해서 소통하는 모습을 보았다. 그들은 이 화학적 신호의 농도가 더 높은 쪽으로 움직이는데, 이런 행동 유형을 주화성(chemotaxis, 화학 물질 쏠림성)이라고 한다. 이런 종류의 화학적 신호들에 반응하는 것은 결코 단세포인 유기체들만이 아니다. 더 고등한 동물들 역시 페로몬이라는 호르몬의 안내를 받아 그렇게 한다. 그 자극은 꼭 화학적일 필요는 없다. 예를 들어 일부 유기체들은 열이나 빛의 근원을 향해 움직인다. 근본 원칙은 한 유기체가 그 환경을 개선시키는 방향으로 움직인다는 것이다. 따뜻함을 향해, 영양분을 향해, 혹은 친구들을 향해.

일부 유기체들은 이것이 환경을 좋거나 나쁘게 만드는지 아닌지에 따라 방향을 돌리느냐 마느냐를 '결정함'으로써 움직임에 이런 종류의 방향성을 설정하는 듯하다. 이런 종류의 움직임은 굴곡 주성이라고 불리는데, 일부 어종이 그렇게 움직인다. 개체들이 그저 그들 스스로만 그 신호를 찾는 것이 아니라 다른 개체들의 행동에도 반응한다면, 한 집단은 종종 환경적 신호에서 일어나는 변화를 감지하고 따를 수 있다. 예를 들어 이웃들이 돌면 같이 따라서 도는 것이다. 이것은 개체들이 경로를 벗어나 헤매는 것을 막는 데 도움이 될 수 있고, 아직 스스로 그것을 발견하지 못한 개체들이 '냄새'로 소통할 수도 있다. 공동 굴곡 주성은 물고기 떼가 대양 온도가 아주 조금만 다른, 엄청나게 먼 거리에 있는 더 따뜻하거나 차가운 물로 이동하는 것을 돕는 것처럼 보인다.

한 집단의 개체들이 정확히 **어떤 방식으로** 서로 소통하는가는 복잡한 문제다. 어쩌면 이른바 화학적 신호를 주고받을지도, 다른 개체가 무엇을 하는지를 볼지도, 아니면 그냥 길을 잃고 서로의 뒤에 줄을 설지도 모른다. 비체크와 그의 동료들은 그 역학에 관해서는 문제 삼지 않았다. 그들은 그저 이런 종류의 상호 작용들이 일어난다고 가정했고 레이놀즈의 보이드처럼, 그들이 일련의 단순한 법칙들을 따른다고 가정했다. 사실 이 경우에는 법칙이 한 가지뿐이었다. 각각의 '스스로 추진하는 입자들(self-propelled particle, SPP)', 항구적 속도로 여행하는 이것들은 정해진 범위 안에 있는 몇몇 이웃들의 평균적 움직임에 반응해 움직인다. 이 SPP 모형에는 다른 재료가 오로지 하나밖에 없는데 각 입자들의 움직임이 무작위적 요소, 일종의 길을 잃는 성향을 가진다는 뜻이다. 만약 이 무작위성, 혹은 '잡음'이 너무 강력하면, 그것은 마치 기체의 분자들처럼, 무작위적으로 흔들리며 서로 무시하는 입자들의 집단으로 SPP를 퇴보시킬 수 있다. (그림 5.4a 참조) 그러나 만약 그 잡음이 줄어들면 입자들은 서로 열을 맞추기 시작한다. 그리고 한 주어진 공간 안에 너무 빽빽하게 밀어 넣지 않는 한, 그들은 무작위적 방향으로 집합적 움직임을 보여 주며 다소 빙빙 도는 경향을 가진 작은 집단을 형성한다. (그림 5.4b 참조) 만약 그 입자들이 좀 더 빽빽하

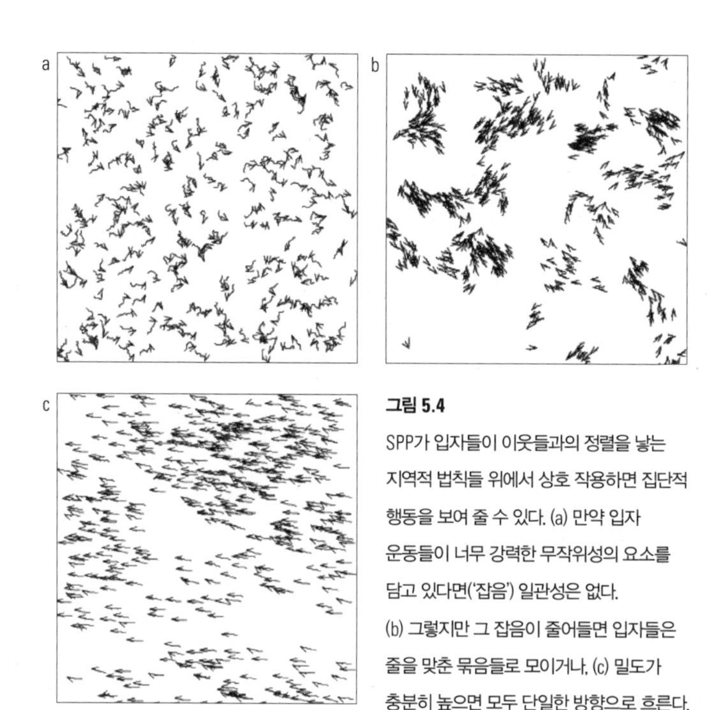

그림 5.4

SPP가 입자들이 이웃들과의 정렬을 낳는 지역적 법칙들 위에서 상호 작용하면 집단적 행동을 보여 줄 수 있다. (a) 만약 입자 운동들이 너무 강력한 무작위성의 요소를 담고 있다면('잡음') 일관성은 없다. (b) 그렇지만 그 잡음이 줄어들면 입자들은 줄을 맞춘 묶음들로 모이거나, (c) 밀도가 충분히 높으면 모두 단일한 방향으로 흐른다.

게 들어차 있다면 그 잡음은 낮아지고, 이 집단들은 한 단일한 방향으로 움직이면서 전체 집단의 집합적 움직임으로 일관성을 달성한다. (그림 5.4c 참조)

집단은 과연 어떻게 형성되는가? SPP 모형의 예측 중 하나는 일단 그 동물 집단의 밀도가 특정 역치를 넘어서면 일관성 있고 스스로 조직된 움직임이 자발적이고 급작스럽게 나타난다는 것이다. 그것이 이 사건들에 대한 물리학자의 간결한 시각이다. 여러분은 다이얼을 돌리고 결과를 본다. 그런 일들이 자연에서 현실로 일어나는 경우를 찾기는 쉽지 않다. 그렇지만 시드니 대학교의 제롬 불(Jerome Buhl)과 그의 동료들은 실험실에서 그것을 준비했다. 그들은 아프리카, 중동, 그리고 아시아의 농경에 재앙과 같은 존재인 사막메뚜기(*Schistocerca gregaria*) 떼의 군집 행동을 살펴보았다. 사막메뚜기 떼는 이런 취약한 환경에서 수세기 동안 곡식들을 거듭 먹어 치우면서, 성경에 나올 법한 규모의 돌림병과 그 뒤를 잇는 기근과 불행을 불러왔다. 일단 한 집단이 형성되면 그것을 통제하기는 거의 불가능하다. 한 집단은 메뚜기 수백억 마리로 이루어질 수도 있다. 1,000제곱킬로미터의 면적을 뒤덮을 수 있고, 바람 방향이 같을 때는 하루에 200킬로미터까지 비행할 수도 있다. 그런 포화 상태의 성충 무리가 공중에 뜨기 전에, 날개 없는 유충들의 '행군하는 무리들'이 형성되어 성충의 도래를 알린다. 이런 무리들은 더 작은 무리의 집단에서 이루어져, 한데 모여 새로운 영역으로 단체 비행하면서 그 길에 새로운 메뚜기들을 모집한다. 그러나 한 집단이 이런 식으로 수를 불리는 데 실패하면 결국 무리는 흩어진다. 그렇다면 핵심적 문제는 한 집단이 어떻게 그리고 언제 개체들의 두서없는 집단으로 행동하기를 그만두고, 조화로운 움직임을 보여 주면서 집단의 결성을 알리느냐다. 이 과정에 대한 이해가 발생기의 집단이 결합되기 전에 해산하는 열쇠를 쥐고 있을 수도 있다.

행군하는 연대들은 일반적으로 땅 1제곱미터당 메뚜기 50마리 정도다. 불과 그의 동료들은 사막메뚜기 떼가 단독 행동에서 일관성 있는 집단행동으로 가는 변화가 SPP 모형과 같은 역치 밀도에서 일어나지 않을까 추측했다. 그래서 밀도가 증가할 때, 실험실에서 곤충의 행동이 어떻게 변하는가를 연구했다. 그들은 유충 사막메뚜기 떼를 링 모양 경기장에 놓고 밀도를 제곱미터당 12마리에서 295마리까지 변화시키면서 점점 더 많은 곤충들이 집단에 보태질 때 그들의 '행군'이 어떻게 변화하는지 보았다. 낮은 밀도에서 생물들은 무작위적으로 돌아다녔다. 그렇지만 일단 군집이 제곱미터당 25마리에서 60마리의 밀도에 도달하자, 곤충들은 질서 잡힌 방식으로 링 모양 경기장 주위를 떠돌면서 스스로 열을 맞추기 시작했다. 이 움직임의 방향은 갑자기 매시간 변화했다. 그러나 제곱미터당 74마리 이상의 밀도에 이르면 적어도 80시간 동안 이 방향 변화들이 멈추었다. 거기에는 집요하게 순회하는 단일한 사막메뚜기 떼가 있었다. 마치 정말 행군하는 연대 같았다. 그때 연구자들이 발견한 바로 그 현상을 SPP 모형이 예측한 것처럼 보였다.

비체크의 연구팀은 또한 인간 피부와 다른 조직들에서 발견되는 각막 실질 세포의 군집에서도 그처럼 무질서 운동에서 질서 운동으로 가는 변화를 보았다. (헝가리 연구팀은 금붕어 비늘의 그것을 연구했다.) 이런 세포들은 표면을 가로질러 움직일 수 있다. 그것이 그들이 조직을 형성하기 위해 각자 올바른 자리에 한데 뭉치는 방식이었다. 비체크와 동료들은 세포의 밀도가 증가할 때 그들이 무작위적 움직임에서 집합

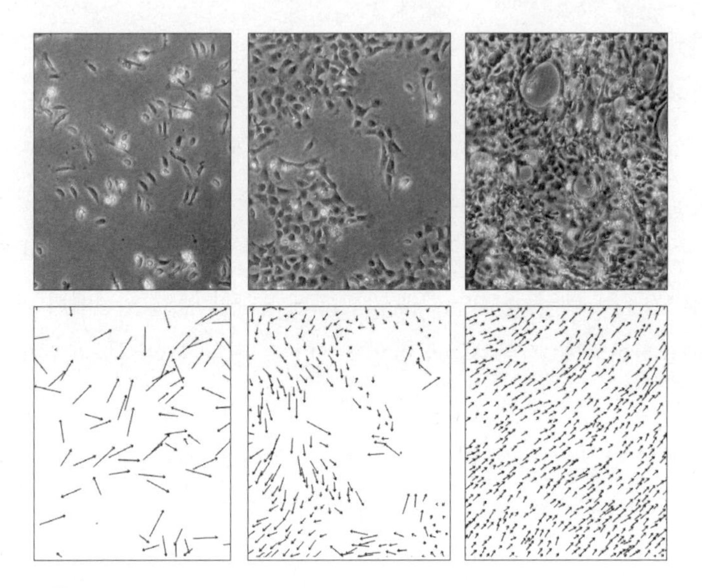

그림 5.5

각막 실질 세포는 밀도가 증가할 때 무작위적 움직임(왼쪽)에서 조화된 움직임(오른쪽)으로 가는 변화를 보여 준다. 더 아래쪽 이미지들은 영상 데이터에서 추출한 개별 세포의 움직임들을 보여 준다. 여기서 위쪽 이미지는 스냅 사진들이다.

적이며 소용돌이 같은 움직임들로 변하고, 마지막으로는 전체 집단의 일관적 흐름으로 변화하는 것을 보았다. SPP 모형에서 본 현상과 동일했다.[14] (그림 5.5 참조)

집단 기억

SPP 모형은 한계가 있다. 그중 하나로, 그것은 '입자들' 사이의 충돌을 배제하지 않는 반면 실제 생물들은 서로 충돌을 피하려 한다. 그 모형은 또한 영구적으로 함께 머무는 집단들을 형성하기 위한 재료가 하나도 없다. 그것은 모였다 흩어지고 다시 모이는 작은 떼들을 생성할 수 있다. 그리고 그것은 상자 속 모든 알갱이들이 하나로 움직이게 만들 수 있지만, 물고기 떼 같은 한 집단이 어떻게 그것을 담을 상자 없이 함께 있을 수 있는지를 설명하지 못한다.

미국 프린스턴 대학교의 이언 더글러스 쿠진(Iain Douglas Couzin, 1974년~)과 동료들은 2차원보다는 3차원 공간에서의 움직임을 살펴보면서 이런 결점들을 수정하려고 노력해 왔다. 입자들의 행동을 지배하는 국지적 법칙들은 더욱 복잡하지만, 그들은 생물학적으로 합리적이다. 각 개체는 동심원적인, 구 같은 상호 작용 지대로 둘러싸이는데 그것은 다른 개체가 이 지대로 들어올 때 그 생물의 행동을 결정한다. (그림 5.6a 참조) 각 개체에 매우 가까이 가면 반발 지대를 만난다. 이웃이 이 지대에 들어오면 그 생물은 양측이 서로 충돌하지 않도록 회피 행위를 할 것이다. 이것을 넘어서면 방향(orientation) 지대가 있다. 다른 개체들이 이 지대로 들어올 때, 그 생물은 다른 생물들의 평균에 맞춰 자신의 움직임을 조절한다. 그리고 그것을 넘어서면 끌림 지대가 있다. 생물은 이 지대 내에서 진행 방향을 방해하지 않고 그저 다른 생물들 근처에 있으려 노력한다. 그 생물은 이런 법칙들에 우선순위를 매긴다. 예를 들어 만약 반발 지대에 어떤 다른 개체가 있다면 방향성은 잊어버리고 충돌을 회피하는 데 집중한다.

어떤 특정한 사례에서, 자극을 받은 한 무리의 생물이 정확히 어떻게 행동하느냐는 그 모형의 온갖 다양한 재료들에 의존할 수 있다. 예를 들어 그 집단의 밀도가 얼마나 높은가, 상호 작용 지대가 얼마나 큰가, 그 생물이 얼마나 빨리 움직이는가 같은 것들이다. 그렇지만 이들이 심지어 모형 '설정들'의 이루 다 헤아릴 수 없는 순열을 모두 제공

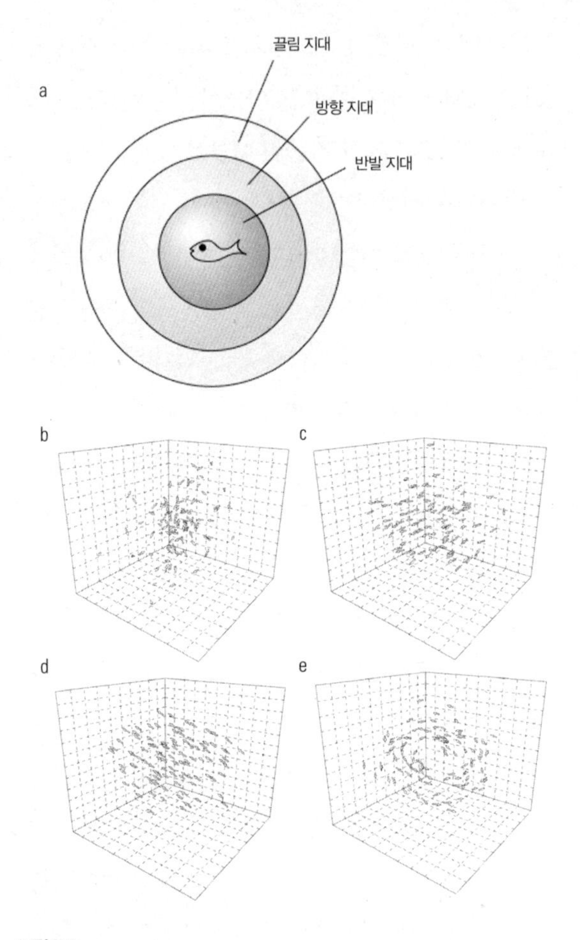

그림 5.6

(a) 쿠진과 동료들이 고안한 집단적 동물 움직임의 모형에서, 각 개체들은 크기순으로 포개진 세 가지 구형 지대들에서 다른 개체들의 존재를 염두에 둔 방식으로 움직인다. 가장 안쪽 지대는 밀어낸다. 생물은 이렇게 가까이 오는 다른 개체들을 피하는 것을 목표로 한다. 그렇지만 둘째 구역에서는 다른 개체들의 평균 내에서 움직임의 방향을 잡는다. 그리고 가장 바깥의 끌림 지대에서는 그냥 다른 개체들 근처에 머무르려고 노력한다. (b)~(e) 이런 법칙들에서는 서로 다른 네 가지 유형의 집단행동들이 등장한다. (b) 집단은 어떤 방향적인 정렬 없이 떼로 뭉칠 수도 있다. (c) 아니면 그 움직임들이 떼나 무리처럼 배열될 수도 있다. (d) 아니면 한 단일한 방향으로 움직이거나, (e) 고리를 이루어 순환할 수도 있다.

한다 해도, 등장하는 행동의 기본 유형은 네 가지다.(그림 5.6b~e 참조) 하나는 같이 어울려 있지만 그 외에 어떤 일관된 움직임은 없는 집단이다. 이것은 마치 두터운 구름 속에서 무작위적으로 윙윙 날아다니는 각다귀 같은 곤충들의 떼와 같다. 그다음에는 그럭저럭 나란히 여기저기 움직이는, 새 떼나 물고기 떼를 닮은 집단이 있다. 아니면 그 집단은 이주하는 새 떼처럼 단일한 방향으로 대단히 엄격한 움직임을 보여 줄지도 모른다. 그리고 마지막으로 도넛이나 쇠시리 모양으로 다 같이 회전하는 집단이 있다. 이 마지막은 기묘하고 인위적으로 보일지도 모른다. 그렇지만 사실 그것은 다소 흔하다고 할 수 있다. 예를 들어 일부 물고기가 이런 식으로 행동한다.(그림 5.7a 참조) 특정한 종의 물고기는 숨을 쉬려면 쉬지 않고 움직여야만 한다. 쇠시리는 그들이 실제로 다른 곳으로 가지 않고도 그렇게 계속 움직일 수 있게 해 준다. 어쩌면 개별적으로 원을 그리기보다는 집단적으로 원을 그리는 편이 에너지

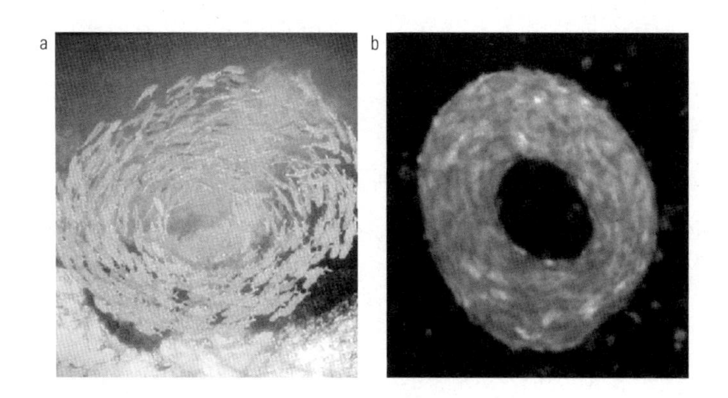

그림 5.7

도넛형 집단 움직임은 놀라울 정도로 흔하다. 예를 들어 (a) 물고기, (b) 변형균류에서 볼 수 있다.

를 보존하는 데에 도움이 될 수도 있다. 왜냐하면 가까이 있는 물고기는 물의 마찰 저항을 줄이면서 서로의 후류 안에서 움직일 가능성이 있기 때문이다. 세균 역시 이러한 도넛형 움직임을 보여 준다. 예를 들어 고초균의 소용돌이에서 그러한 현상이 일어난다. (그림 5.3c 참조) 그리고 변형균류(*Dictyostelium discoideum*)(그림 5.7b 참조)의 군락에서도 그것을 볼 수 있다. 거기서는 세포들 사이의 화합(인력 지대의 등가(等價))이 핵심 역할을 한다고 생각된다.

이런 상태들 간의 변화는 SPP 모형에서 조화되지 않은 움직임이 일관된 움직임으로 급격히 변화할 때처럼 모형 조건들이 변화할 때 갑자기 일어난다. 이것은 행동의 집합적 모드들이 공통적으로 갖는 성질이다. 예를 들어 어떤 액체가 냉동될 때 우리는 그런 반응을 볼 수 있다. 물은 어는점 이하로 겨우 몇 분의 1도 정도만 더 차갑게 해도 완전히 얼음이 된다. 상황에 일어난 변화는 사소하지만, 그 결과로 분자들의 상태에 일어난 변화는 눈에 띄고 보편적이다. 얼리고 녹이는 것은 물질에 있는 모든 구성 분자들 간 상호 작용의 결과고, 물리학자들에게 그들은 이른바 **위상 전이**의 예로 알려져 있다. 동물들이 행하는 집단적 움직임의 모형들 역시 위상 전이를 보여 주는 듯하다.

쿠진과 동료들은 안정적 상태들 사이의 변화들(말하자면 떼 같은 것에서 무리 같은 움직임으로)이 늘 변화의 양 방향에 대해 같은 지점에서 일어나지 않는다는 사실을 발견했다. 그리하여 떼와 무리 상태에서 두 집단은 그들이 처한 조건들, 예를 들어 그들의 집단 밀도가 서로 동일해질 때까지 변화한 후에도 각자의 원래 상태를 유지할지 모른다. 물리학에서 하나의 집단적 상태가 이처럼 지속되는 것을 이력 현상이라고 부른다. 쿠진과 동료들은 그 현상을 '집단적 기억'으로 부른다.

그 단체 행동은 그것이 처한 조건들과 그것이 따르는 법칙들에만 의존하지 않고, 그 자신의 역사에도 의존한다. 앞으로 우리는 이 역사적 우발성(contingency)을 보여 주는 패턴의 다른 표본들을 만날 것이다.

동물군이 보여 주는 집단적 움직임에는 그 유기체가 변화하는 환경을 따라잡도록 도와주는 적응상의 이점이 있을지 모른다. 그중 하나로 이런 움직임은 정보가 집단 전체에 급속히 퍼지게 해 준다. 만약 일부 개체들이 한 포식자를 탐지하고 도피 행동을 취한다면, 이것은 멀리 있는 개체들이 스스로는 위험을 보지 못해도 위험의 효과를 '느낄' 수 있도록 이웃에서 이웃으로 퍼지는 잔물결 효과를 일으킨다. 사실 물고기와 새는 둘 다 포식자가 가까이 있을 때 더 질서 정연해지는 것처럼 보인다. 고도로 조화를 이룬 이 움직임으로 이행함으로써, 그들은 교란이 군중을 뚫고 파도처럼 전파될 수 있는 조건들을 만든다. 쿠진과 동료들은 포식자들이 그 그룹의 가장 밀도가 높은 부분을 향해 움직이도록 하고 거기에 개체들이 그들의 탐지 범위 안에 들어오는 포식자에 대해 회피 운동을 수행한다는 법칙을 더했을 때, 실제 물고기 떼가 보이는 회피 반응의 다양한 특성들을 만들어 낼 수 있었다. 근처에 빈 공간을 만들어 내고 그 집단을 더 작은 집단들로 쪼개면서, 한 포식자 주변에서 집단의 급작스러운 팽창을 일으키는 것 등이 그러한 특성이었다. (그림 5.8 참조)

모형과 자연 사이의 이런 명백한 유사성은 우리의 이론을 뒷받침해 준다. 그렇지만 아직 답하지 못한 큰 질문들 중 하나는, 그 모형의 행동 법칙들이 실제로 동물들이 사용하는 것들에 부응하느냐다. 이것은 검증하기가 매우 어려운데, 왜냐하면 관측된 집단적 행동에서 그것의 생성 법칙들을 역추적하는 것은 쉽거나 단순하지 않기 때문이다.

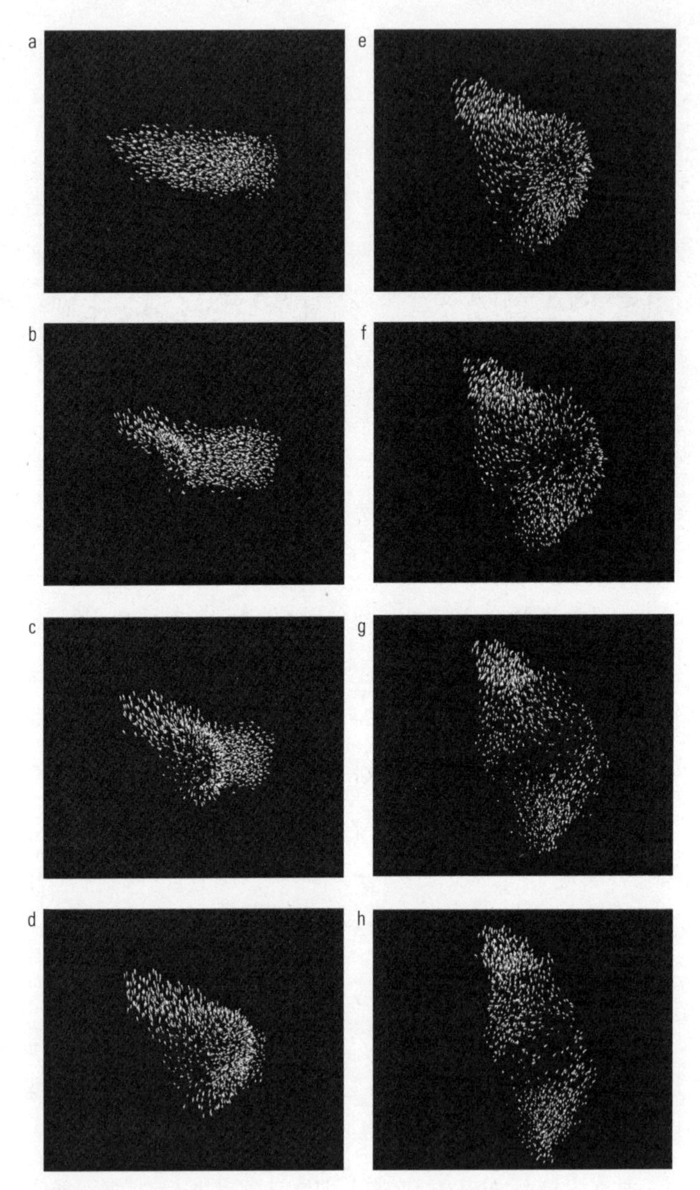

그림 5.8

포식자를 피하는 물고기 떼의 도피 운동을 컴퓨터로 시뮬레이션한 스냅 사진

한 연구는 물고기가 한 회피 운동을 수행할 때 오로지 작은 수의 이웃들(대략 셋)의 움직임에만 반응한다는 결론을 제시했다. 그렇지만 그 물고기가 여기서 단순히 특정한 거리 안에 있는 모든 이웃들에게 반응하지 않고, '계산한다'는 것은 명확한 사실이 아니다.

한 군집의 물고기라고 해서 한 군집의 사람들보다 더 균일할 것 같지는 않다. 개체들은 나이, 크기, 속도, 그리고 운동 가능성이 서로 다를 수 있고, 고유한 선호와 성향도 다를 수 있다. 이 다양성은 단체 행동에 어떠한 영향을 미칠까? 예를 들어 일부 개체들은 흐름에서 특정한 위치를 더 선호할까? 한 집단에서 앞쪽에 서면 나름대로 이점이 있다. 만약 그 집단이 먹이를 찾아내면 맨 처음으로 먹게 될 테니까. 하지만 분명히 결점들도 있다. 만약 포식자가 이 집단을 찾으면, 그러면 그들은 맨 처음으로 잡아먹힐 가능성이 높다. 그러니 가장자리를 선호하는 쪽은 가장 대담한 개체들일 수도 있고, 아니면 그저 더 큰 위험과 더 큰 보상 기회를 맞바꾸려는 배고픈 개체들일 수도 있다. 한편 그렇다고 집단에서 가운데 자리가 반드시 더 안전할 이유는 없다. 그러면 당장은 포식자를 피할 수 있지만, 만약 한 포식자가 군중을 헤치고 달려오면 도망치기가 더 힘들 수도 있다.

집단적 움직임의 모형들은 심지어 '의식적인' 선택 없이도, 행동의 차이들이 개체들로 하여금 특정한 위치들을 취하게 할 수 있음을 보여 주었다. 만약 각 개체의 움직임을 지배하는 법칙들이 조금씩 다르다면, 그들은 저절로 서로 다른 위치들로 움직일 수 있다. 그리하여 서로 같은 법칙을 공유하는 개체들끼리 모여 하위 집단을 구성하는 일이 종종 생긴다. 그렇지만 사실 그런 종류의 복잡한 의사 결정은 전혀 없이 그런 분류가 등장할 수도 있다. 그렇다 해도 그 결과는 진화적

혜택들을 가져다줄지 모른다. 물고기를 감염시키는 기생충들은 숙주들의 행동을 바꿔 더욱 쉽게 자신들을 퍼뜨린다. 예를 들어 물고기의 움직임을 더 느리거나 더 서툴게 만들어서 그들이 잡아먹히기 더 쉬운 위치로 가게 하는 것이다. 역으로 한 집단은 포식자들이 근처에 있을 때 나머지 집단에서 떨어져 있는 개체들을 무자비하게 따돌릴 수도 있다. 그 집단이 포식자의 반갑지 않은 관심을 끌 가능성을 낮추기 위해서다. 물고기가 진실로 비정하거나 자기들과 다른 존재에 편견을 가져서가 아니라, 그들이 따르는 고유한 행동 법칙들은 '정상적인' 개체와 '이상한' 개체가 서로 분리되는 방식이 다르기 때문이다.

지도자를 따르라

이런 스스로 조직하는 움직임들은 지도자가 꼭 있어야 한다는 필요성을 부정하는 것처럼 보인다. 그렇지만 이따금씩 몇몇 개체들이 실제로 어떤 것이 가장 좋은지 아는 듯이 보일 때가 있다. 예를 들어 먹이가 어디에 있는지 발견한 경우다. 각 개체가 그 이웃들에게 반응하면서 무리가 집단적으로 움직일 때, 이런 종류의 혜택에 관한 정보가 집단적 이득을 위해 집단 내에 공유되기가 훨씬 쉬워진다. 쿠진과 동료들은 어떻게 이것이 집단이 효율적으로 복잡한 결정들을 내리게 해주는지를 조사해 왔다. 개체들의 일정 비율이 다 같이 어떤 동일한 선호 방향으로 움직이도록 위에 묘사한 모형을 적용할 때, 그 방향으로 전체 집단을 이끌기 위해 필요한 것은 그런 '뭘 좀 아는' 개체들의 작은 일부뿐이었다. 그 집단이 커질수록 이 비율은 더 작아졌다. 그 집단의 '정확성'은 향상되었다. 실제 동물 떼는 정말 이런 능력을 가진 듯이 보인다. 꿀벌 떼는 20개체 중 단 하나의 개체만 좋은 장소로 가는 길을 알고 있어도 새로운 둥지의 부지를 찾을 수 있다. 여기서 핵심은 '올바른 길'을 아는 그 꿀벌들이 자기가 그 정보를 갖고 있다는 사실을 다른 꿀벌들에게 알려 줄 방법이 실제로 존재하지 않는다는 사실이다. 무리의 다른 누구도 누가 '가장 잘 아는지'를, 아니 애초에 어떤 개체가 나머지보다 더 잘 안다는 사실 자체를 알지 못한다. 그렇지만 '좋은' 방향으로 향하는 적은 수의 모든 개체들이 집단 움직임에 약간의 편향만 더해 줘도, 그 정도면 다른 개체들이 따라오게 만들기에 충분하다.

그러나 만약 그 집단에 뭔가를 아는 개체들과, 그와 대립하는 다른 정보를 가진 개체들이 뒤섞여 있다면 어떻게 될까? 쿠진과 동료들은 심지어 서로 다른 지도자 집단들이 동일한 크기더라도 그런 경우에는 늘 합의가 이루어진다는 사실을 발견했다. 두 집단의 지도자들이 있고 각자가 선호하는 방향이 다를 때, 합의의 방향은 이런 선택들이 서로 얼마나 많이 다른가에 달렸다. 그 무리는 두 방향이 정반대(120도 이상)가 아닌 한, 둘 사이의 평균을 선택한다. 만약 정반대라면 더 큰 지도자 집단의 방향이 선택된다. 마지막 경우에서 만약 그 두 집단이 동일한 규모라면 두 방향 중 한 방향이 무작위적으로 선택된다.

평균적 합의는 이상적으로 보이지 않을 수도 있다. 그 두 '지도자' 방향들의 평균을 선택하면 그 집단은 지도자들 중 어느 쪽도 의도하지 않은 목적지를 향해 갈 수도 있다. 그렇지만 그것이 꼭 문제가 되지 않는다. 만약 두 목표가 갈 길이 멀다면, 평균은 전반적으로 옳은 방향에 있는 집단을 양쪽 목적지 모두를 향해 데려가고, 거리가 점점 가까워질수록 가능한 두 경로들 사이의 분기의 각도는 꾸준히 더 커진다. (여러분이 서로 떨어진 두 물체들을 동시에 보고 있다가 거리가 더 가까워지면 하나에서 다른 하나로 눈을 돌려야 하는 것과 마찬가지다.) 이 분기가 120도라는 임계 각도를 넘어설 때, 그 집단은 어디로 향할지를 선택한다.

어떤 상황에서든 주된 결론은 상호 작용하는 개체들의 한 집단은 단지 몇몇만이 수집한 정보에 반응할 수 있으며, 심지어 그것을 평가하고 논의할 정교한 수단이 없는데도 어떻게 그 정보의 사용 방식에 관한 집단적 결정에 이를 수 있는가를 보여 준다는 것이다. 이런 의미에서 동물군은 우리가 선망해도 이상하지 않은 민주적 능력을 가진 것처럼 보일지도 모른다.

군중 심리

물고기와 새가 어떻게 움직이는가 하는 모형이 모든 것을 설명해 주지는 않는다. 그들은 본능에 더 우선적으로 지배받을 가능성이 높아 보이기 때문이다. 로봇처럼 단순한 몇 가지 법칙에 제한된 보이드나 스스로 운동하는 알갱이들에 대한 컴퓨터 모형을 사용하는 것이, 이런 생물들의 명백한 복잡성을 너무 무시하는 행위는 아닐 것이다. 그렇지만 사람들 역시 집단적인, 무리 같은 이런 방식으로 움직일까?

그것은 대담하며 심지어 터무니없는 의견처럼 보인다. 그렇지만 확실히 인간 집단들의 움직임을 다룬 가장 초기 연구 몇 건에서 택한 접근법보다는 훨씬 더 적절해 보인다. 그런 접근법들은 각 개체에 너무나 적은 지성을 할당해서, 개체는 너무나 많은 수의 멍청하고, 무기력한 입자들로 퇴보했다. 그 개념은 인간 군중을 진짜 유체들처럼 생각할 수 있다는 것이었다. 물리학자이자 유체 역학 전문가 마이클 제임스 라이트힐(Michael James Lighthill, 1924~1998년)은 1950년대에 도로 교통이 수도관을 흘러가는 물과 유사하다고 시사했으며 맨체스터 대학교의 제럴드 베레스퍼드 휘덤(Gerald Beresford Whitham, 1927년~)과 함께 붐비는 고속도로에서의 움직임의 예측할 수 없는 변덕, 그리고 그것이 병목 현상과 교차로들에서 어떻게 영향을 받는가에 대한 이해를 증진하기 위해 유체 역학을 이용하려 했다. 그리고 오스트레일리아의 공학자인 르로이 헨더슨(Le Roy F. Henderson, 1927년~)은 1970년대에 '군중 유체'에 관해 저술하면서 그것을 마치 기체의 입자들처럼 무작위적으로 움직이는 입자들의 집합으로 간주했다. 그리하여 서로 다른 보행 속도의 통계적 분포를 도표로 만들었다.

인간이 어떻게 공간 속을 움직이는가를 알아내는 것은 그동안 사회 과학자들에게는 우선 과제로 여겨지지 않았다. 그것은 집단이 전통과 관습, 행동적 특징들과 개념과 복식들을 어떻게 획득하는가를 연구하는 데에 더 큰 호소력을 발휘했다. 그렇지만 움직임의 문제는 건축가들과 도시 계획 설계자들에게 어마어마하게 중요했다. 그들은 최대 편의를 위해 통로를 어디에 설치해야 할지 알아야 했다. 비상 탈출구를 어디다 두고, 얼마나 많이 사용하고, 혼잡한 군중 속에서 충돌을 어떻게 피하고, 우리가 어떻게 공간을 사용하는가 하는 방식들과 관련된, 일상적이지만 매우 실제적인 여러 문제들이 있었다.

행동을 지배하는 '사회적 힘'이라는 사회학적 개념을 동기로 삼아, 독일 슈투트가르트 대학교의 더크 헬빙(Dirk Helbing, 1965년~)과 페터 몰나르(Péter Molnár)는 1990년대 중반에 개체들 사이의 인력과 척력 작용을 사실로 가정하는 보행자 움직임 모형을 발전시켰다. 그들은 이런 상호 작용들이 자석이나 전하를 띤 판들 사이에서 존재하는 것과 같은 그런 방식으로 존재한다고 말하려는 것은 아니었다. 그들이 의도한 바는 우리가 군중 속에서 마치 그런 힘들이 존재하는 것처럼 행동하는 경향이 있다는 것이었다. 특히 우리는 마치 어떤 반발력이 우리가 서로 충돌하는 것을 막아 주듯이 충돌을 피한다. 서로를 향해 걷고 있는 두 사람은 서로 가까워질 때 옆으로 피한다. (그리고 만약 여러분이 우리가 입자들보다 영리하다고 생각한다면, 그 입자들은 결코 동일한 방향을 택해서 서로 충돌하는 일이 없다는 사실을 명심하자.)

장애물이 없는 공간에서는 다른 무엇이 우리의 움직임을 통제하는가? 일반적으로 우리는 다른 곳에 가려고 애쓴다. 우리는 특정한 목적지를 염두에 두고 있고, 무엇인가 가장 짧은 경로를 따라 그 목적지로 갈 것이다. (정말 가장 짧은가? 아니, 꼭 그럴 필요는 없다. 밀집한 군중 속에서 우리는 가장 짧고 충돌을 피하는 경로가 무엇인지를 알 수 없다. 그리고 앞으로 보겠지만 다른 경우에 우리의 발걸음들은 다른 요인들의 방해를 받는다.) 우리는 저마다 선호하는 보행 속도가 있고, 그것에 도달할 때까지 속도를 높인다. 무엇인가가 우리를 가로막지 않는다면 말이다.

이것들은 헬빙과 몰나르가 사용한 모형의 단순한 재료들이었다. 여러분은 그것이 크게 복잡하지 않은, 단순하게 행동하는 보행자들을 상정한다는 것을 볼 수 있다. 번잡한 쇼핑 구역을 배경으로 한다면 아마도 그것은 우리를 잘못 묘사한 것은 아니리라. 그렇다면 이런 법칙들은 어떤 종류의 군중 움직임을 만들어 내는가? 헬빙은 그 모형을 넓은 범주의 상황들에 적용해 보았다. 예를 들어 바쁜 교차로를 헤쳐 나아갈 때, 또는 어느 쪽으로 가라는 표시가 되어 있지 않은 문들을 통과해 지나갈 때처럼. 가장 단순한 상황 중에는 보행자들이 복도를 양방향으로 오가는 상황이 있다. (복도 대신 포장도로라고 해도 상관없다.) 만약 군중 밀도가 높다면, 이것은 확실히 카오스와 혼잡을 예고한다. 그러나 실제로는 오히려 놀라울 정도의 질서가 모습을 드러낸다. (그림

그림 5.9

(a) 통로를 따라 서로 반대 방향으로 움직이고 있는 보행자들을 컴퓨터로 시뮬레이션한 결과에서는 그 모형의 '법칙'에 그에 관한 노골적 지침이 없어도 그들이 역류하는 흐름들로 스스로를 조직하는 것을 볼 수 있다.
(b) 그런 행동은 현실에서 흔히 볼 수 있다.

5.9a 참조)

보행자들은 서로 발걸음을 쫓는, 역류하는 흐름으로 자신들을 배치한다. 이것은 놀라운 이야기가 전혀 아닐 수도 있다. 왜냐하면 내 앞 사람을 뒤따르는 행동은 분명히 말이 되기 때문이다. 그런 식으로 하면 여러분이 반대 방향에서 오는 누군가와 충돌할 가능성이 훨씬 적어진다. 그렇지만 모형에서는 그 효과에 대한 아무런 법칙도 없다. '뒤따르는' 행동을 생성하는 요인이 아무것도 없다. 일단 법칙들이 실행되면 이런 행동들은 저절로 나타난다. 물론 우리가 서로서로를 따르고 흐름을 형성하는 적극적 경향을 보여 주는 것은 가능할 뿐더러 실제로 말이 된다. 만약 그런 충동이 보행자 모형에 포함된다면, 그 연대들은 좀 더 신속히 형성된다. 그리고 사실 서로 역류하는 두 무리가 서로 만나기 전에 분명히 드러난다. 그렇지만 핵심은 이 요소가 그 흐름이 일어나는 데 필수적이지 않다는 것이다. 그것은 충돌 회피 성향으로부터 나타난다. 흐름이 실제로 일어난다는 증거는 충분하고, 여러분은 분명히 직접 그것들을 본 적이 있다. (그림 5.9b 참조)

개미 고속도로

보행자들 간 이런 종류의 '차선 형성'은 인간 사이에서만 일어나는 것이 아니다. 군대개미(*Eciton burchelli*)는 그런 행동의 놀라운 예를 보여 준다. 이들은 먹이인 곤충에 진정 무시무시한 습격을 감행하는 게걸스러운 육식 동물들이다. 몇십만 개체들이 이루는 무리는 너비가 몇 미터나 되고, 자기들의 군락에서 먹이까지 100미터가 넘도록 길게 이어지는 경로를 형성하기도 한다. 공습은 해질녘에는 끝나야 한다. 왜냐하면 개미들은 밤에는 활동하지 않으므로 낭비할 시간이 없기 때문이다. 그 경로는 군락에서 출발하는 개체들이 선택하는 경로와

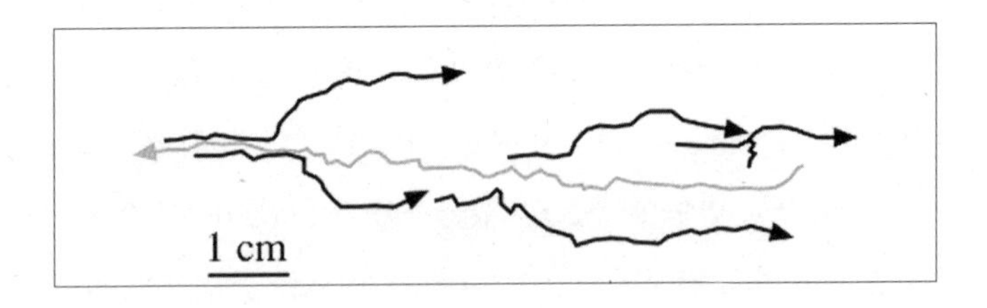

그림 5.10

군대개미의 세 갈래 이동 상황. 바깥으로 나가는 다섯 개미들의 경로는 검은 색, 돌아오는 한 개미의 경로는 회색이다. 전자는 두 '바깥쪽' 경로들을 사용하는 한편, 후자는 가운데를 고수한다.

먹이를 물고 돌아오는 개체들이 택하는 경로로 나뉜다. (그림 5.10 참조)

개미들은 확실히 다른 개미들이 앞서 갔던 곳을 따라갈지도 모른다. 이것은 그들이 먹이 찾는 행동의 핵심 양상 중 하나다. 각 개미는 페로몬을 흘려 경로를 표시하고, 다른 개미들은 이 화학적 경로를 향해 이끌려 간다. 개미들은 페로몬 농도가 가장 높은 곳을 찾아내는데, 그 덕분에 따로따로 헤매지 않고 이전에 표시된 길을 따라 여행할 수 있다. 따라서 경로는 저절로 강화된다. 더 많은 개미들이 그 방향으로 움직일수록, 그 경로에는 더욱 강력한 화학적 표식이 남는다. 그리하여 다른 개미들이 그 길을 이용할 가능성이 더 높아진다. 이러한 강화 작용은 먹이를 효율적으로 찾게 해 준다. 일단 성공적인 개체들 몇

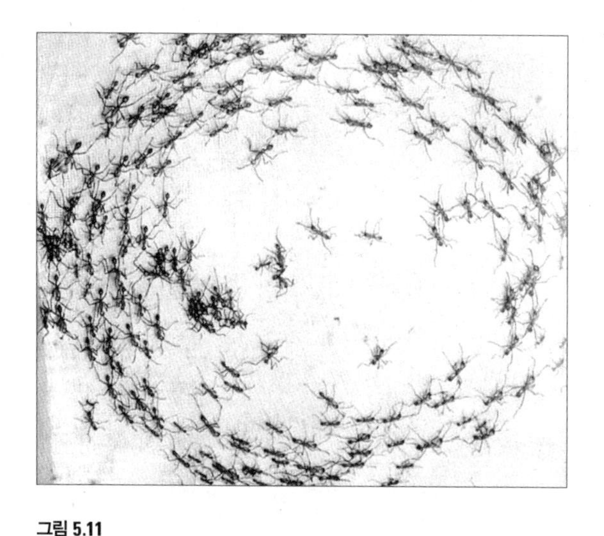

그림 5.11

군대개미는 둥근 장애물 하나를 경로 중간에 놓으면 끝없이 원을 그리며 행군한다. 이들은 그것이 어디로 이어지는지를 깨닫지 못한 채 그저 서로의 페로몬 흔적만을 따라간다.

이 그곳까지 가는 길을 찾아내면, 그들의 페로몬 흔적이 다른 개체들을 이끌어 줄 것이다. 만약 한편으로 한 작은 무리의 개미들이 무리에서 멀리 떨어져 귀환 경로를 잃어버리면, 그 개미는 그 경로가 어디로도 이어지지 않는다는 사실을 깨닫지 못한 채 서로 꼬리를 물고 원을 그리며 목표 없이 헤맬 수 있다. (그림 5.11 참조)

이 경로 추적 행동은 군대개미 습격의 특징인 갈라지는 패턴들을 낳는다. (그림 5.12a 참조) 그 패턴들은 스스로 증폭하는 페로몬 분비 역학을 포함한 컴퓨터 모형로 모방할 수 있다. (그림 5.12b 참조) 그렇지만 그 경로들은 어떻게 각각 전진하는 일꾼들과 귀환하는 일꾼들에게 배

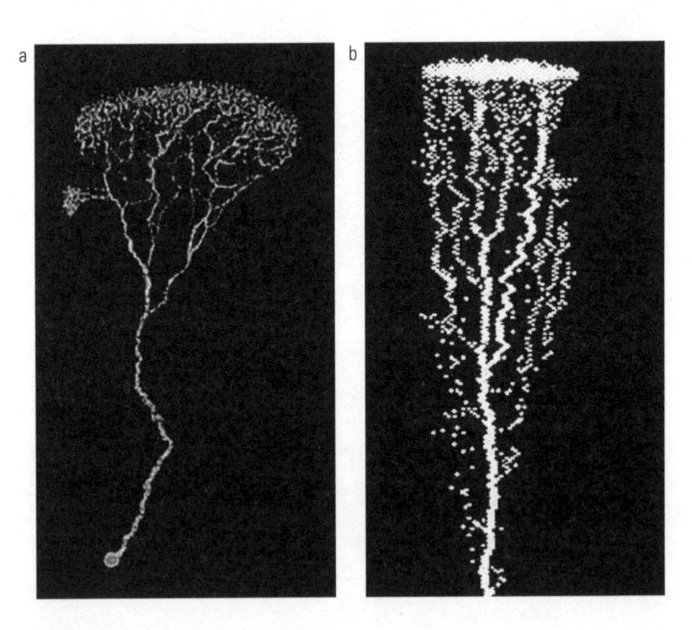

그림 5.12

개미의 경로 설정 행동을 감안한 컴퓨터 모형에서 만든 군대개미의 분기하는 (a) 공격 패턴과 (b) 트레일

정된 차선들로 나뉘는 것일까? (그림 5.10 참조) 영국 브리스톨 대학교의 쿠진과 그의 동료 나이절 프랭크스(Nigel R. Franks)는 그 답이 개미의, 특히 다른 방향에서 오는 개미들과의 충돌을 피하고자 하는 의도에 있다고 생각한다.

군대개미들은 시력이 좋지 않지만(사실 거의 장님이다.), 물리적으로 접촉하는 다른 존재를 말 그대로 느낄 수 있다. 또한 자기들 전방의 촉각 범위를 넓혀 주는 안테나도 가지고 있다. 쿠진과 프랭크스는 만약 다른 개미들이 이 범위 안에 들어오면 그 개미가 원래 경로를 틀어서 방향을 바꿀 것이라고 상정했다. 다른 개미들의 경로에서 벗어나지 않을 때, 개미들은 페로몬 경로를 찾아 따라가며 그 농도가 가장 높은 곳으로 움직인다.

그들의 움직임을 지배하는 두 가지 법칙이 있다. 처음에 개미들은 자기들이 둥지에서 나오는 길인지 둥지로 돌아가는 길인지를 안다. 비록 어떻게 해서인지는 명확하지 않지만 진짜 군대개미는 실제로 이것을 아는 것처럼 보인다. 만약 경로를 따라 유턴을 하면, 그들은 재빨리 원래 경로를 다시 시작하도록 다시 방향을 바꿀 것이다. 둘째로 연구자들은 밖으로 나가고 안으로 들어오는 개미들이 그냥 한 가지 핵심 방향에서만 다르도록 만들었다. 밖으로 나가는 개미들은 다른 개미들과 접촉할 때 경로를 바꾸는 경향을 더 강하게 보였다. 실제 군대개미가 이런 식으로 행동하는지는 명확하지 않지만, 말은 된다. 개미들은 먹이를 물면 자유롭게 움직이기가 더 힘들고, 방향을 바꿀 가능성이 더 떨어진다.

모형에서 개미들을 인도하는 페로몬 경로가 단일하고 직선적일 경우, 그 경로는 세 갈래로 분리된다. 집으로 돌아오는 개미들은 가운데 갈래, 나가는 개미들은 양쪽 가장자리 갈래를 차지한다. 이것은 자연에서 볼 수 있는 것과 정확히 동일한 배치다. (그림 5.10 참조) 또한 먹이를 찾는 흰개미들에게서도 그런 현상을 볼 수 있다. 다시 말하지만 그 법칙들에는 한 개미에게 안쪽이나 바깥쪽 갈래를 사용하라고 아무도 '알려 주지' 않는다. 이것은 서로의 상호 작용에서 자발적으로 등장한다. 그리고 다시금 이러한 경로 형성이 말이 되는 것은 그러면 모든 개미들의 진로가 충돌 때문에 방해를 받을 가능성이 더 적어지기 때문이다. 그렇지만 개미들은 "둥지를 떠날 때는 바깥쪽 차선을 사용하라."라고 말해 줄 어떤 본능 같은 것이 필요하지 않다. 그저 단순히 들어가고 나올 때의 기동성이 서로 다르기만 하면 그런 현상은 자동적으로 일어난다.

그렇지만 경로가 과연 3개씩이나 필요할까? 확실히 충돌을 피하기 위해서라면 단 2개면 충분할 것이다. 우리 도로에서는 그것이 통한다. 그렇지만 경로가 둘일 때의 문제는, 패턴이 비대칭이라는 것이다. 나가는 개미들이 오른쪽을 고집할까 왼쪽을 고집할까? 개미들이 좌우를 구분하는 어떤 내재된 메커니즘을 가지고 있지 않은 한, 그들에게 어느 쪽으로 가라고 아무도 말해 주지 않는다. 하지만 차선이 3개 있으면 선택의 문제가 생기지 않는다.

일렬종대로 먹이를 찾는 모든 개미들이 이런 식으로 경로를 형성하지는 않는다. 절엽개미(*Atta cephalotes*)는 그냥 상대를 밀치고 지나간다. 절엽개미들은 그것이면 충분한데 왜 군대개미들에게는 그렇지 않을까? 아마도 답의 일부는 절엽개미들이 덜 서둘러도 된다는 사실에 있으리라. 그들은 해질녘에 일을 멈출 필요가 없기 때문에 효율적인 선택에 대한 압박을 덜 받는다. 그렇기는 해도 확실히 충돌은 먹이를 채집하는 업무의 효율성을 상대적으로 떨어뜨린다. 하지만 이것은 아주 중요하지 않을지도 모른다. 절엽개미들은 어차피 거대한 짐을 물어 나르기 때문에 경로가 부족해 시간이 더 지연된다 해도 이동 시간의 차이가 거의 발생하지 않을 수도 있다. 적어도 차선을 만드는 본능을 획득해야 할 정도는 아닐 것이다. 일부 연구자들은 심지어 충돌이 나쁘지만은 않을 것이라는 의견까지 제시했다. 예를 들어 충돌은 개미들 간에 정보를 전달하는 데 도움이 될 수도 있다. 반대 방향에서 오는 등산객이 여러분에게 앞에 놓인 벼랑길이 무너졌다고 말해 주는 경우를 생각해 보자.

향수 광고를 예외로 하면, 인간들이 서로의 화학적 흔적을 뒤쫓는 일은 없어 보인다. 그렇지만 우리가 서로의 발자국을 좇는 다른 이유들이 있다. 깊은 눈 속에서 우리는 말 그대로 서로의 발자국을 좇는데, 왜냐하면 그러면 힘이 덜 들고 미처 보지 못한 구멍으로 떨어질 확률이 낮아지기 때문이다. 이런 경로 추적이 일어날 법한 또 다른 상황은 방해물이 없는 잔디밭이다. 예를 들어 다른 이들이 풀을 밟아 다져 놓았다면 그곳의 땅은 더 부드러울지 모른다. 그리고 확실히 '길 위에 머무르려는' 심리학적 충동도 존재한다. 아무리 우리가 그 경로는 도시 계획자들이 아니라 다른 보행자들이 정했다고 알 수 있더라도 말이다. 자발적 경로들은 이런 식으로 잔디밭 위에 만들어지고 강화된다. (그림 5.13a 참조) 만약 낡은 경로들이 어떤 이유에서든 버려진다면 결국 풀이 다시 자라서 경로를 뒤덮을 것이다. 이것은 다른 개미들이 강화하지 않을 경우 개미의 페로몬 경로가 점차 흩어져서 사라지는 방식과 매우 흡사하다.

헬빙, 몰나르와 그의 동료 요아힘 켈치(Joachim Keltsch)는 튀빙겐

a

b

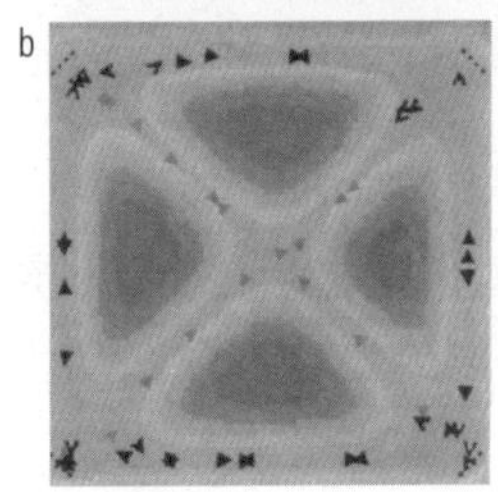

c

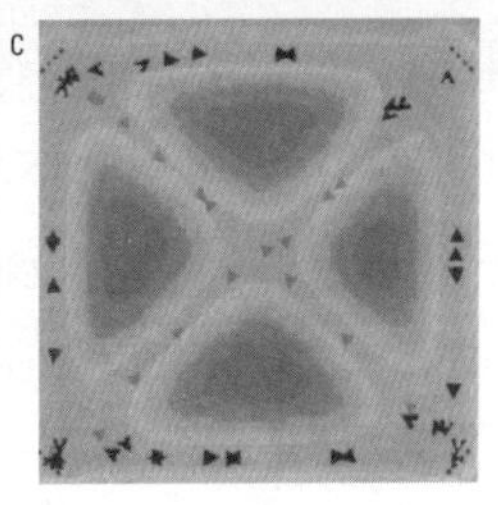

그림 5.13

(a) 장애물이 없는 풀밭을 걷고 있는 사람들은 자기들에게 '유기적인' 특성이 있는, 굽어지는 길과 유연한 교차로들이 있는 경로를 밟아 다진다. 이곳은 슈투트가르트 대학교 잔디밭이다. (b), (c) 경로를 따르는 보행자 행동을 컴퓨터로 모형을 구성하면 시간이 지나면서 비슷한 경로 패턴들이 나타난다. (b) 처음에 입구와 출구(여기서 구석에 있는) 사이의 그 경로들은 선형이고 직선이다. (c) 그렇지만 이것들은 직선으로 가려는 경향과 다른 사람들의 발자국을 따르려는 경향 사이의 타협을 나타내는 굽은 경로들로 발전한다.

대학교에서 이런 종류의 인간 경로에서 보행자 모형이 등장할지 궁금해 했다. 그들은 또한 보행자 모형의 보행자들에게 닳은 경로를 골라 걷는 경향을 도입했다. 이 경향은 얼마나 많은 다른 이들이 그 경로를 걷느냐에 따라 결정되었다. 따라서 어느 트인 공간에서 한 보행자가 취한 경로는, 이 경로를 따르는 행동과 가장 직접적 경로를 택하려는 바람 사이의 타협이었다. 이용되지 않은 경로들은 꾸준한 속도로 다시 흐릿해졌다.

연구자들은 처음에 보행자들이 단순히 목적지들 사이의 직선 경로를 택한다는 것을 발견했다. (그림 5.13b 참조) 그렇지만 시간이 지나면서 경로들의 모양은 변화했다. 직선은 사라졌고, 그 대신 풀로 이루어진 섬들이 교차로들 한가운데 고립된 구부러진 경로들이 등장했다. (그림 5.13c 참조) 이런 경로들은 덜 기하학적이고 더 '유기적'으로 보였다. 그렇지만 이들은 또한 덜 직접적이기도 하다. 그들은 보행자들이 직접성과 보행의 용이성 사이에서 무엇을 최고의 타협으로 생각하는가를 나타낸다. 실제 인간의 경로 시스템 역시 그와 동일한 특성들을 보여 주는 듯하다. (그림 5.13a 참조) 경로들이 모두 한 공간의 한 끝에서 다른 끝으로 갈 때, 이 자발적 경로들은 이따금 점차 흐려지는 길들을 만들어 내면서 갈라져 뻗어 나갈지도 모른다. (그림 5.14 참조) 이들은 발굽이 달린 동물들이 먹이를 찾아 키 큰 덤불을 지나갈 때 만드는 경로들을 닮았다. (그림 5.14c 참조)

혼잡한 교통량

헬빙의 보행자 모형이 도로 교통의 흐름에 관해 우리에게 무엇인가를 알려 줄지도 모른다는 사실은, 상상력이 그다지 뛰어나지 않은

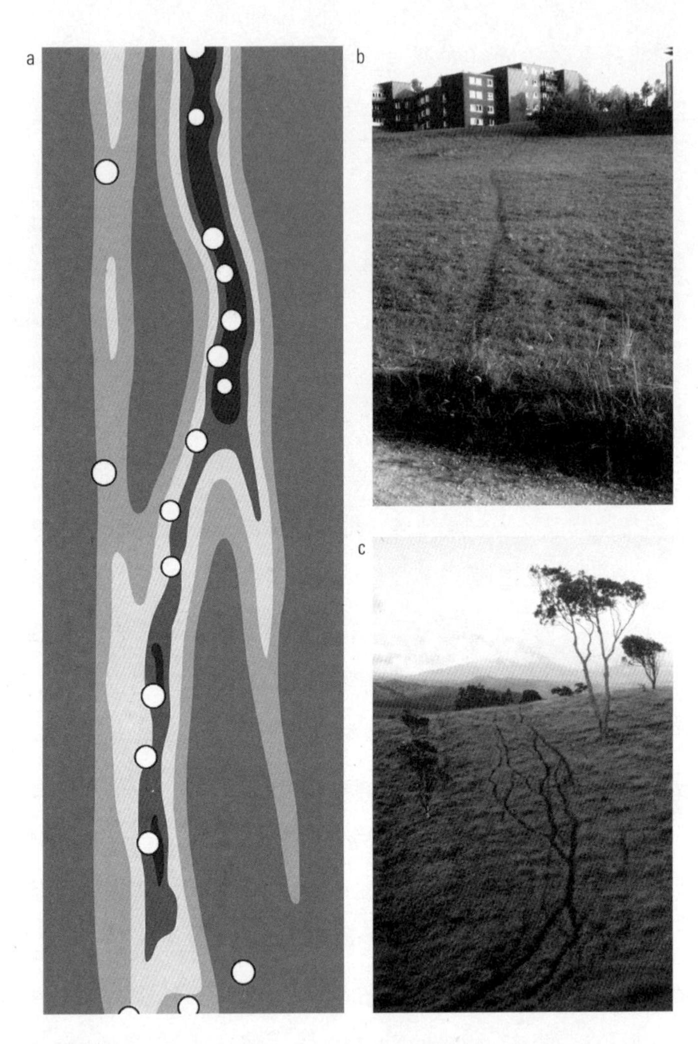

그림 5.14

좀 더 직선적인 움직임에서, 경로를 따르는 모형은 갈래들을 만든다. ((a) 여기서 흰 동그라미들은 길 위에 있는 몇몇 보행자들을 보여 준다.) 그들은 (b) 인간들과 (c) 먹이를 찾는 동물들에서 볼 수 있는 예들과 유사하다.

사람도 짐작할 수 있으리라. 도로에서 우리가 할 수 있는 선택은 그보다도 더욱 제한되어 있어서 예측 가능한 로봇 같은 행동을 자유 의지가 방해할 여지가 더욱더 적다. 도로 교통은 미리 정해진 경로를 따라 한 덩어리, 한 선으로 움직이도록 강제된다. 거기에는 충돌을 피하려는 경향이 작용하는데, 우리의 안락한 삶과 은행 잔고에 대한 강력한 염려가 그 동기다. 실제로 우리가 할 수 있는 일은 가능한 한 우리가 선호하는 운행 속도에 가깝게 가속을 하되, 우리 차선 앞에 다른 차량이 있다면 속도를 낮추는 것이다.

헬빙을 비롯한 이들은 이 상황에 보행자 모형을 적용해 왔다. 여러분은 법칙들이 그처럼 단순하므로 그 결과로 나오는 행동 또한 어느 정도는 평범할 것이라고 기대할지 모른다. 하지만 이 모형들은 우리가 매일 운전대 뒤에서 겪는 것들 못지않게 풍부하고 복잡하며 난감한 교통 조건들을 생성한다. 흐름 패턴들은 집합적 행동에 지배를 받는다는 명확한 신호들을 다시금 보여 준다. 예를 들어 한 직선, 1차선 도로의 교통이 꾸준히 더 혼잡해지며, 도로는 좀 더 막히고 평균 운전 속도는 결국 체증에 도달할 때까지 점차로 느려지는 것처럼 보인다. 그렇지만 실제 일어나는 일은 그렇지 않다. 그 대신 일단 교통 밀도(말하자면 도로 1킬로미터당 차량 수)에서 임계 역치를 넘어서면, 꾸준한 흐름과 거의 움직이지 못하는 체증 사이에 다소 급격한 변화들이 일어난다. 이것은 다시금 위상 전이와 비슷하다. 조건이 아주 약간 변화함으로써 일어나는 '전 지구적' 행동의 뚜렷한 변화다. 그것은 마치 교통이 액체 같은 흐름에서 고체 같은 정체로 변화하면서 말 그대로 '얼어붙는' 것 같다.

이처럼 갑작스러운 체증 발생은 초기 1990년대에 독일의 카이 나

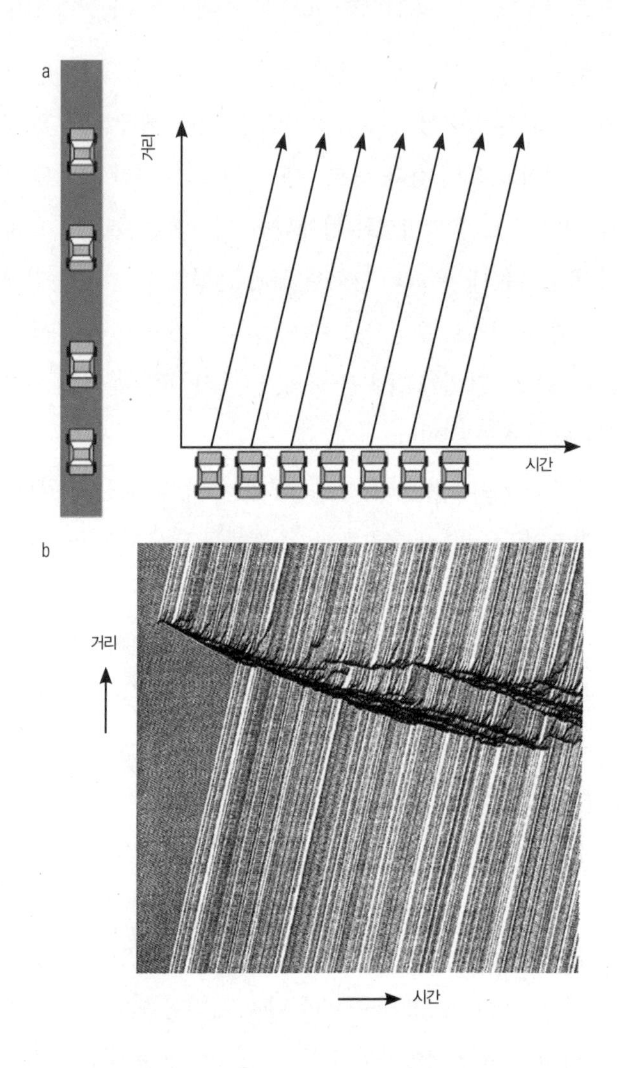

겔(Kai Nagel, 1965년~)과 미카엘 슈레켄베르크(Michael Schreckenberg, 1956년~)가 고안한 교통 모형에서 볼 수 있는데, 그것은 위에 지시된 법칙들을 다소간 담고 있다.[15] 여기에 직선 도로 위로 열을 지어 운전하는 일련의 차들이 있다. 그들 모두는 앞의 도로 상황이 충분히 쾌적하

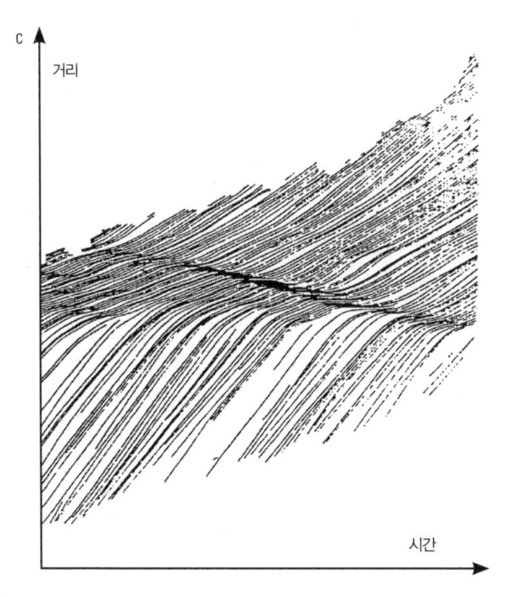

그림 5.15

도로 교통의 환상 체증은 집단행동의 결과다. 도로를 지속적인 속도로 움직이는 차의 움직임은 (a) 이동한 거리 대 시간의 그래프로 기우는 직선으로 나타날 수 있다. (b) 그런 많은 차들이 고속도로에서 행렬을 지어 이동하는 컴퓨터 모형에서, (어두운 띠들) 한 차량이 갑자기 잠깐 속도를 늦춤으로써 일어난 단일한 작은 교란은 복잡한 체증으로 발전할 수 있다. 그것은 위쪽으로 움직이고 혼잡의 몇몇 '파동들'로 나뉜다. (c) 실제 도로 교통을 관측한 결과는 이와 같은 효과들을 보여 주었다.

다면 동일한 속도를 유지하고 있다. 이것은 방해받지 않고 움직일 때, 시간과 거리를 대비시킨 그래프에서 각 차의 궤도가 경사진 직선을 그린다는 뜻이다. (그림 5.15a 참조) 그렇지만 한 차가 속도를 늦추면, 그 차량은 동일한 시간 동안 더 짧은 거리를 가므로 그 선은 수평 방향으로 구부러진다. 자동차 한 대가 다시 속도를 올리기 전에 갑자기 제동을 걸도록 프로그램을 입력하면(이따금씩 다른 데에 한눈을 파는 운전자를 흉내 내면서) 극적인 결과를 볼 수 있다. 이 행동은 뒤의 운전자들도 즉각 제동을 걸도록 만든다. 그리하여 작은 규모의 교통 혼잡을 만든다. 이것은 한눈을 판 운전자가 다시 속도를 올려도 바로 사라지지 않는데, 왜냐하면 그 혼잡 때문에 흐름 위쪽의 다른 이들이 제동을 걸어 교통 흐름과 반대 방향으로 혼잡의 파동이 꾸준히 전진하도록 만들기 때문이다. (그림 5.15b 참조) 시간이 흐르면서 상황은 더욱 악화된다. 이 작은 체증은 위쪽 흐름으로 계속 움직이지만, 그것은 또한 더 넓어지고 결국 갈라져 두 덩어리의 혼잡을 만든다. 이 분기는 어떤 명확한 '이유' 없이 계속되어 일련의 완전한 체증들을 만든다. 이 최초의 교란이 일어나고 한참 후에 현장에 들어오는 운전자는 '멈췄다 가는' 교통의 파동을 만난다. 스스로 추동력을 얻은 흐름의 패턴이다.

이와 같은 효과는 실제 도로 교통에서 관측된 바 있다. (그림 5.15c) 그렇지만 여기서 그것은 모형에서만큼 심해 보이지는 않고, 사실 나겔과 슈레켄베르크의 기본 모형은 운전자 행동의 근본적 집단성을 포착하고 있으면서도 사소한 교란들에 약간 과민 반응한 것으로 보인다. 슈투트가르트 다임러 벤츠 연구소의 보리스 케르너(Boris S. Kerner, 1947년~)와 휴베르트 레흐본(Hubert Rehborn)은 교통 정체는 2종류의 상태가 있다고 생각한다. 거의 움직일 수 없는 체증, 그리고 모든 차들에게 이상적인 적정 속도로 꾸준히 흐르는, 약간 덜 밀집한 '동기화된 상태'다. 다른 이들은 자유로운 흐름에서 동기화된 흐름으로의 변화가 반드시 외부적인 방해, 도로의 병목 현상이나, 다른 교통 흐름이 끼어드는 교차로 같은 것에서 촉발된다고 주장한다.

물론 그런 방해들은 실제 도로에서 흔히 존재하며 아마도 현실의 교통에 그토록 변주와 복잡성이 많다는 사실의 주요한 이유일지도 모른다. 예를 들어 헬빙과 그의 동료들은 한 고속도로로 진입하는 교차로가 온갖 종류의 교통 체증을 유발할 수 있음을 발견했다. 위쪽으로 움직이거나 도로상의 한 지점에 못 박힌 듯 멈춰 버린 결절부터, 진동하는 혼잡 파동이나 견고한 벽돌 같은 체증들까지.

이 모형들은 교통 흐름이 많은 개체들의 상호 작용에서, 자발적이고 급작스럽게 등장하는 시간과 공간 속의 특성과 견고한 패턴들을 가지고 있음을 보여 준다. 이것은 일상적인 도로 교통에서 체증들이 다소 근본적이며 불가피하다고 생각하게 만들 수 있다. 그렇지만 좌절할 이유는 없다. 우리가 어떤 조건에서 혼잡과 체증이 형성되는가를 이해하는 데 도움이 되도록, 예를 들어 교통 모형들은 적절한 도로 배치 설계, 속도 제한, 혹은 레인 변화 규칙 같은 것들을 이용해 혼잡과 체증의 가능성을 줄여 줄지도 모른다. 어쩌면 도로를 더 쾌적하게 만드는 것을 넘어, 공해를 감소시켜 더욱 안전하게 만들 수 있을지도 모를 일이다. 그리고 몇몇 핵심 지점들에서의 교통 측정에 기반을 두고 실제 도로망의 교통 흐름을 예측할 수 있는 모형들은, 경로를 계획하거나 도로 교통 책임자들이 잠재적인 혼잡 문제들이 일어나기 전에 예고하는 데서 그 효용을 발휘할 수도 있다. 내가 이미 설명한 것과 같은 모형들을 사용한 이런 계획들은 이미 유럽과 미국의 도시와 교외에서 실시간 도로 상황 예측을 위해 실행되고 있다.

우왕좌왕하지 마

헬빙과 동료들이 연구한 모의실험 속의 군중은 전반적으로 예의가 바르고, 흐름을 원활하게 하며 최소의 혼잡함과 불편만 겪으면서 서로를 지나서 움직이게 해 주는 이동의 집단적 모드들을 찾고 있다.

그런 두 군중이 한 출입구에서 합쳐지고 반대 방향에서 서로 지나가려고 애쓸 때, 그들은 이따금씩 다른 방향에서 오는 보행자들을 위해 뒤로 물러서는, 심지어 예절과 같은 행동까지 보인다. (물론 이 '예절'은 착각이다. 왜냐하면 모의실험의 보행자들은 양심이 없기 때문이다. 그들의 명확한 배려는 그저 충돌을 피하는 법칙들 때문에 생겨났을 뿐이다.)

그렇지만 모든 군중이 그렇게 문명화된 것은 아니다. 군중 사고에서 공황이 일어나면 사람들이 심지어 다른 이들을 밀치고 밟으며 지나갈 수도 있다. 과거에 폭동, 건물 화재, 그리고 운동 경기장의 군중, 락 콘서트, 그리고 다른 대중적 모임들에서는 통제되지 않은 군중의 움직임의 결과, 많은 인명 손실이 빚어졌다. 공포나 흥분에 빠진 군중은 그 위대한 '지혜' 같은 것을 보여 주지 못했다.

1999년에 헬빙은 부다페스트의 비체크 터마시, 파르카스 이예스(Farkas J. Illes)와 팀을 짜서 군중 공황에서 무슨 일이 일어나는지 이해해 보려고 했다. 그들은 '모형 보행자들'이 어딘가에 빨리 도달하려는 속도에 대한 욕망이 서로 접촉하지 않으려는 충돌을 압도할 때 어떻게 움직이는가를 연구했다. 연구자들은 이와 같은 군중에서, 만약 모든 개인들이 시뮬레이션상의 '도피 공황'에 빠져 어떤 단일한 출입구를 지나가려고 애쓴다면 체증이 일어날 수 있음을 알아냈다. 문간에 인파가 몰려 혼잡하고 보행자들이 서로 밀치며 들어올 때 그들은 활처럼 휜 선에 갇혀 앞으로 움직이지 못한다. 석조 아치에 안정성을 주는 것은 정확히 이런 종류의 체증이다. 돌들은 중력의 인력에 저항하는 마찰로 한데 묶여 서로 옆의 돌을 밀어붙여서 견고한 구조를 만든다. 그런 아치들은 또한 알갱이 원료들에서도 나타난다고 알려져 있다. 소금이 소금 그릇의 구멍을 통과해 떨어질 때 각 알갱이들이 충분히 구멍을 지나갈 수 있을 만큼 작은데도 그릇이 막히는 이유가 바로 그것이다. 그러면 '군중 유체'는 여기서 '군중 가루'에 좀 더 가깝게 행동하기 시작한다. 이때 직관을 거스르는 현상이 일어나는데, 그 방식은 다소 무시무시하다. 모든 이가 더 빨리 움직이려 애쓸 때, 군중은 개인들이 좀 더 적절한 속도를 지켰을 경우보다 더 느리게 문턱을 넘게 된다. 체증이 일어난 군중에서 발생하는 압력은 위력적이다. 실제 일어난 군중 사고에서 그 압력은 강철 막대를 구부리고 벽을 무너뜨리기 충분할 만큼 컸다.

현실의 동물들은 정말 이런 식으로 행동하는 것처럼 보인다. 물론 그것은 인간 피험자를 대상으로 윤리적으로 실험할 수 있는 종류의 것이 아니고, 심지어 쥐를 가지고 실험할 생각만 해도 흠칫하게 된다. 그렇지만 필리핀 대학교의 카이사르 살로마(Caesar A. Saloma, 1960년~)와 동료들은 2003년에 그 실험을 했는데, 피험자들이 어떤 지속적인 피해도 입지 않은 것은 분명하다. 피험자들은 물이 서서히 차오르는 방에서 탈출해야 했다. 그 실험은 쥐들이 컴퓨터 모형이 보여 주는 바로 그런 종류의 '탈출 공황'에 빠진다는 것을, 그리고 출구를 통과하는 컴퓨터상의 흐름이 다양한 규모로 일어나는 실제 상황들의 성질을 예측했음을 드러냈다. 그것은 사실 앞 장에서 설명한 모래 더미 모형에서 스스로 조직된 사태들과 매우 비슷했다.

보행자 움직임에 관한, 특히 군중 공황에 관한 연구를 한 덕분에 더크 헬빙은 2006년에 사우디아라비아의 메카로 향하는 무슬림들의 연례 순례를 대비한 군중 통제 문제에 자문 요청을 받았다. 이 행사는 하지라고 불리는데, 400만 명의 순례자가 몰리다 보니 군중 사고의 위험이 늘 존재했다. 과거에 수백 명이 목숨을 잃었다. 1990년에는 메카를 출발해 연례 석살(石殺, 사탄 모양을 한 비석에 돌을 던지는 행사 — 옮긴이)이 행해지는 근처의 도시 미나로 가는 길에 1,000명도 넘는 사람들이 보행자 터널에서 밟혀 죽었다.

이 석살은 그간 여러 군중 사고들의 임계점이었다. 순례자들은 아브라함이 사탄에게 돌을 던진 것을 흉내 내어 자마라트라는 기둥들에 돌을 던지려고 미나에 모인다. 혼잡을 해소하기 위해 세 기둥을 벽 비슷한 긴 타원형 구조물로 대체했고, 좀 더 많은 순례자들이 동시에 자마라트에 접근할 수 있도록 두 '다리'를 나란히 건축했다. 그렇지만 이런 조치들은 불충분했다. 1994년 이래 순례자들이 그 의례 도중에 밟혀 죽는 일이 6차례나 일어났다. 2006년 1월의 재앙은 그중 최악으로 꼽힌다. 300명 이상의 순례자가 죽었고, 부상당한 사람들은 더 많았다. 하지를 관리하는 사우디아라비아의 지도자들은 무언가 대책을 세워야 한다는 것을 깨달았다. 헬빙의 군중 모형이 도움이 될 수 있을까?

이 지도자들은 2006년 행사를 앞두고 군중의 움직임을 확인하려고 비디오카메라를 설치했다. 그들은 어떻게 그 군중이 치명적인 사태를 일으켰는지 밝혀 주기를 바라며 헬빙과 그의 동료들이 영상을 연구하도록 허락했다. 연구자들은 그 광경을 보고 충격을 받았다.

자마라트 다리에 군중이 더 밀집하자 지속적이던 흐름이 혼잡한 교통의 흐름처럼 멈췄다 가는 파동들로 바뀌었다. (그림 5.16a 참조) 이것은 그전에는 군중의 움직임에서 명확히 보이지 않던 행동이었다. 하지만 그때 군중이 더욱 밀어닥치면서, 불편하고 답답했음에도 비교적 질서가 있었던 이 움직임은 다른 종류의 움직임으로 대체되었다. 사람들은 유체 흐름의 소용돌이를 닮은 매듭으로 뭉치기 시작했고, 그것은 모든 방향으로 감아 돌았다. (그림 5.16b 참조) 순례자들은 여기저기

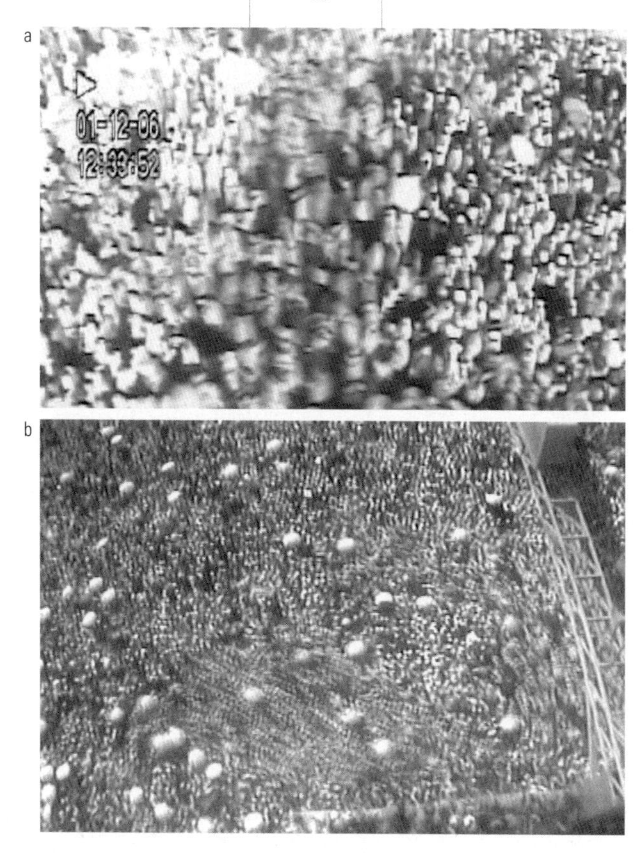

그림 5.16

2006년 미나에서 하지 도중에 붐비는 군중의 움직임. 이 행사의 녹화 영상은 다양한 움직임 양식들을 보여 주었는데, 거기에는 (a) 멈췄다 가는 파동들, (b) 군중 '난류' 등이 있다. 두 이미지 다 1~2초의 비디오 프레임 평균으로 만든 것으로 움직이는 사람들이 흐릿해 보이는 반면 멈춰 있는 사람들은 선명해 보인다. 자마라트 광장으로 가는 길을 찍은 (a) 사진에서 군중이 오른쪽에서 왼쪽으로 움직일 동안 멈췄다 가는 파동들은 왼쪽에서 오른쪽으로 움직인다. 자마라트 다리로 가는 입구에서 찍은 영상으로 만든 (b) 사진에서 모든 방향들로 움직이는 파(보행자의 무리들)들이 군중의 난류를 나타낸다. 다리로 이어지는 경사로들 중 하나는 오른편에서 볼 수 있다.

서 밀쳐져도 무력했지만 다른 사람들을 넘어뜨리기에는 충분한 힘을 가지고 있었다. 일단 발이 걸려 넘어지면 다시는 일어나지 못할 수도 있었다. 그러면 이웃들에게 밟힐 가능성도 있었다. 그 움직임은 밀려드는 액체에서의 난류와 충격적일 정도로 비슷해 보였다.

이 '군중 난류'는 보행자 움직임이나 군중 공황에 관한 단순한 모형들만으로는 예측할 수 없다. 헬빙과 그의 동료들은 개인들이 몰려든 군중에 반응해서 행동을 바꿀 때 이 현상이 일어난다고 생각한다. 군중에 순순히 떠밀려 가는 대신, 사람들은 군중을 되밀어서 압박받는 상태를 벗어나려고 한다. 이 '군중 유체'는 역동성을 갖고, 움직임에 즉흥적으로 더 많은 에너지를 주입한다. 이것은 단순한 유체는 못하는 일이고, 따라서 '군중 난류'가 일상적인 난류를 정확히 반영하지 않더라도 놀라울 것은 없다. 그렇지만 확실히 그것은 그 상황이 갑자기 훨씬 난폭해지고 위험해진다는 뜻이기는 하다.

연구자들은 녹화 영상에 이 위험한 '난류'의 시작을 포착할 수 있는 특별한 단서가 있다고 추론했다. 이 난류는 군중의 밀도만이 아니라, 개인들의 속도에 얼마나 많은 변주들이 존재하는가에 따라 결정되는 역치에서 발생한다. 이런 두 요인들은 난류가 시작되는 '군중 압력'의 임계치를 함께 규정한다. 그러니 혼잡한 군중을 실시간으로 확인하고 영상 자료를 분석하면 이 높은 위험 상태가 언제 시작되려 하는가를 예고할 수 있다. 그것은 잠재적으로 행사 관리자들에게, 압력을 배출하고 치명적 사고를 피하는 군중 제어 수단(새로운 출구를 열거나 더 이상의 유입을 막는)들을 제공할지도 모른다.

그렇지만 다행스럽게도 2007년 하지에는 그런 사고가 일어나지 않았다. 헬빙 팀의 연구 결과, 순례자 캠프와 미나의 자마라 사이에 일방 통행을 위한 특수한 도로와, 순례자들의 흐름을 제한하고 분산하기 위해 엄격히 나눠진 일정표를 동반한 새 경로가 고안되었다. 하지 순례자들이 예측보다 더 많았는데도, 그 계획은 완벽한 성공이었음이 입증되었다. 순례는 사고 없이 지나갔다. 군중 패턴들을 이해하는 것의 효용에 대해 이보다 더 나은 증거는 거의 없을 것이다.

대혼란의 소용돌이: 난류의 문제

6장

난류는 이론의 무덤이다.
— 데이비드 피에르 루엘

여러분은 신을 만난다면 어떤 질문을 하겠는가? 독일 물리학자인 베르너 하이젠베르크의 마음속에 있던 질문은 아마도 다음과 같았던 듯하다. "내가 신을 만난다면 신에게 두 가지 질문을 하겠다. 왜 상대성인가? 그리고 왜 난류(turbulence)인가? 나는 신이 첫 질문에는 대답할 수 있을 거라고 진심으로 믿는다."

이 인용문은 비록 그럴싸하게 들리지만 출처가 불분명하다. 난류는 하이젠베르크의 1923년 박사 논문 주제였다. 그렇지만 대부분의 그런 이야기들과 마찬가지로, 그것은 어떤 주장을 위해 지어낸 이야기다. 난류 유체의 흐름을 이해하기는 너무나 어려워서 하이젠베르크도, 아마 신조차도 그것을 해 낼 수 없으리라는 것이었다. 하이젠베르크의 이름이 그 이야기에 등장한 이유는 그저 그가 호레이쇼 램 경(Sir Horace Lamb, 1849~1934년)보다 더 유명했기 때문이다. 영국 수학자이자 유체 역학 전문가였던 램은 1932년에 영국 과학 진보 연합에서 연설을 할 때 그와 비슷한 이야기를 했다고 한다.[16]

실화든 아니든, 하이젠베르크의 말은 무엇인가 계시를 던져 준다. 왜냐하면 과학 문제가 얼마나 다양한 방식으로 사람을 어리둥절하게 만들 수 있는가를 보여 주기 때문이다. 그 방식 중 하나는 그 현상 자체가 우리의 일상 경험 밖에 놓여 있다는 것이다. 아마도 알베르트 아인슈타인(Albert Einstein, 1879~1955년)이 개발한 상대성 이론은 적어도 1930년대의 시각에서 보기에는 자연 종교의 미궁 같은 것으로 여겨질 것이다. 왜냐하면 그것은 우리의 일상적인 세계에서는 보이지 않게 잘 숨겨져 있고, 따라서 다소 불필요해 보이기 때문이다. 어떤 자연신이 왜 그 멋드러진 뉴턴 역학 법칙 말고 다른 것에 지배받는 우주를 만들어야겠다고 생각했는지는 단번에 명확히 이해되지 않는다. 왜 물체들이 아주 빨리 움직일 때 공간이 수축하고 시간이 팽창한다는 것 같은 이상한 상대주의적 효과들에게 그 자리를 내주라고 명령할까? 상대성을 이해하는 데 필요한 수학은 어려워도, 이론 물리학의 기준으로 보면 그렇게까지 부담스럽지는 않다. 그렇지만 상대성에 관련된 개념들은 우리의 경험과 직관을 부정한다.[17]

과학의 또 다른 문제는 실제로 우리 중 대다수가 접할 수 없는 수준의 수학적 추상 개념과 지식을 요구하기 때문일 수도 있다. 초끈 이론이 어느 정도는 그러한 예다. 우리 중 대다수는 한평생을 바쳐도 그 방정식들을 해독할 수 없다는 사실을 깨닫게 될 것이다.

그렇지만 난류는 다른 방식으로 어렵고 복잡하다. 근본 문제는

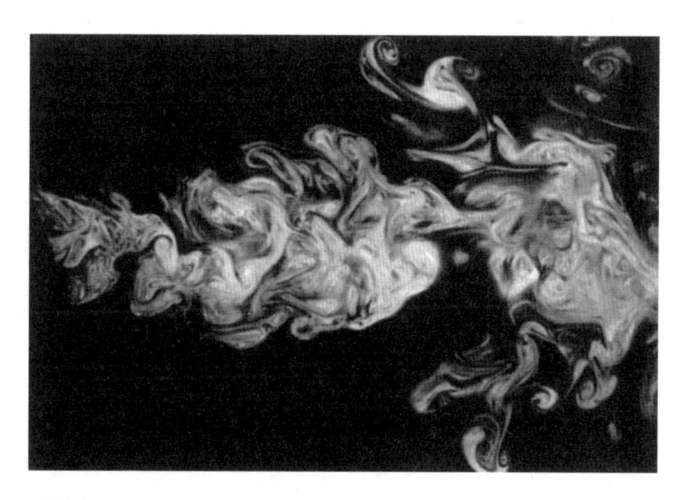

그림 6.1

난류에서 유체의 움직임은 카오스적이지만, 그래도 소용돌이와 같은 일부 규칙적인 구조들은 사라지지 않고 남는다.

단순하다. 우리는 빨리 흐르는 유체를 수학 용어로 어떻게 설명하는가? 우리가 앞 장에서 본 규칙적 구조와 패턴들은 흐름이 충분히 강할 때는 용해되어, 매 순간순간마다 변화하는 명백한 카오스 상태를 남기는 경향이 있다. (그림 6.1 참조) 그렇지만 이것은 모든 구조를 파괴하지는 **않는다.** 그러면 그 유체는 무작위적 움직임이 전체적으로 스며들어서 평균적으로 균일한 흐름을 가질 테니까. 우리는 르레이가 20세기 초에 센 강의 소용돌이들을 응시하면서 분명히 알아보았듯이 난류 흐름에서 실제로 패턴들을 본다. 소용돌이들은 머리를 어질어질하게 만드는 질서에 관한 실마리를 제공하며 지속적으로 태어나고 사라진다. 그렇지만 우리는 그 질서를 어떻게 포착하고 묘사하는가?

우리가 한 이론을 세우는 법을 모른다는 것은 아니다. 흐름을 지배하는 법칙들은 실제로 놀랍도록 단순하다. 우리는 그저 뉴턴의 운동 법칙들을 유체 전반에 적용하고, 그것은 거기 작용하는 힘들에 비례해 유체의 속도가 어떻게 변하는지 설명한다. 문제는 우리가 이런 방정식들을 못 푼다는 것이다. 그 방정식들은 너무 복잡한데, 왜냐하면 유체 움직임은 이제 완전히 상호 의존적이기 때문이다. 유체의 각 작은 '조각들'의 움직임은 그것을 둘러싼 모든 조각들에 강력히 의존한다. 이것은 어떤 의미에서 유체에서는 늘 진실이다. 그렇지만 난류에 관해서는 측정치를 잡거나 평균을 취하는 것이 더 이상 가능하지 않다. 모든 세부 사항이 중요하다. 그러니 문제는 우리가 어떤 재료들이 있는지 몰라서 어려운 것이 아니라, 거기서 의미를 찾아내기에 그 재료들이 너무 복잡하기 때문이다. 너무 많은 일들이 일어나는 것이다.

위대한 과학자들 중 다수는 난류 유체 흐름의 문제를 에워싼 단단한 벽에 주먹질을 해 대느라 피를 보았다. 우리가 이 문제를 이해하는 데에 큰 역할을 한 물리학자인 데이비드 피에르 루엘(David Pierre Ruelle, 1935년~)은 난류를 '이론의 무덤'이라고 불렀다. 러시아 물리학자인 레프 다비도비치 란다우(Lev Davidovich Landau, 1908~1968년)와 예브게니 미하일로비치 리프쉬츠(Evgeny Mikhailovich Lifshitz, 1915~1985년)가 같이 쓴 『유체 역학』은 러시아 문학에서 흔히 볼 수 있는 것처럼 수학적 설명에 타협하지 않는 전형적 태도를 보여 주는 고전인데, 루엘은 이 책에서 저자들이 난류에 관해 이야기할 때 어떻게 순수한 묘사적 서술로 돌아가는가를 아주 신이 나서 지적한다. 방정식들은 더 이상 도움이 되지 않는다. 이런 대단한 과학자들은 그 대신 중국 예술가들이 오래전부터 해 온 방식을 쓸 수밖에 없다. 그림을 이용하는 것이다.

그러나 이렇게 말하면 아마도 난류의 패턴에 대한 우리의 이해가 오늘날 어디까지 도달했는가에 대해 너무 부정적인 느낌을 가질지도 모르겠다. 사실 우리는 이런 패턴들에 관해 많은 것을 알고 있다. 그리고 우리는 많이 알려지지 않은 난류의 '기하학'에 관해 몇 가지 중요한 이야기를 할 수 있다.

만능 방정식

아이작 뉴턴(Isaac Newton, 1642~1727년)의 『프린키피아(*Principia*)』는 물체들이 어떻게 움직이는가에 대한 해법을 제공한다. 물체는 힘이 가해지면 속도를 바꾼다. (즉 가속한다) 속도의 변화율은 힘을 물체의 질량으로 나눈 것과 동일하다. 이것이 뉴턴의 그 칭송받는 운동 제2법칙이다. 19세기 중반에 조지 가브리엘 스토크스(George Gabriel Stokes, 1819~1903년)라는 아일랜드 인 수리 물리학자는 뉴턴의 제2법칙을 기반으로 유체 움직임에 관한 방정식을 작성했다. 그 방정식은 사실 프랑스 공학자인 클로드 루이 마리 앙리 나비에(Claude Louis Marie Henri Navier, 1785~1836년)가 1821년에 도출한 공식을 좀 더 엄격하게 다시 썼을 뿐인데, 그 결과 나비에 스토크스 방정식이라고 불린다. 그 방정식은 한 유체의 모든 지점에서의 속도 변화율이, 압력과 중력처럼 그 유체의 움직임을 촉진하는 힘과 주위 유체가 가하는 점성 저항처럼 그 유체의 움직임을 억제하는 힘의 총합이라고 말한다. 나비에 스토크스 방정식은 뉴턴의 제2법칙을 구체화하는 방정식들의 작은 집합이다. 그리고 그 흐름을 제대로 묘사하기 위해, 그 집합은 흐름이 앞으로 나아갈 때 질량과 에너지가 보존된다고(아무것도 사라지지 않는다.) 규정하는 다른 방정식으로 보완된다.

내가 말했듯이, 문제는 나비에 스토크스 방정식들이 유체의 행동에 관한 가정들과 근사치를 고려하지 않고는 너무 풀기 어려울 때가 자주 있다. 실제로 그 방정식들을 풀려면 여러분은 먼저 그 답을 알고 있어야 한다. 왜냐하면 여러분이 한 유체 '덩어리'에 대한 마찰 저항을 계산할 수 있으려면 모든 주변 덩어리들이 무엇을 하는지를 알고 있어야만 하기 때문이다. 그리고 동일한 문제들이 그 주변의 유체 덩어리에도 적용된다. 오늘날 유체 역학의 이론적 작업 대부분은 특정한 타입의 흐름에 관해 유체의 흐름을 설명하는 이런 방정식들에 어떻게 적절한 단순화를 도입하는가 하는 문제를 다루고 있다. 그 과정에서 이 방정식들이 근본적 특색들을 잃지 않으면서도 우리가 그것을 풀 수 있도록 말이다.

레일리가 20세기 초에 대류 흐름에 대한 이론을 개발하면서 한 일이 정확히 그것이었다. (그림 3.2 참조) 그는 우리에게 원동력, 즉 유체의 차가운 꼭대기와 뜨거운 밑동 사이의 차이의 강도가 특정한 역치 위로 상승하면, 어떻게 대류 패턴들(순환하는 흐름들을 가진 '세포들'의 질서 잡힌 배치)이 나타나는가를 보여 주었다. 이 힘이 아주 강하면 대류는 난류가 된다. 규칙적인 패턴을 가진 흐름에서 난류로 가는 변화는 점진적이지 않고 다소 갑작스럽게 일어난다. 태양의 표면에서 우리가 보았듯, 난류의 시작은 흐름이 모든 구조를 잃는다는 뜻은 아니다. 그저 그 구조가 시간이 지나면서 예측할 수 없는 방식들로 변화한다는 뜻일 뿐이다.

레이놀즈는 원통형 파이프를 따라 흐르는 유체에서 같은 특성을 찾아냈다. 1883년에 그는 유속(레이놀즈 수로 나타내는)이 증가할 때 파이프를 따라 내려가는 흐름이, 부드럽고 소용돌이 없는(소위 층류(層流)) 흐름에서 난류 흐름으로 변화한다는 사실을 보여 주었다. 레이놀즈는 또 나비에 스토크스 방정식들을 사용해 이 변화를 이해하려고 노력했다. 이 경우 연필과 종이로는 방정식을 풀 수 없지만, 컴퓨터로 수량화하면 풀 수 있다. 그 방정식들을 만족시키는 유체 흐름의 패턴은 초기의 몇몇 거친 추측들을 잇달아 반복해 정리함으로써 찾을 수 있다. 그러나 그러면 이상한 점을 발견할 수 있다. 컴퓨터 계산이 난류의 역치를 전혀 보여 주지 않는다는 것이다. 대신 그 흐름은 모든 레이놀즈 수에서 층류로 남아 있을 수도 있다.

그렇지만 실제 레이놀즈 수 2,000을 넘어서 흐르는 대다수 파이프는 난류다. 이것은 수도꼭지에서 흘러나오는 물의 전형적인 값인데, 그 물은 사실 난류 제트로 나온다.(그림 6.2 참조) 왜 이론과 실험 사이에 이러한 차이가 나타날까? 이처럼 난류로 변화하느냐는 흐름이 방해받는 지의 여부에 좌우되는 듯하다. 소용돌이들이 나타나려면 '발동'이 필요하다. 그런 방해를 피하기 위해 파이프 속의 흐름을 제어한 실험에서, 층류는 적어도 레이놀즈 수가 최고 10만까지 유지되는 듯하다. 레이놀즈 수가 더 클수록(유속이 빠를수록), 더 약한 발동이 필요하다. 당연히 기대할 법하게도, 흐름은 불안정해질 태세를 더욱 정교하게 갖추고 있다.

문제를 더욱 복잡하게 만드는 원인은 파이프 흐름의 난류가 영원히 지속되지 않는다는 점이다. 난류는 어떤 교란 때문에 촉발되면 흐름이 다시 부드러워지기(층류) 전까지 짧은 시간만 유지되는 것처럼 보인다. 그 경우와 마찬가지로 파이프의 한 지점(예를 들어 벽의 돌출부)에서 지속적인 동요가 야기한 난류가 충분히 길다면 결국 파이프를 더 아래쪽까지 씻어 낼 것이다. 그러나 이 과정은 아주 오래 걸릴 수도 있다. 그 흐름이 정원 호스를 따라 4만 킬로미터를 흐르려면 한 부분

그림 6.2

수도꼭지에서 난류 제트를 일으키며 나오는 물은 여기서 에저턴의 고속 촬영 덕분에 정지 프레임으로 포착되었다.

에서 자극된 난류가 다시 가라앉기까지 5년을 기다려야 한다고 예측된다.

그러니 우리가 아무리 수를 집어삼키는 괴물 같은 컴퓨터를 이용해 나비에 스토크스 방정식을 풀 수 있다 해도, 그런 방정식들은 우리가 알아야 하는 모든 것을 말해 주지 않을지도 모른다. 왜냐하면 그 수식은 실제 세계에서 매우 흔하게 마주칠 수 있는 종류의 동요에 흐름이 어떻게 반응할지는 감안하지 않기 때문이다. 질문은 그 흐름이 발생시킨 교란이 점차 사라질 것인가, 그리고 만약 그렇다면 얼마나 빨리 사라질 것인가를 묻는다. 그 구분은 중요하다. 왜냐하면 부드러운 흐름과 난류 사이의 차이는 산업 분야에서 아주 중요할 수 있기 때문이다. 난류 흐름에서 유체는 강하게 뒤섞인다. 그리고 파이프 속 흐름에서 난류는 유체의 통과를 방해한다. 소용돌이가 방해해서 전체적인 유속을 떨어뜨린다는 식으로 말할 수 있을지도 모른다. 이것은 어쩌면 파이프에서 압력이 솟구치게 만들 수도 있다. 기름, 기체나 물이 배관을 흘러가는 경우나 화학 약품 처리 공장에서 통들과 탱크들 사이로 액체 화학 물질이 운반되는 경우에 대입해 본다면 이것은 매우 중요한 이야기다. 또한 그 문제는 신체 순환계통에서 혈관을 흐르는 혈액의 경우에는 더욱더 중요할 수 있다. 이 주제는 『가지』에서 다룰 것이다.

캔에 든 롤들

따라서 부드럽고 질서 잡힌 흐름들이 어떻게 난류로 바뀌는가 하는 문제는 엄청나게 연구되어 왔다. 파이프 속의 흐름과 대류는 이런 연구에 편리한 두 가지 실험 조건을 제공하지만, 유체 흐름이 난류에 도달하기까지 어떤 식으로 규칙적 패턴을 지닌 상태들의 연쇄로 진행되는가를 보여 주는 세 번째 예가 있다. 1888년에 프랑스의 유체 역학자인 모리스 마리 알프레드 쿠에트(Maurice Marie Alfred Couette, 1858~1943년)는 중심축이 같고 크기는 서로 다른 2개의 원통 사이에 끼인 유체에서 일어난 흐름을 보았다. 흐름을 일으키기 위해 안쪽 원통을 돌리면 그것은 벽 옆의 유체를 같이 끌고 온다. (그림 6.3a 참조) 이 흐름은 이제 쿠에트 흐름으로 불린다.

이것은 몇 가지 면에서 2장에서 살펴보았던 옆면이 서로 평행한

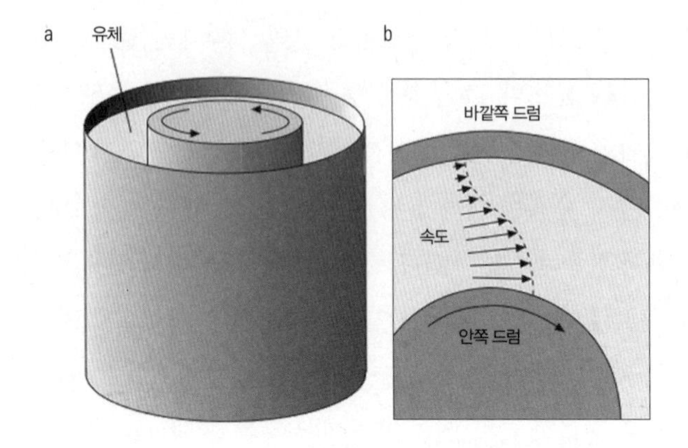

그림 6.3

(a) 쿠에트가 고안한 기구에서 유체는 두 동심원 원형 드럼 안에 갇혀 있다. 그리고 회전하는 안쪽 드럼으로 움직인다. 테일러는 나중에 그 장치를 조정해 바깥쪽 드럼도 돌아가게 했다. 유체는 안쪽 드럼과 함께 접촉면과 마찰하면서 끌어당겨지고, 중심이 같고 속도는 서로 다른 두 껍질들로 움직일 것으로 생각될 수 있다. (b) 이것은 전단 흐름이다.

수로를 내려가는 흐름과 비슷하다. 회전 속도가 낮으면 유체 속도는 전체적으로 부드럽게 바뀌어, 서로를 지나 미끄러지는 얇은 층들의 연쇄로 볼 수 있다. (그림 6.3b 참조) (바로 이것이 이런 종류의 부드러운 흐름이 층류라고 불리는 이유다.) 그렇지만 핵심적인 차이 하나는 회전하는 물체가 원심력을 받는다는 점이며 그 힘은 줄에 감긴 추가 원을 그리면서 빙빙 돌아갈 때 줄을 팽팽하게 만든다. 그러니 유체는 원을 그리며 실려가는 것만이 아니라 동시에 바깥쪽을 향해 힘을 받는다. 언제나 그렇듯 마찰 저항은 바깥쪽으로 향하는 힘에 저항한다. 그리하여 낮은 회전 속도에서는 원심력이 흐름에 영향을 미치는 것처럼 보이지 않는다.

그렇지만 영국 수학자인 제프리 잉그럼 테일러(Geoffrey Ingram Taylor, 1886~1975년)는 1923년에 일단 원심력이 점성의 방해 효과를 압도하기 시작하면 패턴들이 나타난다는 사실을 발견했다. 우선 유체의 기둥은 줄무늬를 만든다. (그림 6.4a 참조) 사실 유체가 마치 한 더미의 도넛들 표면을 돌듯 서로 반대 방향으로 순환하는, 롤 같은 소용돌이들이 있다. 이것은 레일리-베나르 대류처럼 대칭을 깨는 과정이어서 명확한 크기의 패턴을 만든다.

이런 상황이 대류와 비슷하다는 사실을 알아차리기는 그다지 어렵지 않다. 거기서 대칭을 깨는, 같은 종류의 구조(롤 세포)가 만들어진다. 쿠에트 흐름의 내부에 있는 모든 유체는 원심력 때문에 바깥쪽으로 동시에 움직이려고 '노력한다.' 그렇지만 그것은 바깥쪽 층을 그냥 쉽게 통과할 수 없다. 회전 속도의 역치에서는 시스템이 불안정해져, 롤 소용돌이들이 내부 유체의 일부를 바깥쪽 가장자리로 운반하고, 돌아오는 흐름이 내부 층을 다시 채운다. 대류의 동일한 기본 속성인 불안정성만이 아니라, 롤들의 모양 역시 동일하다. 롤의 넓이가 내부 실린더와 외부 실린더 사이의 간극에 해당해서 대략 정사각형에 가까운 모양이다.

흐름을 위한 원동력을 규정하는 '차원 없는 수'는 다시 레이놀즈 수다. 여기서 이 수는 내부 실린더 표면의 흐름 속도에 따라 규정된다. 한편 시스템의 고유한 면적은 두 실린더 사이의 간극의 넓이다. 테일러는 대류에 관해 레일리와 비슷한 계산을 했다. 레이놀즈 수가 증가할 때 롤 세포(지금은 테일러 소용돌이들로 알려진)가 언제 나타나는지를 알아내기 위해서였다.

기구를 더욱 빨리 돌려 이 원동력을 더욱 증가시키면 기본적인 줄무늬 패턴이 점차 정교해진다. 롤 세포들은 처음에는 파도처럼 되고, 실린더를 따라 위아래로 물결 모양을 이룬다. (그림 6.4b 참조) 그러

그림 6.4

안쪽 드럼의 회전 속도가(따라서 레이놀즈 수가) 증가할 때 쿠에트 흐름에서 다양한 패턴들이 형성된다. (a) 처음에는 도넛 모양 롤 세포들이 한 무더기 만들어진다. (b) 이들은 이어 파도 같은 물결무늬를 발전시킨다. (c) 더 높은 레이놀즈 수에서도 롤 세포들은 여전히 남아 있지만 그들 각자는 난류 흐름을 갖고 있다. (d) 마지막으로 그 유체는 완전히 난류가 된다. 그러나 여기서도 난류는 시간과 공간상으로 간헐적으로만 나타날 수도 있다. 여기서는 난류 속에 부드러운 흐름의 영역이 존재한다.

고 나서 파도들은 더욱 복잡해져 난류에 가까워진다. 그리고 그 후에 쌓인 줄무늬들은 그들 안에 난류와 함께 다시 나타난다. (그림 6.4c 참조) 마지막으로 레이놀즈 수가 패턴이 처음 나타났을 때의 약 1,000배일 때, 전체 유체 기둥은 구조를 잃어버린 난류의 벽이 된다. (그림 6.4d 참조)

그렇지만 그것이 전부가 아니다. 테일러는 만약 바깥쪽 실린더를 고정시키지 않고 같이 회전시키면 상황이 변한다는 것을 깨달았다. 그러면 심지어 내부 층의 **상대적** 회전 속도가 바깥쪽 층에 비해 작을 때도, 유체가 상당한 원심력을 받아 다른 힘의 균형이 구축될 수 있다는 사실을 직접 확인했다. 이런 시스템에 대한 실험들은 여기에 제시하기에는 너무 많은 기기묘묘한 패턴들을 보여 주었다. 상호 관통하는 나선들, 파도 같은 소용돌이들, 코르크 마개 뽑이 같은 웨이브렛들, 나선 난류들. 우리가 보았듯이, 이런 흐름 패턴들 중 어떤 것들은 회전하는 행성 대기에서 발견되는 패턴들과 비슷할지도 모른다.

숨겨진 질서

여러분이 한 유체를 충분히 세게 흐르도록 만들 수만 있다면 여러분은 난류와 함께 늘 끊임없이 변화하는 카오스 같은 흐름들을 보게 될 것이다. 그렇지만 난류로의 이행이 일어나는 데는 몇 가지 방식이 있다. 대류의 경우에는 급격히 변화하는 경향을 보인다. 장애물 주위를 흐르는 유체 같은 전단(剪斷) 흐름의 후류(後流)에서는 처음에 난류가 간헐적으로 나타난다. 그리고 흐름이 더 빠를 때는 난류가 완전히 장악한다. 테일러-쿠에트 흐름에서 난류와 규칙적 패턴들은 난류의 테일러 소용돌이 형태로 잠시 공존한다. 난류에는 몇 가지 경로가 있고, 특정한 유형의 흐름이 취하는 경로들은 여전히 논쟁거리다.

그러나 실제로 난류가 격렬해질 때는, 거기서 어떤 패턴을 찾는 것을 완전히 포기하고 싶어질 수도 있다. 유체 입자들의 탄도는 극도로 복잡하고 지속성이 짧다. 그리고 나비에 스토크스 방정식들은 수학적 천재성이 아니라 오로지 고된 컴퓨터 계산 작업으로만 풀 수 있다. 난류 흐름은 지속적인 불안정 상태다. 흐름에서 일어나는 모든 일 하나하나가 다른 모든 것들을 동요시키는 재앙이라고 말할 수도 있다. 이것은 우리가 전반적으로 흐름이 어떻게 진화하는지, 혹은 그 안에 있는 입자들이 시간상의 어떤 지점으로 흘러갈지에 관해 아무것도 예측할 수 없다는 뜻이다. (그렇다고 나비에 스토크스 방정식들이 깨진다는 이야기는 아니다. 그 대신 이런 방정식들이 시간에 따라 변하지 않는 해법들을 더 이상 갖고 있지 않다는 이야기다.)

이런 상황에서 우리는 유체에서 흐름의 상세한 패턴을 보려고 노력하기보다 그냥 평균적 특성들에 관해 묻는 편이 더 낫다. 다른 말로 우리는 유체 입자들의 개별적 궤도들을 잊어버리고 그 대신 그들의 통계적 성질들을 고려해야 한다. 그러고 나면 심지어 난류 같은 명백히 무작위적인, 구조가 없는 시스템조차 특징적인 형태가 있음이 밝혀진다. 4장에서 다룬 스스로 조직된 모래 알갱이들의 사태들에서 무작위적이지 않은 일종의 '질서'가 등장하듯 말이다. 이런 방식으로 우리는 그들의 통계적 형태들을 비교함으로써 카오스적인 과정들에서 분명히 서로 다른 종류의 형태를 구분할 수 있다. 『가지』에서는 '통계적 형태'의 이 중요한 개념에 관해 더 진전된 설명 몇 가지를 보게 될 것이다.

지난 세기 동안 난류가 정량적으로 측정할 수 있는 포괄적으로 통계적인 **'형태'**를 갖고 있다는 생각이 연구되어 왔다. 1920년대에 영국의 루이스 프라이 리처드슨(Lewis Fry Richardson, 1881~1953년)은 우리가 만약 '보편적인' 난류의 특성들을 평균적인 '전 지구적' 유체 속도와 매 지점 그 평균에서의 편차로 나누고 싶다면 우선 난류의 보편적 특성부터 명확히 밝혀야 한다고 주장했다. 우리는 마치 각각의 조그만 유체 덩어리가 이전 장에서 만났던 무리 짓는 입자들의 하나인 것처럼, 한 유체가 모든 지점(속도장)에서 특정한 유속(속력과 방향)을 가졌다고 생각할 수 있다. 가장 격렬한 흐름들은 0이 아닌 평균 속도를 가지고 있다. 그 유체는 비록 무계획적인 방식이기는 하지만 '어딘가에 도달하기는' 한다. 예를 들어 기둥을 지나 흐르는 강의 난폭한 후류를 생각해 보자. 혹은 추운 바깥으로 쫓겨난 사무실 직원이 내뿜는 담배 연기의 난류 제트 흐름을 생각해 보자. 리처드슨은 난류의 포괄적 행동이 변동의 통계 내에 머문다고 주장했다. 우선 그 어떤 평균 흐름도 변동에서 제거되어야 한다.

그는 변동에 어떤 구조가 파묻혀 있든, 그 속도장의 카오스적인 부분은 흐름 내의 두 지점이 서로 멀어지면서 둘 사이의 속도 차이가 어떻게 변화하는가를 통해 밝힐 수 있다고 주장했다. 여기에 대해 어떤 단일한 답은 없다. 관건은 통계의 수집이다. 만약 그 흐름이 모든 단위에서 완전히 무작위적이라면, 한 지점에서의 속도는 다른 지점들에서의 속도와 아무런 관련이 없다. 모든 속도 차이들은 그 지점들이 더욱 멀어질 때 동일한 확률로 나타난다. 그러나 만약 대류 세포처럼 그 흐름이 구조를 가지고 있다면, 서로 다른 지점들에서의 속도는 무작위적이지 않은 어떤 방식으로 연관되는 경향을 보일 것이다. 그렇다면 우리는 하나를 알면 다른 하나를 예측할(아니면 적어도 추정할) 수 있다. 그런 경우에 속도들은 상호 관련된다고 한다. 예를 들어 두 롤 세포들의 인접한 가장자리에서 양측의 속도는 서로 무관하지 않다. 만약 한 모서리의 한 지점에서 유체가 올라가고 있다면, 또한 우리는 그 유체가 다른 세포 모서리의 대응하는 지점에서 대략 동일한 속도로 올라가고 있음을 확신할 수 있다. 인접한 롤들은 늘 서로 역회전하기 때문이다.

경제학에서 일부 거래자들은 주가 사이의 상호 관계를 파악하는데 많은 시간을 들인다. 하나를 가지고 다른 하나를 예측하거나, 오늘의 가격으로 미래 한 시점의 가격을 추론하기 위해서다. 주식 가격 변동에서는 시간에 따른 상호 작용이 다소 급속히 사라지는 것이 명확하게 보인다. 그렇지만 만약 그것들을 알아볼 수만 있다면, 만약 여러분이 손이 충분히 빠르기만 하면 돈을 벌 수 있을 것이다. 공교롭게도 경제학에서 가격의 상호 관계가 난류 유체 흐름의 그것과 어느 정도 유사성을 보여 줄지 모른다는 주장이 (논란은 있지만) 제기되어 왔다. 그게 사실이라면 '시장 난류'에 관한 이야기가 순수한 은유만은 아니리라.

만약 난류가 완전한 무작위성과 구분할 수 있는 어떤 본질적 구조를 가졌다면, 흐름상의 서로 다른 지점들에는 속도 차이에 어떤 상호 관계가 있을 것이다. 직관적으로 우리는 카오스적인 흐름에서 그런 상호 관계가 있다고 치면, 그 지점들이 서로 멀수록 덜 강력한 관계를 기대해야 한다. 레일리-베나르 대류 세포의 완벽하게 질서 잡힌 배치에서는 그렇지 않다는 사실을 주목하자. 상호 관계들은 범위가 꽤 넓은데, 왜냐하면 세포들은 질서 잡힌 방식으로 배치되기 때문이다. 그렇지만 실험들은 난류에 상호 작용이 있다는 점만이 아니라 이들이 놀랍도록 멀리까지 미쳐서 보통 흐름의 전체 너비에 가깝게 확장된다는 사실을 보여 주었다. 마치 시끄럽게 떠들어 대는 군중 속에서 서로 방 반대편에 있는 사람들이 그래도 서로 대화를 나눌 수 있는 것과 마찬가지다.

이런 상호 작용들은 난류의 묘사를 미묘한 작업으로 만든다. 상호 작용은 그 우아함, 부유하는 아름다움, 공들인 소용돌이, 다양한 크기의 소용돌이 같은 구조들을 맡고 있다. 완전히 성장한 난류는 더러 비균질적인데, 사실은 거친 무질서의 영역들과 '소용돌이'가 한층 잔잔한 배경에 더해진 질척한 강과 닮았다. 우리는 2장에서 난류의 근본적 구조들 중 하나가 월풀 같은 소용돌이임을 보았다. 그렇지만 소용돌이들이 난류 이전 흐름에서 카르만 소용돌이 줄기 같은 고도로 규칙적인 패턴들을 형성할 수 있는 반면, 난류 소용돌이들은 매우 넓은 범위의 크기 규모에서 형성된다. 그리고 그것들은 목성의 대적반처럼 단기적이며, 아마 흐름의 어느 지점에서도 나타날 수 있다.

소용돌이들은 격렬한 흐름의 에너지 대부분을 운반한다. 층류에서는 유체가 움직이는 방향으로 에너지가 발생하는 반면, 격렬한 흐름에서는 유체의 움직이는(운동) 에너지의 일부만 어딘가에 도달한다. 나머지 운동 에너지는 소용돌이에 갇히고, 소용돌이가 그것을 잘게 부수어 결국 각 무리의 유체들이 서로 마찰하는 마찰열로 소진한다. (이 마찰은 점성의 본성이다.) 운동 에너지의 소멸은 유체의 분자들이 충돌하고 그들의 열이 흔들림을 증가시킬 때, 무척 작은 길이 단위로 일어난다. 그러므로 흐름에 큰 규모로 투입되는 에너지는 우리 눈에 보이는 커다란 소용돌이들을 만드는데, 소멸되기 전에 이들은 단계적으로 더 작은 규모들로 줄어든다. 다른 말로 하면 에너지의 계단식 폭포 같은 것이다. 큰 소용돌이들은 자신들의 에너지를 작은 소용돌이들로 전달하고, 더 작은 소용돌이 역시 더 작은 규모로 그것을 되풀이한다. 리처드슨은 이것을 제대로 알았고, 조너선 스위프트(Jonathan Swift, 1667~1745년)의 벼룩에 관한 엉터리 시에 영감을 받아서, 1922년에 그 과정을 묘사하기 위한 시를 썼다.

> 큰 소용돌이들은 그들의 속도를 먹어치우는
> 작은 소용돌이들이 있고
> 그리고 작은 소용돌이들은 그보다 더 작은 소용돌이들이
> 점성으로 계속 그렇게 이어진다.

1940년대에 러시아 물리학자 안드레이 니콜라예비치 콜모고로프(Andrey Nikolaevich Kolmogorov, 1903~1987년)는 이 에너지 계단 폭포에서 정확한 수학적 형태를 찾아냈다. 그는 눈금 길이 d에서 난류 유체에 담긴 에너지가 d의 3분의 5승의 비율로 달라진다고 주장했다. 다른 말로 그것은 d가 d의 제곱보다 약간 작은 비율로 더 커질 때 증가한다. 이것을 d라는 지름을 가진 한 원의 면적이 d와 함께 어떻게 증가하는가와 비교해 보자. 그럴 경우에 그 면적은 d제곱에 비례하는 속도로 증가한다.[18] 이것은 **축척 법칙**(scaling law)이라고도 불리는 지수 법칙(4장 참조)의 또 다른 예다. 그렇게 불리는 이유는 축척을 달리하면 일부 수량들이 어떻게 변화하는가를 그 법칙이 설명해 주기 때문이다. 축척 법칙들은 많은 자연적 패턴들과 형태들 밑에 놓인 과학의 핵심이다. 그 다른 패턴과 형태들은 『가지』에서 보게 될 것이다.

콜모고로프의 법칙은 확실히 다소 추상적으로 들린다. 그렇지만 그것은 난류의 흐름에 에너지가 유체 내에서 방해받는 방식을 지배하

는, 일종의 논리가 존재한다는 사실을 우리에게 말해 준다. 콜모고로프가 그것을 도출하는 과정에서 약간 과하게 단순한 가정을 취했기 때문에, 실험을 통해 조사하면 그의 축척 법칙은 약간 부정확한 점이 발견된다. 그렇지만 난류에 관한 좀 더 최근의 이론에 따르면, 축척 법칙에서 몇 가지 다른 요소들을 포함해 그 문제를 바로잡을 수 있다. 에너지 계단 폭포라는 기본 개념은 옳다. 다양한 축척들에 대해 유체 흐름의 에너지 증폭을 지수 법칙으로 나타낼 수 있다는 것이다.

난류 형태에 관해 이 법칙이 어떤 의미가 있느냐는 명확하지 않다. 그렇지만 이것을 설명하는 약간 유쾌한 방식이 있다. 우리는 난류의 특징적인 형태들 중 하나가 소용돌이임은 이미 보았다. 2004년에 허블 우주 망원경으로, 먼 별 주위의 격변하며 팽창하는 먼지와 기체 구름(그림 6.5a 참조)에서 그런 특색들을 본 과학자들은 빈센트 반 고흐(Vincent van Gogh, 1853~1890년)의 유명한 회화「별이 빛나는 밤」(1889년)을 떠올렸다. (그림 6.5b 참조) 고흐는 세상을 떠나기 1년 전인 1889년에 생레미의 정신 병원에서 그 작품을 완성했다. 그러한 유사성은 스페인, 멕시코, 그리고 영국의 과학자들이 연구팀을 결성하는 계기가 되었다. 고흐의 트레이드마크인 소용돌이 양식이 정말로 과학적 의미에서 난류인지 아닌지를 알아내기 위해서였다. 이것을 평가하기 위해 과학자들은 그림에서 광도 변화의 통계적 분포가 콜모고로프가 난류에 규정한 형태를 지녔는지 살펴보았다.

연구자들은 고흐의 작품을 디지털화해서 어느 정도 서로 거리가 떨어진 두 화소 사이의 광도가 어떻게 달라지는지 통계로 측정했다. 그들은 이 분포가 난류 속 유체 덩어리의 속도에서 일어나는 변화와 유사하다고 볼 수 있다는 결론을 도출했다. 콜모고로프의 이론에 따

르면 난류는 반드시 특정한 지수 법칙을 따라야만 한다.[19] 「별이 빛나는 밤」에서 이런 조응들은 감명 깊을 만큼 굳건하며 정확히 유지된다. 다른 말로 그 그림은 콜모고로프의 난류가 어떤 '모습인가'에 대한 기술적으로 정확한 표상을 제공한다.

고흐의 「사이프러스와 별」, 그리고 「까마귀가 있는 밀밭」에도 같은 이야기를 할 수 있다. 둘 다 고흐가 특히 힘들었던 시기인 1890년대 초에 그려졌다. (특히 뒤의 그림은 그가 자신을 권총으로 쏘기 전에 완성되었다.) 그렇지만 고흐의 악명 높은 「담뱃대를 물고 귀에 붕대를 두른 자화상」(1888년)은 '난류'의 각인을 보여 주지 않는다. 어쩌면 이것은 그 그림이 평온한 자기 토로의 상태에서 그려졌기 때문일까? 고흐가 정

그림 6.5

(a) 모노케로스 성좌 방향으로 지구에서 2만 광년 정도 떨어진 V838 모노케로티스(V838 몬(Mon)) 주위의 성간 기체와 먼지에서 보이는 난류. 이 사진은 2004년 2월에 허블 우주 망원경으로 찍은 것이다. 먼지는 그림 한가운데 있는 붉은색 초거성인 V383 몬에서 방출한 빛의 깜빡임에 비춰진다.
(b) 천문학자들은 고흐의 유명한 그림 「별이 빛나는 밤」을 떠올렸다.

신병 때문에 병원에 입원해서 포타시움 브로마이드를 처방받은 후라서? 고흐가 정신적 '난류' 덕분에 실제 난류 흐름의 형태들을 직관할 능력을 얻었다는 생각은 도를 넘은 망상일지도 모른다. 그렇지만 이유가 무엇이든, 고흐는 확실히 그렇게 할 수 있었다. 그리고 우리가 「별이 빛나는 밤」의 이미지에서 항구적이고 늘 임박한 그 불화, 질서에서 카오스로의 파국을 너무나 강력하게 느낄 수 있는 것은 이 때문일지도 모른다. 앞에서 우리는 이 격렬한 패턴을 보았다.

부록 1

베나르 대류

점성 있는 유체의 얇은 층에 아래쪽에서 천천히 열을 가하면 다각형 대류 세포들이 나타난다. 이것은 전통적인 '부엌' 실험으로, 조리대에서 냄비에 기름을 데우기만 하면 확인할 수 있다. 팬의 밑동은 반드시 납작하고 매끈해야 한다. 그렇지만 열을 균등하게 확산시킬 수 있도록 두꺼우면 더 좋다. 스튜용 냄비도 좋다. 기름층 깊이는 1~2밀리미터 정도면 충분하다. 계피 같은 향신료를 가루 내어 기름 표면에 흩뿌리면 흐름 패턴을 드러낼 수 있다.

좀 더 통제된 실험을 하려면 실리콘 오일이 효과가 좋다. 시중에는 다양한 점도의 실리콘 오일이 나와 있는데, 대체로 1초당 0.5제곱센티미터의 점도가 적당하다. 유체에 금속 가루를 뿌리면 대류 세포들이 더욱 명확히 보인다. (그림 3.1 참조) 청동 가루는 철물점이나 미술 용품점에서 구할 수 있다. 얇은 알루미늄 조각은 '은색' 모형 물감의 염료에서 뽑아낼 수 있는데, 물감에서 액체를 따르고 남는 조각들을 아세톤(매니큐어 세척액)으로 씻어 내면 된다. 이런 가루들은 가만히 놓아두면 실리콘 오일에 정착할 것이다.

앞의 방법은 다음 논문을 바탕으로 한다. 스티븐 밴훅(Stephen J. VanHook)과 마이클 슈와츠(Michael Schatz), 「패턴 형성의 단순한 시연들(Simple demonstrations of pattern formation)」, 《물리 교사(*The Physics Teacher*)》 35(1997): 391. 이 논문에는 필요한 재료를 공급하는 미국 내 공급처 몇 곳의 상호와 주소가 실려 있다.

부록 2

막세 세포의 알갱이 성층

이것은 비교적 적은 노력으로도 눈에 띄고 안정적인 결과를 얻을 수 있는 가장 만족스러운 실험에 속한다. 나는 이 실험을 몇몇 시연 강의에서 사용했다. 이 실험은 도구를 휴대하기도 편하고 재활용할 수 있으며, 늘 만족스러운 반응을 얻는다. 보스턴 대학교에서 그 효과를 발견한 사람들은 시연을 위해 약 30센티미터 높이의 세포를 만들었다. 내 막세 세포는 대단한 공학 작품이라고 하기는 어렵지만 빠르고 쉽게 만들 수 있다. 투명한 판들은 세척이 가능하도록 떼어 낼 수 있게 만드는 편이 편리하다. 비닐 레코드에 사용하는 것 같은 마찰 방지제 처리를 해서 알갱이가 표면에 들러붙는 것을 방지하면 가장 좋다. 그렇지만 꼭 해야 할 필요는 없다. 판의 규격은 20×30센티미터고, 그 사이

에 5밀리미터의 틈이 있다. 막세와 공동 연구자들이 작성한 원래 논문(1997년)에 설명된 세포들은 한쪽 끝이 열려 있지만 양 끝 부분은 두 판이 서로 평행을 이루고 그 층들이 세포를 완벽하게 채울 수 있게 해 준다. 그러면 한층 보기 좋고 잘 보이는 효과를 얻을 수 있다. 화학제품 공급 업체에서 구할 수 있는 색모래 알갱이를 쓰면 가장 예쁜 결과를 얻을 수 있다. 그렇지만 쉽게 구할 수 있는 알갱이 설탕이나 일반적인 모래(애완동물 용품점에서 산 깨끗한 모래나 아이들의 놀이용 모래)로 해도 된다. 그 정도 알갱이 크기, 모양, 그리고 색 차이면 시각적 층을 내기에 충분하다. 설탕 알갱이들은 더 크고 더 정사각형 모양이다. 식탁의 소금은 모래와 너무 비슷해서 전혀 구분이 안 된다. 알갱이들을 꾸준한 속도로 천천히 세포 한쪽 구석에 50대 50의 비율로 쏟으면 가장 좋은 결과를 얻을 수 있다. 깔때기는 한쪽 귀퉁이를 잘라낸 A5 크기 봉투 하나만 있으면 충분하다.

후주

1 이 수고는 18세기에 로마에서 토머스 쿡 레스터 경(Lord Thomas Coke Leicester, 1697~1759년)의 손에 들어가 세간에 공개되었지만, 1980년대에 미국의 기업가이자 예술 후원자였던 아르먼드 해머(Armand Hammer, 1898~1990년)가 매입했다.

2 유선은 기술적 정의이다. 그것은 흐름 속에 나타나는 선으로, 그 선의 어떤 지점에서든 탄젠트는 그 지점에서 흐름의 방향을 보여 준다. 유선은 '유체가 어디로 가는가'만이 아니라 얼마나 빠른지도 말해 준다. 유선들이 서로 가까운 곳은 속도가 높다. 흐름의 패턴이 시간에 따라 변하지 않는 안정적인 흐름에서, 한 부유하는 입자의 경로나 한 지점에 주입된 염료의 궤적, 입자의 경로 혹은 염료의 이른바 유맥선(streakline)은 유선을 그린다. 그렇지만 흐름이 불안정하면 더 이상 그렇지 않다. 입자의 경로나 유맥선은 유선처럼 보일 수 있고, 그것으로부터 진정한 유선을 찾아낼 수도 있다. 하지만 양쪽은 동일하지 않다.

3 르네 데카르트(René Descartes, 1596~1650년)는 소용돌이를 중시했고, 전 우주가

갖가지 크기로 소용돌이치는 에테르 같은 유체로 가득하다고 확신했다. 데카르트의 말에 따르면 그 유체들의 빙빙 도는 움직임들은 천체들을 실어 나르고, 행성들과 항성들의 순환을 가능하게 했다. 그러나 데카르트의 이론은 어떤 식으로든 소용돌이에 대한 레오나르도 다 빈치의 작업에서 영감을 얻은 듯 싶지는 않다.

4 에저턴의 스플래시 필름은 여기서 온라인으로 볼 수 있다. (http://web.mit.edu/edgerton/spotlight/Spotlight.html) 지금 여러분이 그것을 보면 1950년대의 수소폭탄 실험을 공중에서 촬영한 것과 소름 끼칠 만큼 닮았음을 알아볼 수밖에 없다. 그 다큐멘터리 기술을 개발하는 데는 에저턴 자신도 한몫했다.

5 유체는 보통 벽에 닿을 때 마찰 때문에 느려진다. 만약 유체가 일련의 평행한 선들로 나뉜다고 생각하면, 가장 바깥쪽 선은 마찰 때문에 완전히 멈춘다. 그 옆에 있는 선은 움직이지 않는 층 때문에 느려지지만 완전히 멈추지는 않는다. 그리고 잇따른 선들 역시 마찬가지 상황을 겪고, 그 각각은 약간씩 덜 느려진다. 그리하여 레오나르도 다 빈치가 말했듯, 유속은 벽에서는 존재하지 않고 거기서부터 흐름의 가운데까지 유연하게 증가한다.

6 이것은 다른 경우처럼 들릴지 모르지만 실은 그렇지 않다. 앞의 경우에서 더 빠른 층의 시점에서 보면 더 느린 층이 뒤로 가는 것처럼 보인다. 여러분이 추월하는 차가 여러분 뒤로 후퇴하는 것처럼 보이는 현상과 마찬가지다.

7 그러나 이것이 카르만의 소용돌이 줄기가 만들어지는 방식은 아니라는 점을 강조해야겠다. 그림 2.6의 파동과 같은 패턴은 전단 불안정성이 맞지만, 그 소용돌이들은 기둥의 가장자리에서 자라나지 아래로 내려가는 파도들의 정상에서 자라나지 않는다.

8 이 점은 2005~2006년에 붉어졌는데, 아마도 힘이 강해져 대기 더 깊숙이에 있는 어떤 붉은 물질을 이끌어 온 듯하다. 그것은 소적반으로 명명되었다.

9 이것은 거의 늘 그렇지만, 곤란하게도 물은 예외다. 가장 밀도가 높은 지점이 가장 차가울 때가 아니라, 어는점인 섭씨 4도라는 것이 물의 특이한 성질의 하나다. 그렇지만 우리가 실온에서 물을 데우는 경우를 이야기하고 있다면, 이 특이성은 문제가 되지 않는다. 섭씨 4도 이상일 때 물은 '정상적으로' 행동해서, 따뜻할 때 밀도가 덜 높아지기 때문이다.

10 그 혼합물은 흔들면 안 되고 휘저어야 한다. 우리가 나중에 보겠지만 그냥 흔들기만 해서는 다른 종류의 알갱이들이 잘 섞이지 않을 수도 있다.

11 그 현상은 한참 나중까지 일반적으로 알려지지 않았는데, 왜냐하면 오야마 요시티시의 논문은 현대의 알갱이 물질 연구자들에게 재발견되기 전까지 거의 흔적을 남기지 못했기 때문인 듯하다. 오티노는 그것이 생물학자인 귄터 지그문트 스텐트(Gunther Siegmund Stent, 1924~2008년)가 '과학적 조숙증'이라고 부른 것의 표본이라고 말한다. 너무 때이른 발견이 그때까지 알려진 사실과 이론에 연결되지 못하는 현상이다.

12 스스로 조직한 임계에 관해 페르 박이 쓴 책의 제목은 거창하게도 『자연은 어떻게 작동하는가』인데, 이 책은 실험 목적으로 유리 벽들 사이에 쌓인 한 모래 더미를 찍은 사진을 싣고 있다. 그런데 이 사진은 저자가 이야기하려는 주장, 알갱이 사태들은 아무런 특징적 크기의 규모가 없는, '규모 없는' 과정이라는 주장을 은연중에 반박한다. 그 경사는 더 짙은 색 알갱이들이 그리는 V자형 줄무늬를 뚜렷하게 보여 주기 때문이다. 그 줄무늬는 아마도 내가 앞서 설명한(126~132쪽 참조) 층 분리 과정으로 형성되었을 것이다. 이는 어떤 데이터에서 아무리 명확한 결과가 나타나더라도, 과학자들이 애초에 그것을 찾아내리라고 예상하지 못했다면 이 결과를 보지 못하고 지나칠 위험이 있다는 사실을 일깨워 주는 듯하다.

13 이것은 유추보다는 은유에 가깝다. 정상파는 용기의 크기에 따라 한정된 파장을 가진다. 파동은 거기에 '맞아떨어져야' 한다. 그렇지만 그보다 놀라운 것은 진동하는 알갱이들의 규칙적 패턴들이다. 왜냐하면 파장은 그들이 어떻게 충돌하는가, 그리고 충돌들 사이에서 얼마나 멀리까지 움직이는가 같은 알갱이들 자체의 성질들에 따라 결정되기 때문이다. 이것이 바로 이런 패턴들을 **스스로 조직하는** 패턴이라고 하는 진정한 이유다.

14 하지만 개체의 밀도가 높아지면 움직일 수 있는 단일한 세포들이 늘 이런 무작위적 움직임에서 집합적 움직임으로 가는 급격한 변화들을 보여 주는지는 분명하지 않다. 미국의 한 연구팀은 한 군락의 밀도가 증가할 때 고초균 세균이, 예를 들면 세포들의 평균 속도에서 오로지 움직임의 점진적인 변화만을 보여 주는 것을 발견했다. 그들은 여기서 SPP 모형에서 예측된 종류의 갑작스러운 변화들이 시스템에서 일어나는 무작위적 '잡음'에 가려지지 않았나 짐작했다. 그 원인은 예를 들어 소용돌이치는 유체 매체들이나 서로 다른 세포 크기들의 범주일 수도 있었다.

15 아무도 (인정하고 싶지 않더라도) 완벽하게 운전하지 못한다는 것을 설명하기 위한 다른 재료는 각 차량이 속도를 높이고 내리는 데서 일어나는 사소한 무작위성이다.

16 전하는 바에 따르면 램이 한 말은 다음과 같았다고 한다. "이제 이만큼 나이를 먹으니, 죽어서 천국에 가면 답을 알고 싶은 문제가 두 가지 있습니다. 하나는 양자 전기역학이고, 다른 것은 유체의 난류 움직임입니다. 그리고 저는 전자에 약간 더 희망이 있다고 봅니다."

17 뉴턴 우주가 '작동'한다고 말하려는 것은 아니다. 우리는 그것이 작동할지 안 할지 모른다. 물론 현실에서 상대성 이론은 뉴턴의 법칙을 밀어 내는 것이 아니라 느린 속도와 적절한 중력에서 적용되는 특수한 사례라고 **설명한다.** 그렇지만 하이젠베르크가 왜 그와 같은 구분이 필요한지 의아해 한 것은 이해할 만하다. 많은 물리학자들은 언젠가 한 통합적 이론이 등장해 왜 상대성이 사물들의 근본적 양상인가를 설명해 주기를 바라고 있다.

18 한 원의 지름을 10제곱으로 증가시키면 그 면적은 100제곱으로 증가한다. 그렇지만 난류의 한 조각을 나비가 그 열 배인 다른 조각과 비교하면, 후자의 에너지는 $10^{5/3}$, 혹은 약 47제곱만큼 더 크다.

19 구체적으로 콜모고로프의 작업은 두 지점들 사이의 속도 차이의 분포인 δv^2이 δv의 다른 승수들에 조응해 서로 다른 지수 법칙들의 연쇄를 따른다는 예측으로 이어졌다. δv^2에 대해서는 오로지 한 가지 법칙, δv^3에 대해서는 또 하나, 그런 식으로 있다. 연구자들은 고흐의 그림에서 광도의 차이들을 지배하는 비슷한 지수 법칙 관계를 찾았다.

참고 문헌

Anderson, R. S., 'The attraction of sand dunes', *Nature* 379(1996): 24.

Anderson, R. S., and Bunas, K. L., 'Grain size segregation and stratigraphy in Aeolian ripples modeled with a cellular automaton', *Nature* 365(1993): 740.

Aragón, J. L. Naumis, G. G., Bai, M., Torres, M., and Maini, P. K. 'Kolmogorov scaling in impassioned van Gogh paintings', *Journal of Mathematical Imaging and Vision* 30(2008): 275.

Bagnold, R. A., *The Physics of Blown Sand and Desert Dunes* (London: Methuen, 1941).

Bak. P., *How Nature Works* (Oxford: Oxford University Press, 1997).

Bak. P., Tang, C., and Wiesenfeld, K., 'Self-organized criticality. An explanation of 1/f noise', *Physical Review Letters* 59(1987): 381.

Bak. P., and Paczuski, M., 'Why Nature is complex', *Physics World* (December 1993): 39.

Ball, P., *Criticl Mass* (London: Heinemann, 2004).

Barrow, J. D., *The Artful Universe* (London, Penguin, 1995).

Ben-Jacob, E., Cohen, I., and Levine, H., 'Cooperative self-organization of micro-organisms', *Advances in Physics* 49(2000): 395.

Buhl, J. Sumpter, D. J. T., Couzin, I. D., Hale, J. J., Despland, E. Miller, E. R., and Simpson, S. J., 'From disorder to order in marching locusts', *Science* 312(2006): 1402.

Camazinem S., Deneubourg, J.-L., Franks, N. R. Sneyd, J., Theraulaz, G., and Bonabeau, E., *Self-Organization in Biological Systems* (Princeton: Princeton University Press, 2001).

Cannell, D. S., and Meyer, C. W., 'Introduction to convection', in Stanley, H. E., and Ostrowsky, N. (eds), *Random Fluctuations and Patterns Growth* (Dordrecht: Kluwer, 1988).

Couzin, I. D., and Franks, N. R. 'Self-organized lane formation and optimized traffic flow in army ants', *Proceedings of the Royal Society London B* 270(2002): 139.

Couzin, I. D., Krause, J. James, R. Ruxton, G. D., and Franks, N. R. 'Collective memory and spatial sorting in animal groups', *Journal of Theoretical Biology* 218(2002): 1.

Couzin, I. D., and Krause, J., 'Self-organization and collective behavior in vertebrates', *Advances in the Study of Behavior* 32(2003): 1.

Couzin, I. D., Krause, J., Franks, N. R. and Levin, S. A. 'Effective leadership and decision-making in animal groups on the move', *Nature* 433(2005): 513.

Czirók, A., and Vicsek, T., 'Collective behavior of interacting self-propelled particles', *Physica* A 281(2000):17

Czirók, A., Stanley, H. E. and Vicsek, T., 'Spontaneously ordered motion of selfpropelled particles', *Jounal of Physics A: Mathematical and General* 30(1997): 1375.

Czirók, A., and Vicsek, T., 'Collective motion', in Reguera, D., Rubi, M., and Vilar J. (eds), *Statistical Mechanics of Biocomplexity, Lecture Notes in Physics* 527(Berlin: Springer-Verlag, 1999): 152.

Durán, O., Schwämmle, V., and Herrmann, H., 'Breeding and solitary wave behavior of dunes', *Physical Review E* 72(2005): 021308.

Endo, N., Taniguchi, K., and Katsuki, A., 'Observation of the whole process of interaction between barchans by flume experiment', *Geophysical Research Letters* 31(2004):L12503.

Forrest, S. B., and Haff, P. K. 'Mechanics of wind ripple stratigraphy', *Science* 255(1992): 1240.

Frette, V., Christensen, K., Malthe-Sørenssen, A., Feder, J., Jøssang, T., and Meakin, P., 'Avalanche dynamics in a pile of rice', *Nature* 379(1996): 49.

Glatzmaier, G. A., ad Schubert, G., 'Three-dimensional spherical models of layered and whole mantle convection', *Journal of Geophysical Research* 98(B12)(1993): 21969.

Gollub, J. P., 'Spirals and chaos', *Nature* 367(1994): 318.

Grossmann, S., 'The onset of shear flow turbulence', *Reviews of Modern Physics* 72(2000): 603.

Helbing, D. Keltsch, J., and Molnár, P., 'Modelling the evolution of human trail system', *Nature* 388(1997): 47.

Helbing, D., Farkas, I., and Vicsek, T., 'Simulating dynamical features of escape panic', *Nature* 407(2000): 487.

Helbing, D., Molnár, P., Farkas, I. J., and Bolay, K, 'Self-organizing pedestrian movement', *Environment and Planning B: Planning and Design* 28(2001): 361.

Helbing, D., 'Traffic and related self-driven many-particle systems', *Reviews of Modern Physics* 73(2001): 1067.

Helbing, D. Johansson, A., and Al-Abideen, H. Z., 'The dynamics of crowd disasters: an empirical study', *Physical Rreview E* 75(2007): 046109.

Henderson, L. F., 'The statistics of crowd fluids', *Nature* 229(1971): 381.

Hersen, P., Douady, S., and Andreotti, B., 'Relevan length scale of barchan dunes', *Physical Review Letters* 89(2002): 264301.

Hill, R. J. A., and Eaves, L., 'Nonaxismmetric shapes of magnetically levitated and spinning water droplet', *Physical Review Letter* 101(2008): 234501.

Hof, B., Westerweel, J., Schneider, T. M., and Eckhardt, B., 'Finite lifetime of turbulence in shear flows', *Nature* 443(2006): 59.

Houseman, G., 'The dependence of convection planform on mode of heating', *Nature* 332(1988): 346.

Ingham, C. J., and Ben-Jacob, E., 'Swarming and complex pattern formation in

Paenibacillus vortex studied by imaging and tracking cells', *BMC Microbiology* 8 (2008): 36.

Jaeger, H. M., and Nagel, S. R., 'Physics of the granular state', *Science* 255(1992): 1523.

Jaeger, H. M., and Nagel, S. R. and Behringer, R. P., 'The physics of granular materials', *Physics Today* (April 1996): 32.

Jullien, R., and Meakin, P., 'Three-dimensional model for particle-size segregation by shaking', *Physical Review Letters* 69(1992): 640.

Kemp, M., *Visualizations* (Oxford: Oxford University Press, 2000.

Kerner, B. S., *The Physics of Traffic* (Berlin: Springer, 2004).

Kessler, M. A., and Werner, B. T., 'Self-organization of sorted patterns ground', *Science* 299 (2003): 380.

Knight, J. B., Jaeger, H. M., and Nagel, S. R. 'Vibration-induced size separation in granular media: the convection connection', *Physical Review Letters* 70(1993): 3728.

Krantz, W. B., Gleason, K. J., and Caine, N., 'Patterned ground', *Scientific American* 259(6) (1988): 44.

Krause, J., and Ruxton, G. D. *Living in Goups* (Oxford: Oxford University Press, 2002).

Kroy, K., Sauermann, G., and Herrmann, H. J., 'Minimal model for sand dunes', *Physical Review Letters* 88(2002): 054301.

Kroy, K., Sauermann, G., and Herrmann, H. J., 'Minimal model for aeolian sand dunes', *Physical Review E* 66(2002): 031302.

Lancaster, N., *Geomorphology of Desert Dunes* (London: Routledge, 1995).

Landua, L. D., and Lifshitz, E. M., *Fluid Mechanics* (Oxford: Pergamon Press, 1959).

L'Vov, V., and Procaccia, I., 'Turbulence: a universal problem', *Physics World* 35(August 1996).

Machetel, P., and Weber, P., 'Intermittent layered convection in a model mantle with an endothermic phase change at 670 km', *Nature* 350(1991): 55.

Makse, H. A., Havlin, S., King, P. R., and Stanley, H. E., 'Spontaneous stratification in granular mixtures', *Nature* 386(1997): 379.

Manneville, J. B., and Olsen, P., 'Convection in a rotating fluid sphere and banded structure of the Jovian atmosphere', *Icarus* 122(1996): 242.

Marcus, P.S., 'Numerical simulation of Jupiter's Great Red Spot', *Nature* 331(1988): 693.

Melo, F., Umbanhowar, P. B., and Swinney, H. L., 'Hexagons, kinks and disorder in oscillated granular layers', *Physical Review Letters* 75(1995): 3838.

Metcalfe, G., Shinbrot, T., McCarthy, J. J., and Ottino, J. M., 'Avalanche mixing of granular solids', *Nature* 374(1995): 39.

Morris, S. W., Bodenschatz, E., Cannell, D. S., and Ahlers, G., 'Spiral defect chaos in large aspect ratio Rayleigh-Bénard convection', *Physical Review Letters* 71(1993): 2026.

Mullin, T., 'Turbulent times for fluids', in Hall, N. (ed.), *Exploring Chaos. A Guide to the New Science of Disorder* (New York: W. W. Norton, 1991).

Nickling, W. G., 'Aeolian sediment trasport and deposition', in Pye, K. (ed), *Sediment Transport and Depositional Processes* (Oxford: Blackwell Scientific, 1994).

Ottino, J. M., 'Granular matter as a window into collective system far from equilibrium, complexity, and scientific prematurity', *Chemical Engineering Science* 61(2006): 4165.

Parrish, J. K., and Edelstein-Keshet, L., 'Complexity, pattern, and evolutionary trade-offs in animal aggregation', *Science* 284(1999): 99.

Parteli, E. J. R., and Herrmann, H. J., 'Saltation trasport on Mars', *Physical Review Letters* 98(2007): 198001.

Perez, G. J., 'Tapang, G., Lim, M., and Saloma, C., 'Streaming, disruptive interference and power-law behavior in the exit dynamics of confined pedestrians', *Physica A* 312(2002): 609.

Potts, W. K., 'The chorus-line hypothesis of manoeuvre coordination in avian flocks', *Nature* 309(1984): 344.

Rappel, W. J., Nicol, A., Sarkissian, A., Levine, H., and Loomis, W. F., 'Self-organized vortex state in two-dimensional Dictyostelium dynamics', *Physical Review Letters* 83(1999): 1247.

Reynolds, C., 'Boids', article available at 〈http://www.red3d.com/cwr/boids/〉.

Reynolds, C. W., 'Flocks herds and schools: a distributed behavioral model', *Computer Graphics* 21(4)(1987): 25.

Ruelle, D., *Chance and Chaos* (London: Penguin, 1993).

Saloma, C., Perez, G. J., Tapang, G., Lim, M., and Palmes-Saloma, C., 'Self-organized queuing and scale-free behavior in real escape panic', *Proceedings of the National Academy of Sciences USA* 100(2003): 11947.

Schwämmle, V., and Herrmann, H., 'Solitary wave behavior of sand dunes', *Nature* 426(2003): 619.

Scorer, R., and Verkaik, A., *Spacious Skies* (Newton Abbott: David & Charles, 1989).

Shinbrot, T., 'Competition between randomizing impacts and inelastic collisions in granular pattern formation', *Nature* 389(1997): 574.

Sokolov, A., Aranson, I. S. Kessler, J. O., and Goldstein, R. E. 'Concentration dependence of the collective dynamics of swimming bacteria', *Physical Review Letters* 98(2007): 158102.

Sommeria, J., Meyers, S. D., and Swinney, H. L., 'Laboratory simulation of Jupiter's Great Red Spot', *Nature* 331(1988): 689.

Stewart, I., and Golubitsky, M., *Fearful Symmetry* (London: Penguin, 1993).

Strykowski, P. J., and Sreenivasan, K. R., 'On the formation and suppression of vortex "shedding" at low Reynolds numbers', *Journal of Fluid Mechanics* 218(1990): 71.

Sumpter, D. J. T., 'The principles of collective animal behaviour', *Philosophical Transactions of the Royal Society B* 361(2005): 5.

Szabó, B., Szöllösi, G. J., Gönci, B., Jurányi, Zs., Selmeczi, D., and Vicsek, T. 'Phase transition in the collective migration of tissue cells: experiment and model', *Physical Review E* 74(2006): 061908.

Tckley, P. J., Stevenson, D. J., Glatzmaier, G. A., and Schubert, G., 'Effects of an endothermic phase transition at 670 km depth in a spherical model of convection in the Earth's mantle', *Nature* 361(1993): 699.

Tackley, P. J., 'Layer cake on plum pudding?', *Nature Geoscience* 1(2008): 157.

Thompson, D'A. W., *On Growth and Form* (New York: Dover, 1992).

Toner, J., and Tu, Y., 'Long-range order in a two-dimensional dynamical XY model: how birds fly together', *Physical Review Letters* 75(1995): 4326.

Tritton, D. J., *Physical Fluid Dynamics* (Oxford: Oxford University Press, 1988).

Umbanhowar, P. M., Melo, F., and Swinney, H. L., 'Periodic, aperiodic, and transient patterns in vibrated granular layers', *Physica A* 249(1998): 1.

Van Heijst, G. J. F., and Flór, J. B., 'Dipole formation and collisions in a stratified fluid', *Nature* 340(1989): 212.

Vatistas, G. H., 'A note on liquid vortex sloshing and kelvin's equilibria', *Experiments in Fluids* 13(1992): 377.

Vatistas, G. H., Wang, J., and Lin, S., 'Experiments on waves induced in the hollow core of vortices', *Experiments in Fluids* 13(1992): 377.

Velarde, G., and Normand, C., 'Convection', *Scientific American* 243(1)(1980): 92.

Vicsek, T., Czirók, A., Ben-Jacob, E., Cohen, I., and Schochet, O., 'Novel type of phase transtition in a system of self-driven particles', *Physical Review Letters* 75(1995): 1226.

Welland, M., Sand: *The Never-Ending Story* (Berkeley: University of California Press, 2008).

Werner, B. T., 'Eolian dunes: computer simulations and attractor interpretation', *Geology* 23(1995): 1057.

Williams, J. C., and Shields, G., 'Segregation of granules in vibrated beds', *Powder Technology* 1(1967): 134.

Wolf, D. E., 'Cellular automata for traffic simulations', *Physical A* 263(1999): 438.

Worthington, A. M., *A Study of Splashes* (London: Longmans, Green & Co., 1908).

Zik, O., Levin, D., Lispon, S. G., Shtrikman, S., and Stavans, J., 'Rotationally induced segregation of granular materials', *Physical Review Letters* 73(1994): 644.

훅 불기만 해도 무너질 미묘한 질서들의 아름다움

비전공자로서 과학 분야의 책을 적잖이 번역해 왔는데, 당연하다면 당연하게도 참 어렵다. 곧이곧대로 길게 번역했는데 나중에 알고 보니 간단한 한 문장으로 정리가 되는 상황, 반대로 용어 하나로 표현된 내용인데 우리말로는 굽이굽이 해석해야 하는 것들, 전혀 어렵지 않은데 우리말에는 존재하지 않는 용어들(예를 들어 이 책에 나오는 것은 아니지만 팔꿈치와 손목 사이의 그 부분이 영어로는 forearm이다. '팔뚝'이라고 번역하면 팔꿈치 윗부분과 분간이 되지 않는다. 우리말로 언젠가 이 부분을 지칭하는 말이 만들어지기를 나는 벌써 몇 년째 간절히 바라고 있다.)……. 물론 다른 분야의 책을 번역할 때도 어느 정도 겪는 어려움이기는 하지만 전공 분야가 아닌, 그것도 전문 분야의 책을 번역할 때는 그런 어려움들이 어쩔 수 없이 더 커진다.

하지만 세상, 기브 앤드 테이크라고 했다. 고생이 크면 보람도 크다. 무언가 새로운 것을 알게 되는 것, 한 문장 한 문장 번역해 나가면서 그 뜻을 이해하게 되는 기쁨도 만만치 않다. 더욱이 내가 더듬더듬 만들어 낸 그 문장들이 이미 알고 있던 것을 다시 새롭게 보게 만들어 주는 진실들을 담고 있다면, 그리고 특히나 다시 보게 된 그것이 우리 주변에서 어렵지 않게 접할 수 있는 것들이라면. 기쁨은 더욱 커진다.

이 책은 유체 역학과 알갱이 역학이라는 전문 주제를 다루고 있으면서도 일반 독자들이 접근하기 크게 어렵지 않을뿐더러(정말이다.) 술술 읽힌다. (그렇지 않다면 옮긴이의 탓이 되는 것일까?) 이 얇은 책에 담겨 있는 레오나르도 다 빈치를 매혹시킨 물의 흐름, 대기의 흐름, 사막의 이국적인 풍경의 큰 부분을 차지하는 사구를 이루는 모래알들의 흐름과 사구의 마술적인 성장과 움직임 등은 시험 과목으로서의 과학에 흥미를 잃기 전, 호기심과 기대감에 가득 차 물체 주머니를 처음 열어 보던 그 옛날의 두근대던 기분을 되살려 준다. 물론 그 내용물은 온갖 과학 백과들과 과학 만화 전집으로 선행 학습을 충분히 한 나를 몹시 실망시켰지만. 생각해 보면 그 후로도 과학과의 인연은 썩 좋지 못했다. 영혼에 상처를 주었던 개구리 해부, 몹시 실망스러웠던 화산 폭발 실험, 그리고 내가 앞을 볼 때와 뒤돌아설 때 왜 동서남북이 바뀌지 않는지 도무지 이해가 가지 않았던 그 답답함 등은 잊을 수 없다. (아아 영원히 고통받는 인문계생이여!) 여하튼 이 책의 매력에는 서정적인 글쓰기도 한몫 한다. 미세한 알갱이들의 성질, 그것들이 모여 만드는 흐름과 패턴이 낳은 아름답고 경이로운 자연 풍광에 대한 묘사와 더불어 군데군데 나오는 "……이런 식으로 완벽하게 균형 잡힌 상태는 분명 존재하지만 그것은 아주 살짝 밀치거나 훅 불기만 해도 흔들릴 정도로 미묘하다."와 같은 문장들은 좁은 의미의 자연을 넘어 '세상'의 흐름에 대한 어떤 은유로 느껴질 정도다. 알갱이의 흐름에 대한 연구가 사람들의 목숨을 구하는 데 핵심적인 역할을 했다는 부분에 이르러서는 일말의 쾌감마저 느끼게 되는 것이 나 혼자만은 아니리라.

앞에서 번역의 어려움을 이야기했지만, 어려움들을 간신히 넘어서고 나서도 마지막으로 남는 가장 어려운 마지막 관문이 있으니, 바로 옮긴이 후기다. 본문이 중요하지 후기가 뭐 중요하랴? 후기를 보고 책을 택하는 유별난(좋은 의미에서) 사람이 있어 봤자 얼마나 되겠으며, 애초에 읽을 테면 읽고 말려면 말라는 뜻으로 맨 끝에 슬쩍 끼워 넣는 것 아니겠는가. 그러나 영 쉽지가 않다. 전문가들을 앞에 놓고 비전문가가 넉살을 떨며 시간을 때워야 하는 부담감을 생각하면 대충 이해가 되지 않을까. 속된 말로 '밑천이 드러날까' 두려워서 말을 아끼게 되는 것이다. 그러나 이 책은 앞에서도 말했듯이 유체 역학, 알갱이 역학이라는 전문 분야의 내용을 다루고 있으면서도 비전문 독자들이 이해하기에 크게 어렵지 않을뿐더러 꽤나 흥미를 불러일으킬 만한 방식으로 다루고 있는 덕분에, 나도 그냥 그런 독자의 한 사람이 된 셈치고, 감상문으로 슬쩍 때워 보았다.

그들이 어렵게 발견한 세상의 아름다운 비밀들을 혼자만, 또는 자기들끼리만 알지 않고 나 같은 인문계생도 이해할 수 있게 쉬우면서도 유려하게 풀어 써 준 작가에게, 그리고 부족한 옮긴이에게 늘 기회를 주고 인내심 있게 기다려 주는 (주)사이언스북스 편집부에 감사드린다.

김지선

도판 저작권

1.4 Image: Copyright Southampton City Art Gallery, Hampshire, UK/The Bridgeman Art Library

1.6 Images: The Bridgeman Art Library

1.7 From M. M. Sze(ed.)(1977), *The Mustard Seed Garden of Painting*. Reprinted with Permission of Princeton University Press

1.10 Photo: Athena Tacha

1.11 Photo: Susan Derges

2.2 Photo: a, Edgerton Center, Massachusetts Institute of Technology

2.6 From Tritton, 1988.

2.7 From Tritton, 1988.

2.8 Photo: NOAA/University of Maryland Baltimore County, Atmospheric Lidar Group

2.10 Photo: Katepalli Sreenivasan, Yale University

2.11 Photos: a, Brooks Martner, NOAA/Forecast Systems Laboratory; b, NASA

2.12 Photos: b, NASA

2.13 Photos: GertJan van Heijst and Jan-Bert Fl?r, University of Utrecht

2.15 Photos: Harry Swinney, University of Texas at Austin

2.16 Photos: NASA

2.17 Photos: Georgios Vatistas, Concordia University

2.19 Photo: NASA

3.1 Photo: Manuel Velarde, Universidad Complutense, Madrid

3.3 From Tritton, 1988.

3.4 From Cross and Hohenberg, 1993, after LeGal, 1986.

3.5 Images: a and C, David Cannell, University of California at Santa Barbara; b from Cross and Hohenberg, 1993, after Croquette, 1989.

3.6 Image: David Cannell, University of California at Santa Barbara

3.7 Image: a, David Cannell, University of California at Santa Barbara

3.8 Photo: Michel Mitov, CEMES, Toulouse

3.9 Image: David Cannell, University of California at Santa Barbara

3.11 Photos: NOAA

3.14 Photo: a, Ross Griffiths, Australian National University, Canberra

3.16 Photos: a, Bill Krantz, University of Colorado; b, from Kessler and Werner, 2003.

3.18 Photo: Bill Krantz, University of Colorado

3.19 From Kessler and Werner, 2003.

3.20 Photo: The Swedish Vacuum Telescope, La Palma Observatory, Canary Islands

4.1 Photo: .EVO

4.3 Images: Peter Haff, Duke University, North Carolina, Reproduced from Forrest and Haff, 1992.

4.4 Photo: Nick Lancaster, Desert Research Institute, Nevada

4.5 Photos: a, Copyright EPIC, Washington, 2003; b, Nick Lancaster, Desert Research Institute, Nevada

4.6 Photos: NASA

4.7 Images: from Werner, 1995.

4.9 Photos: Endo *et al.*, 2004. Copyright 2004 American Geophysical Union. Reproduced by permission of American Geophysical Union

4.10 Photo and image: Hans Herrmann

4.11 Images: from parteli and Herrmann, 2007.

4.12 Images: Robert Anderson,

University of California at Santa Cruz

4.13 Photo: Gene Stanley, Boston University

4.15 Image e: Hernán Makse, Schlumberger-Doll Research, Ridgefield, Connecticut

4.16 Photo: Julio Ottino, Northwestern University, Evanston, Illinois

4.17 Photos: Joel Stavans, Weizmann Institute of Science, Rehovot

4.18 Photos: Sidney Nagel, University of Chicago

4.19 After Bak, 1997.

4.20 Image: Alastair Bruce, University of Edinburgh

4.21 Photo: Kim Christensen, University of Oslo

4.23 Images: Sidney Nagel, University of Chicago

4.24 Photo a: Biological Physics Department, University of Mons, Belgium

4.26 Photos: Harry Swinney, University of Texas at Austin

4.27 Photo: Harry Swinney, University of Texas at Austin

4.28 Images: Troy Shinbrot, Northwestern University, Evanston, Illinois

4.29 Photos: Harry Swinney, University of Texas at Austin

4.30 Photos: Harry Swinney

5.1 Photo: Jef Postkanzer

5.3 Photos: a, b: Eshel Ben-Jacob and Kineret Ben Knaan, Tel Aviv University; c, Colin Ingram

5.4 Images: Vicsek Tamás, Eötvös Loránd University, Budapest

5.5 Images: Vicsek Tamás, Eötvös Loránd University, Budapest

5.6 After Couzin and Krause, 2002

5.7 Photos: a, Copyright Norbert Wu; B, Herbert Levine, University of California at San Diego

5.8 Images: From Couzin and Krause, 2002

5.9 Photo b: Michael Schreckenberg University of Duisburg

5.10 After Couzin and Franks, 2002

5.11 Photo: from T. C. Schneirla, *Army Ants*(W. H Freeman, 1971), kindly supplied by Nigel Franks, University of Bristol

5.12 Images: Nigel Franks, University of Bristol

5.13 Photo and images: Dirk Helbing, Technical University of Dresden

5.14 Images and photos: a, after Helbing *et al.* 1997; b, Dirk Helbing; c, Iain Couzin

5.15 Images b and c: from Wolf, 1999.

5.16 Photos: Dirk Helbing and Anders Johansson, Technical University of Dresden

6.1 Photo: Katepalli Sreenivasan, Yale University

6.2 Photo: The Edgerton Center, Massachusetts Institute of Technology

6.4 Photos: from Tritton, 1988.

6.5 Photos: a, NASA, the Hubble Heritage Team (AURA/STScl) and ESA. b, Digital image copyright 2008, Museum of Modern Art/ Scala, Florence

(화보)

1 Images: GertJan van Heijst and Jan-Bert Flór, University of Utrecht

2 Photo: NASA

3 Photo: NASA

4 Images: Philip Marcus, University of California at Berkeley

5 Photo: Harry Swinney, University of Texas at Austin

6 Photo: Rosino

찾아보기

가

라

마

바

사

아

자

차

카

타

파

하

김지선

서울에서 태어나 영문학과를 졸업하고 출판사 편집자로 근무했다. 현재 번역가로 활동하고 있다. 옮긴 책으로 『세계를 바꾼 17가지 방정식』, 『나는 자연에 투자한다』, 『수학의 파노라마』, 『희망의 자연』, 『돼지의 발견』, 『당신의 삶을 바꿀 12가지 음식의 진실』, 『희망은 사라지지 않는다』, 『사상 최고의 다이어트』, 『오만과 편견』, 『반대자의 초상』, 『엠마』 등이 있다.

흐름

1판 1쇄 펴냄 2014년 4월 11일
1판 4쇄 펴냄 2021년 4월 8일

지은이 필립 볼
옮긴이 김지선
펴낸이 박상준
펴낸곳 (주)사이언스북스

출판등록 1997. 3. 24.(제16-1444호)
(06027) 서울특별시 강남구 도산대로1길 62
대표전화 515-2000, 팩시밀리 515-2007
편집부 517-4263, 팩시밀리 514-2329
www.sciencebooks.co.kr

ISBN 978-89-8371-652-1 04400
ISBN 978-89-8371-650-7 (전3권)